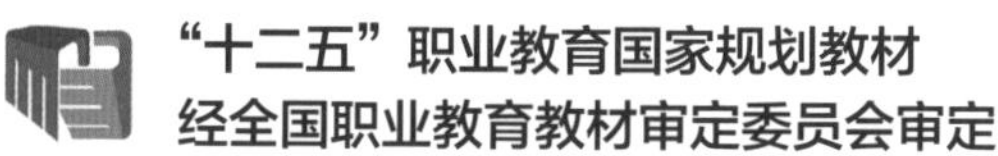

“十二五”职业教育国家规划教材
经全国职业教育教材审定委员会审定

“十四五”职业教育部委级规划教材

箱包结构设计与制板

XIANGBAO JIEGOU SHEJI YU ZHIBAN

高海燕 主编

徐茂松 孙继锋 王维君 副主编

中国纺织出版社有限公司

内 容 提 要

本书围绕培养高素质技能型专业人才的要求，以能力培养为本位，坚持理论与实践相结合，注重技术能力的培养。本书用简洁的文字配以大量实例，介绍了各类典型箱包款式的结构设计与制板方法，内容翔实，可操作性强。

全书内容共分六章，包括箱包结构设计基础知识、箱包材料及制作基础工艺、箱包设计要素、常见女包的结构设计与制板、常见钱包及男包的结构设计与制板、旅行箱包的结构设计与制板。

本书适合作为高等院校箱包专业教材使用，也可供箱包技术人员、箱包设计和制作爱好者参考阅读。

图书在版编目（CIP）数据

箱包结构设计与制板 / 高海燕主编；徐茂松，孙继锋，王维君副主编. -- 北京：中国纺织出版社有限公司，2022.11

“十二五”职业教育国家规划教材

ISBN 978-7-5180-9303-8

Ⅰ.①箱… Ⅱ.①高… ②徐… ③孙… ④王… Ⅲ.①箱包－设计－高等职业教育－教材 ②箱包－生产工艺－高等职业教育－教材 Ⅳ.①TS563.4

中国版本图书馆CIP数据核字（2022）第009387号

责任编辑：宗 静 亢莹莹 责任校对：寇晨晨

责任印制：王艳丽

中国纺织出版社有限公司出版发行

地址：北京市朝阳区百子湾东里A407号楼 邮政编码：100124

销售电话：010—67004422 传真：010—87155801

http: //www.c-textilep. com

中国纺织出版社天猫旗舰店

官方微博 http://weibo.com/2119887771

北京通天印刷有限责任公司印刷 各地新华书店经销

2022年11月第1版第1次印刷

开本：787×1092 1/16 印张：12.5

字数：234千字 定价：68.00元

凡购本书，如有缺页、倒页、脱页，由本社图书营销中心调换

前言

PREFACE

我国箱包产业产量位居世界第一，在世界箱包产品的生产和制造环节起着重要作用，但在产品开发、设计等环节与发达国家仍有差距，因此产品的附加值较低。提高我国箱包产业的产品开发能力是当前亟待解决的问题。精准的样板制作以及新颖实用的结构设计是提高箱包设计质量的重要组成部分。相对于国外品牌的高标准、高品质，国内一些知名品牌缺乏一些高技术人才来解决产品不够精致、附加值低的问题。尤其是我国箱包企业现在处于发展的初期阶段，同时又面临着企业转型阶段，所以箱包企业迫切需要既懂产品设计开发又精通制板技术的专业人才。此外，当前我国的各院校的箱包设计相关专业数量少，且处于起步阶段，目前，国内尚无适合高职学生特点的、实用性与理论性相结合的教材，国内箱包专业学生迫切需要实用性与操作性强的专业教材。本书在箱包设计专业教材建设方面进行了积极探索。本书具有以下特点：

（1）培养目标明确，以培养高素质技能型专门人才为根本任务，在内容的选取上本着“适度、够用”的原则。在教学内容安排上，不追求“多”“全”，只求“精”。努力做到能把箱包结构设计与制板的知识与技能分析得“深、透、精”，让学生明白原理并掌握方法。

（2）本书坚持理论与实践相结合的原则，理论知识与实训项目紧密结合，突出职业教育的功能，力求达到理论与实践的完美结合，知识与技能的有机统一。

（3）本书用简洁的文字配以大量的实例，介绍了各类典型箱包款式的结构设计与制板方法，内容详尽，可操作性强。特别注重培养学生的款式分析能力，这对于对箱包工业化生产而言，是重要的专业能力之一。此外在结构设计与制板上力求做到标准、规范、统一，促使学生通过学习养成严谨、规范的习惯，以适应今后工作的需要。

全书内容共分六章，内容包括箱包结构设计基础知识、箱包材料及制作基础工艺、箱包设计要素、常见女包的结构设计与制板、常见钱包及男包的结构设计与制板、旅行箱包的结构设计与制板。其中，第一章由徐茂松编写，第二章由孙继锋编写，第三章由王维君编写。第四章、第五章、第六章由高海燕编写，书中图片处理由吴东利、张若、陈上负责。

本书由邢台职业技术学院高海燕担任主编，徐茂松、孙继锋、王维君担任副主编，吴东利、张若、陈上参编。全书由高海燕统稿。在本书的编写过程中，借鉴和参考了国内箱包类书籍及相关资料，在此向所有参考资料的作者表示谢意。

在本书近两年的编写过程中，倾注了编者大量的时间和心血，书中的大部分箱包都经过仔细的研究和工艺试制。同时本书在编写过程中得到了邢台职业技术学院服装工程系的各位领导，以及姜沃飞、余东等资深箱包企业板师以及温州大学刘霞老师的大力支持和帮助，在此向他们表示感谢。尤其是姜沃飞老师的耐心指导和不吝赐教，让我们十分感动，在此表示深切的敬佩和感谢。

尽管我们在教材编写上做了不懈的努力，但由于编写水平有限，书中难免有疏漏之处，敬请广大读者批评指正。

编者

2021年2月

教学内容及课时安排

课程性质/课时	章/课时	节	课程内容
箱包结构设计技术基础/16课时	第一章/8课时	●	**箱包结构设计基础知识**
		一	箱包的发展历程及行业现状
		二	箱包的分类及部件名称
	第二章/8课时	●	**箱包材料及制作基础工艺**
		一	常见箱包材料
		二	箱包制作的基础工艺
箱包结构设计造型基础/8课时	第三章/8课时	●	**箱包设计要素**
		一	造型设计
		二	色彩设计
		三	图案设计
		四	装饰工艺及零部件设计
		五	系列设计
箱包结构设计专业知识与技能/68课时	第四章/32课时	●	**常见女包的结构设计与制板**
		一	箱包结构设计流程与制板工具
		二	女打角式购物包的结构设计与制板
		三	女式手抓铰包的结构设计与制板
		四	女吊角式单肩包的结构设计与制板
		五	女起皱式包底斜挎包的结构设计与制板
		六	女翻翘式包底单肩包的结构设计与制板
		七	女凸出式堵头手拎包的结构设计与制板
		八	女底围式斜挎包的结构设计与制板
	第五章/20课时	●	**常见钱包及男包的结构设计与制板**
		一	常见零钱包的结构设计与制板
		二	短款钱包的结构设计与制板
		三	双拉式手抓包的结构设计与制板
		四	男式竖版单肩包的结构设计与制板
		五	男式横版公文包的结构设计与制板
	第六章/16课时	●	**旅行箱包的结构设计与制板**
		一	常见腰包的结构设计与制板
		二	手提式旅行包的结构设计与制板
		三	运动型背包的结构设计与制板
		四	拉杆箱的结构设计与制板

注　各院校可根据自身的教学特点和教学计划对课时数进行调整。

目录
CONTENTS

第一章

箱包结构设计基础知识

课题内容：箱包的发展历程及行业现状，箱包的分类及特点，箱包的部件组成及名称，常见箱包的基本结构及图解。

课题时间：8学时

教学目的：帮助学生了解箱包的结构类型与箱包设计的基础常识。

教学方式：以大量图片和实物箱包为载体，采用教师讲解、学生讨论、教师总结分析三者结合的方式教学。

教学要求：1. 了解箱包发展的历程、行业现状及箱包的分类。

2. 了解并掌握箱包的基本结构、部件组成及名称。

课前准备：教材、包款实例图

箱包是手袋、包袋、提箱等盛放物品的统称，是集功能性和艺术审美性于一体的服饰品。本章简要介绍箱包设计的基础知识，包括箱包的发展历程、分类、部件名称等内容。

第一节　箱包的发展历程及行业现状

箱包作为人们日常生活中便于携带、盛放物品的容器由来已久。远古时期的人类用动物皮制作成容器来盛放水或储存食物。近代的游牧民族生活中也可以看到这样的生活用品。随着人类生存条件的不断改善，不断有新的物品被发明创造，如出行狩猎等活动需要携带的刀具，为了保护刀具及防止刀具误伤人，就出现了刀鞘等携带物品的容器。随着劳动生产力的发展，人类生活条件得到逐步改善，生活与生产用品逐渐精细和讲究，就有了“箱”和“包”的区分，人们把能够随身携带盛放物品的软质容器称为“包”，较硬不易变形的容器称为“箱”。

一、箱包的发展历程

人类使用箱包历史久远，纵览古今中外的箱包发展历程可以看到，满足人类生活、生产实用功能需求是箱包发展的原动力。

在中国服装史上，对包有几种不同的称谓，如包、背袋、佩囊、包裹、兜、褡裢、荷包等。一般因佩戴方式、盛放物品不同而有不同的称谓。佩囊也称“荷囊”，它是随身佩戴用来盛放零星细物的小型口袋。古人通常将一些必须随身携带之物，如印章、凭证、钥匙、手巾等盛放在这种口袋内，外出时佩戴于腰间。从文献记载来看，早在商周之时，民间已有佩囊的习俗；春秋战国时期，以皮革制成的佩囊被称为“鞶囊”；商周以后，用布帛材料制成的佩囊，男女均可使用；汉代称佩囊为“縢囊”。用于盛放印绶的称为“绶囊”或“傍囊”；用于盛放药板的称为“药囊”或“药袋”；用于盛放香料的称为“薰囊”；用于盛放文具的称为“书囊”或“书袋”。唐代称佩囊为“鱼袋”，用于盛放鱼符。唐代规定凡五品以上官吏穿着章服，必须佩戴鱼符，鱼符是中央政府和地方官吏之间联络的凭信。鱼袋的形制不一，多以布帛制作。宋代废除鱼符，但仍使用鱼袋。因袋中没有鱼符，故将鱼形饰在袋外，通常系挂在身后。元代以后，佩囊又被称为“荷包”，用于盛放文具的称为“算袋”；用于盛放钱币的称为“裕链”。清代盛放小物件的专用佩囊比较流行，多为男性使用，有盛放眼镜的眼镜套、盛放挂表的表帕、盛放折扇的扇套（或称扇囊）等。清代荷包比较重视装饰价值，大多以丝织物制成并施以彩绣。

在西方，起初的包袋只是简单的布巾对角捆扎在一起形成口袋，用于收集、携带物品。后来妇女们用丝线编织包袋，并以珠宝、丝带等加以装饰，挂在腰间来搭配服装。直到20世纪初，随着服装外形轮廓变得柔和轻巧，更多妇女外出工作参与到社会各个领域，人们逐渐认识到箱包的实用价值，各种各样的箱包应运而生。大皮革袋、小珠包、腰包、流行背包等各式各样的手提袋、包类产品大量出现。在20世纪30年代，开始出现了仿制皮革、塑料等人工材料的箱包产品，由于经济萧条，也变得很受欢迎。20世纪40年代，人们更加重视箱包结构的功能性，肩包开始占主导地位，发展到功能实用的旅行背包、运动型背包。

20世纪50年代，箱包强调实用性与装饰性并重，箱包结构最有价值的变化是肩挎包的流行，肩挎包使双手解放出来。此时箱包结构的另一个变化趋势是硬面桶型和方形结构包的大量出现，包的结构更趋向于盒式结构，集功能性和大容量为一身。20世纪60年代，箱包各种长度的背带被广泛应用，这样包袋可以挎、背、拎，解放了人的双手，因此实用价值巨大。70年代，人们崇尚自然与运动，尼龙面料的运动包广泛流行，运动包对箱包结构的功能性要求大大增加。到了80年代，人们生活水平不断提高，妇女随身携带的物品变得越来越多，人们对箱包产品功能与品质的需求促使箱包进一步发展。这一时期箱包种类繁多，各种箱包结构满足不同的需求，肩挎包、手包、公文包、手提包，品种异常丰富，运用不同的颜色、复杂且富有想象力的几何图案，满足各种不同的需求。90年代初，便携式计算机的广泛应用促使了用途多、功能全、结构合理的商务电脑包的发展。

科学技术的飞速发展，使制作包袋的新型材料不断涌现，生产工艺也随之得到不断改进，箱包的品种更加丰富多样。从最早的包袱、口袋、囊到现在常用的手提包、公文包、电脑包、登山包、旅行箱等，箱包已形成一个专门的配饰体系。

二、我国箱包产业的现状

随着人们生活消费水平的不断提高，各种各样的箱包已成为人们身边不可或缺的饰品。中国已发展成为全球最大的箱包生产国和出口国，也即将成为最大的箱包消费国。中国箱包具有良好的产业基础、完整的产业链条、广阔的发展空间和巨大市场潜力。目前，中国箱包产业年产值超过一千亿元，带动就业一百五十多万人，年产量已占到全球总产量的一半以上，已形成从研发设计、成品加工到营销的完整产业链，成为我国轻工行业的重要支柱产业。箱包也是我国最大宗的出口轻工工艺品之一，仅次于鞋类、家具和塑料制品，位列第四。我国箱包业在国际贸易市场和国内济建设方面都具有重要地位和作用。我国箱包行业已经形成广东花都、河北白沟和浙江平湖等箱包生产制造基地。

1. **中国箱包之都——河北省白沟县**

白沟县是河北省高碑店市所辖副县级建制镇。目前白沟箱包生产加工企业已超过万家，多为标准化厂房和专业化生产；箱包产品有学生包、拉杆箱、休闲包、男女式背包、手提包、摄影包、电脑包、礼品包、各种包装用包等各类箱包，销售范围遍及全国大中城市，并远销美国、日本、澳大利亚、俄罗斯等100多个国家和地区；产品品牌从“无品牌”“假品牌”发展到现在的上千个箱包品牌；销售方式从简单的集市贸易发展到今天不同范围的代理商、专卖店、办事处以及网上商城、电子商务等，箱包产业形成了一个从原材料生产到专业分工、成品生产及销售，分工明确、配套齐全、较为完整的产业链；形成了一个以市场为中心，拥有上万家大小企业，从业人员过100万人，在国内外有一定影响力和市场占有率的庞大的产业集群；有了一套分工具体、行业集中、管理规范、配套齐全的产业运营模式；有了上千种大小品牌，并在国内外市场拥有一定知名度的品牌集群。

2. **中国皮具之都——广东省狮岭镇**

狮岭镇位于广州市北部花都区，目前，狮岭已经成为具有较高知名度、较大生产规模、较高生产水平、较完善产业配套能力的箱包、皮革皮具专业镇，形成了以狮岭（国际）皮革皮具城为龙头的完整皮革箱包皮具制造产业链，产品销往法国、英国、美国、意大利、日本、俄罗斯、东南亚及南非等100多个国家和地区，产品份额占广东市场的60%、全国市场的30%以上，皮具、皮革交易总量全国第一。狮岭箱包、皮革皮具产业优势明显，在企业数量、生产规模、产业集群的集聚方面都达到了一定的规模，在市场集中度方面具有很强的典型性，具有较高的国际知名度；从原材料加工到贸易、服务形成一条较为完整的产业链。狮岭的箱包原辅材料非常齐全，涵盖了真皮、人造革、皮革辅料和五金配件等，为箱包皮具企业生产提供了短距离、快速配套，企业能够做到在中午接订单，1~2小时内完成配料单，下午完成采购投入生产，强大的配套能力是其他同类产业区域无法比拟的。

3. **中国旅行箱包之都——浙江省平湖市**

平湖市地处浙江省东北部，南临杭州湾，东部、北部与上海直接接壤。平湖箱包产业区域分布相对集中，主要分布在新埭、钟埭、当湖三个镇。进入20世纪90年代以后，随着国际、国内旅游事业的不断发展和人民生活消费水平的不断提高，平湖的箱包产业也得到了快速发展，企业数量不断增加，生产规模迅速扩大，产品种类日益丰富，产业配套日趋完善。目前，全市有箱包制造及面料、拉杆、制线、织带、钢丝、钢架、印花、注塑、夹板、拉链、脚轮等箱包配件配套生产企业500多家，从业人员4万余人，年产各类箱包、包袋近1亿只，年创产值50多亿元，产品种类包括各类皮包、包袋、软箱、拉杆箱、化妆品箱等上百个品种。

展望未来，箱包正在成为继服装业、鞋业之后最有发展潜力的产业之一。一方面，其起点低、发展晚、竞争层次相较鞋类要低，提升空间大；另一方面，随着消费升级和内需市场的拓展，市场潜力大，增长空间大。国内箱包市场需求增速将会加快，市场前景广阔。箱包行业发展将呈现以下特点：从产业布局看，将出现由东部沿海地区向中部、西部、北部渐进式梯度转移态势；从企业规模看，大规模企业将进一步增多；从产品结构看，将进一步增加箱包制品的品牌、设计、时尚和文化的附加值，注重新材料的开发和应用，逐步提升高端产品比例；从市场趋势看，随着国内各项成本要素的上升，出口产品结构将会有很大调整。箱包行业将朝着创新的方向发展，获取更大的全新的利润空间。

第二节　箱包的分类及部件名称

对箱包分门别类有助于消费者和生产者通过箱包的共性进行箱包设计、生产、销售、购买、使用。例如，箱包销售网站通常会提供多种分类方式，方便消费者快速找到能够满足自己各方面需求的商品。箱包分类知识是箱包设计的基础常识。

一、箱包的分类方式

（一）按携带方式分类

按携带方式分类，可以分为手提包、肩挎包、背包、腰包、手拿包等。

手提包和手拿包常见于上班、访客、休闲购物等场合，包体不大，一般情况下，消费者购买时会着重考虑包与整体服饰搭配效果。由于携带背包、肩挎包和腰包时解放了人的双手，特别适合工作、旅行、运动等场合。

（二）按材质分类

按材质分类，可以分为真皮包、人工革包、布包、草编包等。

箱包由多个部件组成，如包面、包里、拉链、五金件等，不同部件的功能需求各异，因此制作箱包需要多种材料来满足功能要求。人们通常将包体面的材质为主要材质，并以此对箱包归类。

（三）按软硬程度分类

按包体的软硬程度分类，可以分为软结构包、硬结构包和半硬结构包三类。

软结构包是指包体内部没有硬衬部件的包，其外形随内部盛装物品的变化而变化，购物包或小手包多采用这种结构；硬结构包是指包体所有内部均有硬衬部件（堵头条、底围条、拉链条除外），其外形固定而少有变化，女士职业用包或特种专业用包多采用这种结构。而半硬结构包则是指包体的主要部件内装硬衬，如包盖、前幅、后幅等，其他部件内无硬衬材料的包体，这类包体兼有软硬包体的特点，既有一定的保型性，同时又有充分的体积来盛装物品，公文包、日常包多采用这种结构。

（四）按用途分类

按用途分类，可以分为生活休闲箱包，公事、职业包以及专用包。

1. **生活休闲箱包**

生活休闲箱包泛指日常生活中使用的箱子和包袋。它与我们日常生活所处的环境密不可分，根据场合和用途的不同可分为：

（1）休闲包，用于舒适随意的闲暇生活与休闲装相搭配，分为手提包、肩挎包和背包等类型，材料广泛、色彩丰富、结构多采用柔软的造型，具有方便随意的风格特征。

（2）时装包，为流行时装而设计的箱包，它的材料和款式都与流行时尚元素相结合，色彩亮丽与时装风格相一致。

（3）晚宴包，主要用来盛放化妆品、香料或随身物品，与晚礼装相搭配，多为女士出席晚宴和酒会所用，一般以装饰性为主，造型小巧华丽。

（4）旅行箱包，旅行包主要考虑旅行的特点，必须满足旅行的需要，结实耐用、容积尺寸略大，设计时还要考虑路途的远近，箱体带有拉杆和滑轮的设计，为旅途节省力气。在造型上主要采用正方体或长方体，颜色多采用暗色，也有采用明亮色调，给人带来时尚之感。

（5）运动包，是户外运动所用的包，采用结实耐用的面料，整体风格活泼具有动感，颜色多采用对比强烈的明亮色彩。包袋的造型根据不同的运动项目，考虑的设计因素会有所不同，具有针对性。例如，网球包的设计要考虑到球拍的形状大小等因素，而足球包的设计所要考虑的因素就相对较少。

2. **公事、职业包**

公事包是为上班的职业人士办理公事或盛放办公用资料所用的包，一般与职业装搭配使用，分为手提式、单肩式和夹带式，造型风格简洁，表面装饰少而精致，内层较多且附有拉链袋，一般分类存放文件、笔纸、卡片等办公用具。公事包适合正式的场合使用，一般用皮革制作，多为黑色或深色系列。根据男女职业特点，包体的功能设置也不尽相同。

男士包略显严肃方正。其品种及变化主要从包的应用目的出发，造型设计简约明快，线条刚劲有力，衬托出男性的阳刚之气，具有大方庄重之感，颜色多采用黑色、棕色等较深的色彩，款式可以自由搭配正装和休闲装。

女士职业包是女士上班、访客、出门时携带的较正式的一类包，一般采用硬结构、半硬结构和加弹性内衬的软体结构。整体造型简洁大方，结构线条采用柔美的曲线设计，色彩除深色系列以外也可采用纯度较低的淡雅色彩，用来与女士职业装搭配。女士职业包图案花纹和装饰配件较少，它的外形一般为长方形和梯形，提带可长可短，包体不大，依靠材料及附加装饰来表现自身价值。

3. **专用包**

专用包是针对不同的物件而专门设计的箱包，具有单一直属功能，如零钱包、化妆包、钱包、名片夹、钥匙包、腰包、手机袋、购物袋、书包、碟包等。

（1）化妆包，是专为女士存放化妆品而设计的一类小包。化妆包造型多种多样，常使用装饰性强的面料制作，并用花边、缎带、珠子等装饰或通体彩色印花设计，外观效果非常秀丽可爱。这类小包袋造型比较简单，依化妆品的形状而定，内部设有镜子袋、口红袋、眉钳袋、化妆盒袋、首饰袋等方便存放各类物品。

（2）钱包，也叫皮夹，内部夹层用来装零钱、信用卡、优惠卡等物品，造型分长方形和正方形，一般大小与存放的钱币相当，通常用皮革、人造革或带有一定硬度的材料制成，可拿在手中或放在包内。

（3）学生包，是指专门为学生盛放书本与用具设计的包袋。学生包要根据不同年龄段青少年的生理和体质特点进行设计，满足学生需要的最大容积。在造型上，多为长方形、正方形，有单肩挎包和双肩背包两种类型。这类包多以拉链作为包体开关方式，并且在正面和侧面设计圆形或方形的立体小袋，使各类用具能分类放置，这种造型不仅能增加包体层次感，更为儿童自我管理提供方便。很多学生包上都印有卡通人物或动物等装饰图案，符合儿童的心理特征。学生包常用结实耐用、防水的牛津布、帆布等制作而成。

（五）按开关方式分类

按包体的开关方式分类，可以分为铰包、带盖包、拉链包、敞口与半敞口包四种类型。

1. 铰包

五金铰是女包常用的一种开关方式，由于其结构、尺寸、固定方式和封口的不同，铰包款式复杂丰富（图1–1）。

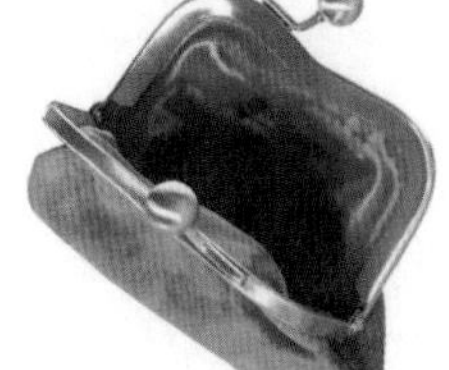

图1–1　铰包

2. 带盖包

带盖包较为常见，包盖与包体的结合方式有多种形式，有从后幅直接引出的，也有单独引出的，包盖与包体的扣紧方式有多种，如盖锁、磁扣、钎舌等（图1–2）。

3. 拉链包

拉链使用起来自由、简便、灵活，非常实用，所以拉链在箱包中应用非常广泛。拉链可以出现在包体的任意位置，既可以作为实用部件，也可以作为装饰部件（图1–3）。

图1–2　盖包

图1–3　拉链包

4. 敞口与半敞口包

这类包体的包口呈不封闭或半封闭状态，使用方便，但密闭性差。在购物包、休闲包等中大型包中较为常见，半敞口包在包口位置装设有收口绳索、磁扣来提高其密封性（图1-4、图1-5）。

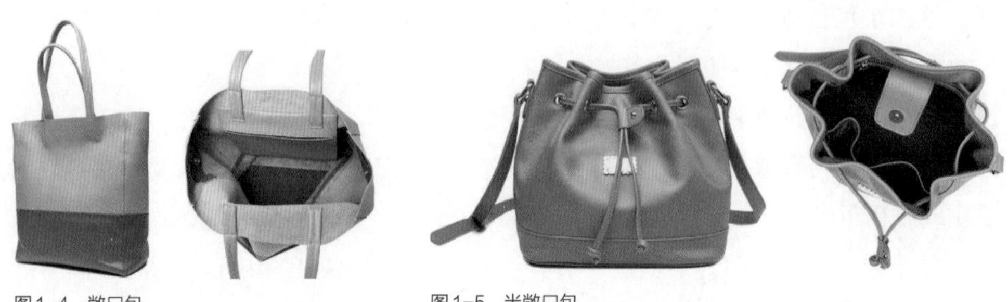

图1-4 敞口包　　图1-5 半敞口包

（六）按包体结构分类

按包体的基本结构分类，可以分为由大身和两个堵头构成的包体，由前后幅和底围构成的包体，由前后幅和包底构成的包体，由前后幅构成的包体，由整体大身构成的包体，由前后幅、堵头和包底构成的包体。前四种多用于女包，后两种多用于男包。

二、常见的箱包结构及部位名称

箱包的部件名称与箱包结构密不可分，结构不同，组成的部件也不尽相同。箱包部件分为主要部件和次要部件两大类，主要部件有前后幅、堵头、包底、包盖、底围、侧围、大身围等；次要部件有手挽、包带、耳仔、上贴片、外袋、拉链尾皮、拉牌等。

（1）堵头，是箱包左右两侧的单片，与大身面衔接的部位。

（2）手提带，又称手挽、手把，通常固定于前后大身面左右两侧或者包体的侧面位置，多用于手拎包，多为柱状或带状结构。

（3）包底，是指构成箱包的底部的部件，是辅料比较集中的部位，另外通常会安装泡钉以减少使用时包底材料的磨损。

（4）前后幅，是构成箱包结构外部主体的前后位置的部件，大多情况下为箱包板型中的基础部位。前后幅与包底合起来称为大身。

（5）围，是指箱包底、侧面拼接或部分拼接而成的部位，围通常分为底围和侧围两种。底围指底延伸至左右两侧形成的部位；侧围是指上侧面延伸至左右两侧形成的部位。

（6）包盖，是指和后幅拼接或者由后幅延伸遮住袋口的部位，通常使用于敞口结构的包体，除了具有防护作用外，也可用于装饰。

（7）肩带，用于将包背在肩上便于携带的带状结构部件，固定于前后幅或者包体左右两侧部位。固定于前后幅位置的通常为双肩带结构，固定于包体左右两侧的通常为单肩带结构。根据肩带的长度又可分为侧肩背肩带、双肩背肩带、斜跨背肩带等。

（8）拉链尾皮，位于拉链尾部，防止链布散开的部件。

（9）拉链牌，是穿在拉链头的圆环或半圆环上的部位，相当于拉手，便于开合拉链的部件。

（一）女包

1. 由前后幅构成的包体

这种结构的包体一般容积较小，在前后幅褶缝处可以增加包底的宽度，以此来增大容积（图1-6）。

图1-6　前后幅构成的包体

2. 由前后幅和堵头构成的包体

由前后幅和堵头构成的包体，基础部件是堵头，堵头决定着前后幅的形状和尺寸。图1-7为嵌入式堵头的包体，图1-8为带堵头条的包体。

图1-7　由大身和堵头构成的包体

图1-8　带堵头条的包体

3. 由前后幅和包底构成的包体

由前后幅和包底构成的包体中，硬质和软质都比较常见，包底的形状决定着前后幅的尺寸和形状。如图1-9所示为圆角形包底结构的包体，如图1-10所示为长方形包底结构的包体，二者的形状与工艺都不相同。

边骨通常位于大面和堵头或底围之间的部件，可以使包体更加挺括成型，在边骨中间包裹胶芯或钢丝芯，在埋缝时将其夹缝固定。

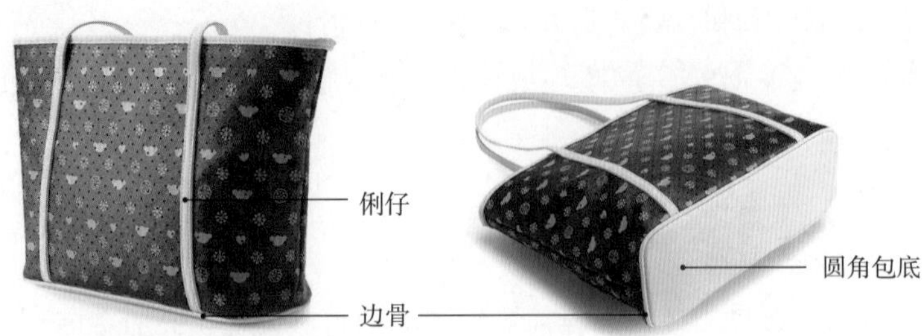

图1-9　由前后幅和包底构成的包体

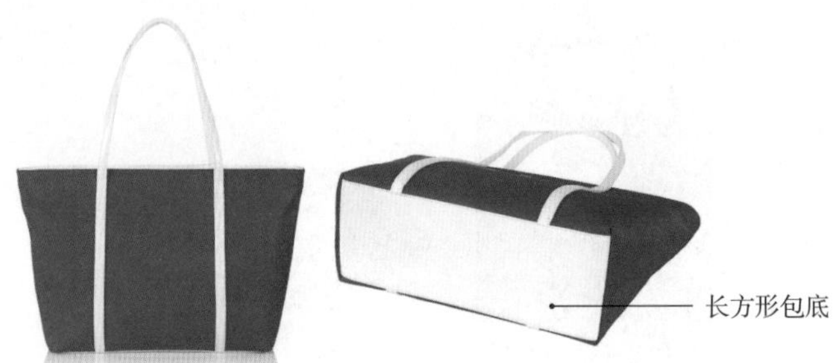

图1-10　由前后幅和包底构成的包体

4. 由前后幅和底围构成的包体

由前后幅和底围构成的包体的基础部件是前后幅，前后幅的形状决定了底围（墙子）的尺寸和形状。如图1-11所示是底围式（下部墙子）包，如图1-12所示则为大身围式包。

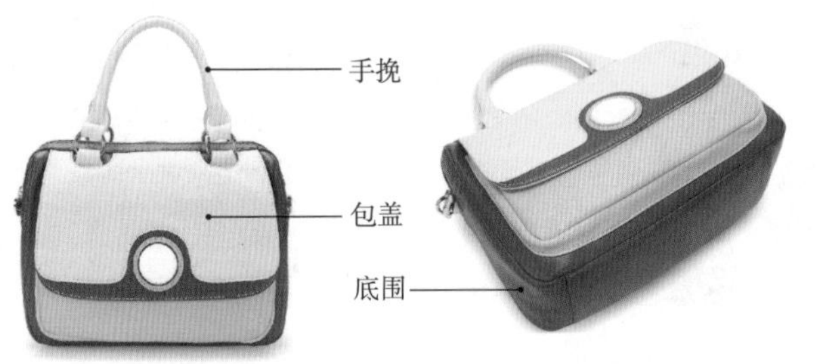

图1-11　底围式（下部墙子）包

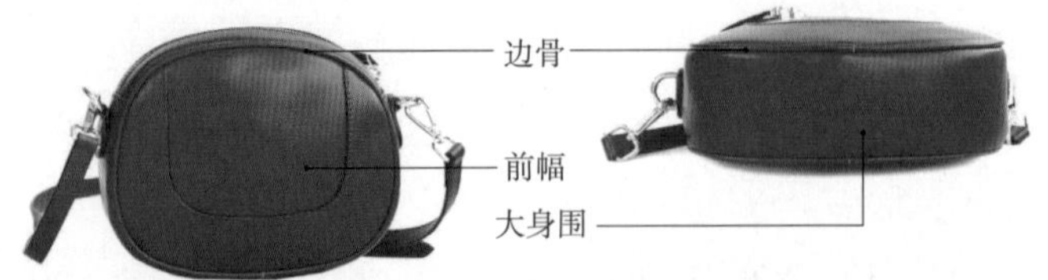

图1-12　大身围式包

（二）男包

1. 由整体大身构成的包体

手抓包（图1-13）、钱包（图1-14）一般都是由整体大身构成的包体。一个完整的钱包系列款式包含横版、竖版、长款三种款式（图1–15）。

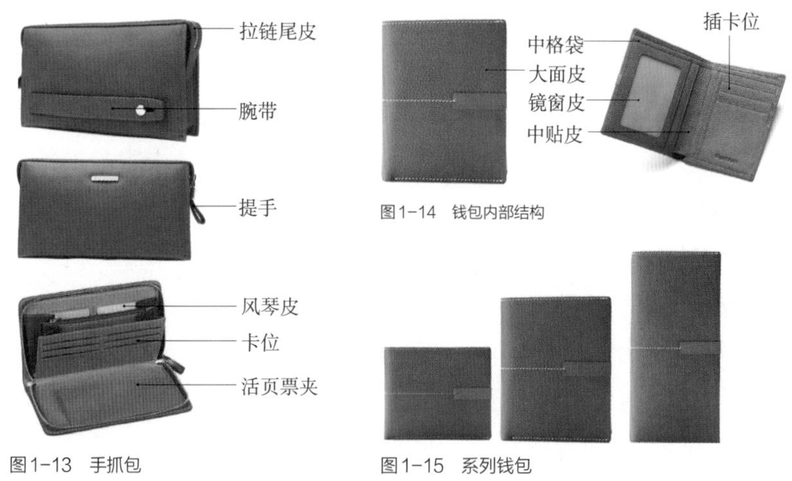

图1–13 手抓包

图1–14 钱包内部结构

图1–15 系列钱包

2. **由前后幅、堵头和包底构成的包体**

这种包体结构的特点是堵头和包底向内缩进，其基础部件是前后幅，前后幅的形状和尺寸决定着包底和堵头的尺寸（图1–16）。

（三）箱体

箱体可以分为旅行箱、工具箱、行李箱、手提箱等多种，以拉杆旅行箱为例来介绍箱体的部件名称（图1–17）。

图1–16 由前后幅、堵头和包底构成的包体

图1–17 拉杆旅行箱

本章小结

- “箱”和“包”的区分是：能够随身携带盛放物品的软质容器称为“包”，较硬不易变形的容器称为“箱”。
- 从中外服装发展史来看，满足人类生活、生产的实用功能需求是箱包发展的原动力。
- 我国箱包业在国际贸易市场和国内济建设方面都具有重要地位和作用。我国箱包行业已经形成广东省狮岭镇、河北省白沟县和浙江省平湖市等箱包生产制造基地。从市场趋势看，箱包行业将朝着创新的方向发展。
- 按携带方式分类，可以分为：手提包、肩挎包、背包、腰包、手拿包等。
- 按材质分类，可以分为：真皮包、人工革包、布包、草编包等。
- 按包体的软硬程度分类，可以分为：软结构包、硬结构包和半硬结构包三类。
- 按用途分类，可以分为：生活休闲箱包，公事、职业包以及专用包三类。
- 按开关方式分类，可以分为：铰包、带盖包、拉链包、敞口与半敞口包四类。
- 按包体的基本结构分类，可以分为：由大身和两个堵头构成的包体，由前后幅和底围构成的包体，由前后幅和包底构成的包体，由前后幅构成的包体，由整体大身构成的包体，由前后幅、堵头和包底构成的包体。前四种多用于女包，后两种多用于男包。
- 箱包部件主要部件有前后幅、包底、堵头、围、包盖、肩带、手提带、拉链尾、拉链牌等。

思考与练习

1. 通过市场走访、资料调查等方式了解当前你身边箱包消费者需求与其生产状况，分析我国箱包行业面临的机遇和挑战。

2. 举例分析箱包不同分类方式的意义。

3. 观察生活中常见的箱包，谈谈你对箱包结构与功能之间关系的理解。

4. 用箱包结构的专业术语向同学和老师介绍一款箱包实物或图片，从而熟悉箱包结构的专业术语。

第二章

箱包材料及制作基础工艺

课题内容：常见箱包的面料、里料及辅料，箱体常用材料，箱包的基础工艺。

课题时间：8学时

教学目的：帮助学生了解箱包材料和工艺的知识。

教学方式：以大量的材料图片、材料实物以及工艺小样为案例，采用教师讲解、学生观察分析、教师总结的教学方式。

教学要求：1. 了解并掌握常见箱包面料性能特点。

2. 了解并掌握常见箱包里料及辅料的特点及性能。

3. 了解并掌握箱包工艺制作的流程。

4. 了解并掌握箱包工艺操作中的要点。

课前准备：1. 教材

2. 箱包制作基础工艺练习材料

第一节　常见箱包材料

在箱包造型设计中材料是箱包作为物化产品的基础，材料的选择与搭配直接关系到箱包设计的成败。箱包材料对箱包整体影响非常大，箱包的造型、成本、生产制造方法、结构设计与制板、功能、档次定位等许多方面都受到箱包材料特性的约束。因此，了解并熟悉箱包材料特性，并加以灵活运用是箱包设计人员必备能力之一。总体说来，箱包的材料可以分为面料、里料、五金、辅料四大类。

一、面料

面料是影响箱包造型设计的重要因素之一。面料在南方的制箱企业中也被俗称为“材料花色”，主要由色彩、花纹图案及材质肌理构成。而由于色彩、图案在造型中都有其相对独立的审美作用，我们介绍面料仅从其理化性能及表面肌理进行表述。箱包面料主要有天然皮革、人工革、布料三大类，三类材料各有优缺点。

（一）天然皮革

天然皮革是中高档箱包的常用面料。如牛皮、羊皮、猪皮、蟒蛇皮等，材质表面具有自然的动物纹理，质感细腻柔和，但表面的肌理则差异性较大。天然皮革是动物体上剥下的原皮，经皮革厂鞣制及整饰加工而成的材料。严格说来，皮与革是严格区分的，皮是指原皮，是未经化学处理，不能正常使用；皮革是指原皮经过鞣制加工，已经转化为强度和耐腐蚀性大大提高的材料。

天然皮革箱包档次高，坚实、耐磨、耐用，但天然皮革各部位不均一，价格昂贵，产品护理复杂；人工革箱包外观漂亮，好打理，价格较低，但不耐磨，易破；布料箱包价格便宜，弹性好，强度高，耐磨性高，但形体稳定性差，易形变，易吸灰尘，挺阔性差；日久会褪色。

天然皮革就是人们普遍观念中的“真皮”。“真皮”是人们为区别人工革而对天然皮革的一种习惯叫法。由于原料皮和加工工艺的不同，天然皮革的强度、手感、色彩、花纹等方面差别很大。根据天然皮革的特性可以有多种分类方式。

1. **按动物种类分类**

大多数动物皮都可以用于制造天然皮革，但根据国际颁发的动物保护条例等一系列法律法规限制，真正用于生产的原料比较有限，其中，牛皮、羊皮和猪皮是制革所用原料的三大皮种，此外还有爬行类动物皮、两栖类动物皮、鸵鸟皮等种类。其中牛皮是箱包最常见且用量最大的天然皮革，又分黄牛革、水牛革。羊革分为绵羊革、山羊革和混种羊革。

（1）皮类。

①牛皮：因其天然粒面具有细致、光滑、有光泽、抗撕裂强度较高、耐磨等优点，是中高档箱包的理想面材。牛皮按其种类又可分为胎牛皮、小牛皮、成年黄牛皮、水牛皮等。胎牛皮最好，一般做高档箱包，或者箱包的部位，小黄牛皮次之，水牛皮较差，一般使用量较少。

黄牛革表面毛孔细小、紧密而均匀，排列不规则，毛孔呈圆形，较直地伸入革内。黄牛皮是箱包最常见且用量较大的天然皮革。水牛皮表面的毛孔比黄牛革粗大，毛孔数较黄牛革稀少，革质较松弛，不如黄牛革细致丰满。

②羊皮：表面细腻柔软，透气性强，但不耐磨，比较适合制作高档女士手包、挎包、晚宴包等，给人以奢华柔顺的感觉。羊皮可以细分为山羊皮、绵羊皮及混种羊皮等。山羊皮皮胚最好，有光泽、有韧性，挺阔性较好，但原材料张幅小，适合做一些面积较小的手包；绵羊皮张幅大，柔软，挺阔性差，适合做一些不追求挺阔性的软包袋；混种羊皮介于两者之间，应用较多。羊皮的柔软性决定了其风格及造型效果，多用于一些时尚休闲包袋的面料，在面料上可进行起皱、捏花等装饰工艺（图2-1）。

图2-1　羊皮面料的应用

③猪皮：表面的毛孔圆而粗大，倾斜伸入革内，毛孔三个一组，呈品字形，具有轻、薄、软，弹性良好，色泽均匀一致，易染色，且染色后较漂亮等优点，可少量用于箱包面料的局部。但其韧性较差，易褪色、抗撕裂强度较差，因此很少大面积使用。而其较强的透水汽性，一般做中高档箱包内里较多（图2-2）。

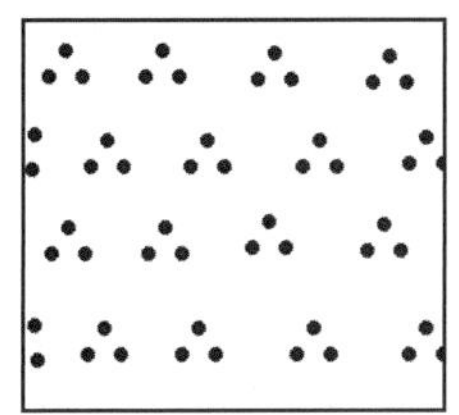
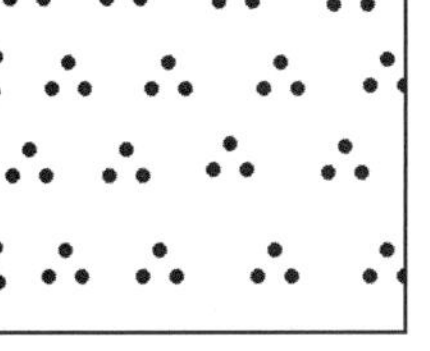

（a）猪皮：毛孔三个一组

（b）牛皮：纹路细致

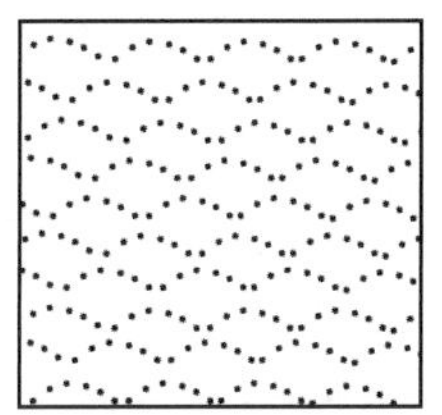

（c）羊皮：鱼鳞状的纹路

图2-2　天然皮革纹理

④鸵鸟皮：皮质柔软、耐用、不易老化、可蜷曲、拉力较大（是牛皮的3~5倍），且在低温下不变硬、不龟裂，是箱包的理想材料之一。天然鸵鸟皮最突出的特征是表面毛孔突起形成的天然花纹，带给观者特殊的视觉效果，且天然鸵鸟皮产量较小，价格昂贵，因此在箱包中历来被认为是品位、富有和地位的象征。天然鸵鸟皮制成的箱包使用年限长，并且时间越长，表面越光亮，是许多国际箱包大牌经典款式的首选面料之一（图2–3）。

⑤鳄鱼皮：因其表面有着天然渐变且不规则的特殊肌理，可用于箱包面材的鳄鱼皮仅限其腹部的狭长部分，较好的鳄鱼皮触感柔韧、质感强烈、表面凹凸感强的方格形肌理向圆形肌理过渡自然。鳄鱼生长缓慢，可用面积较小，价格不菲，加之鳄鱼皮面料制成的箱包往往带给人以奢华、成熟、高贵之感，是许多高档箱包首选面料之一（图2–4）。

⑥蟒蛇皮：表面肌理类似菱形、扇形，纹路细腻，颜色鲜艳、有光泽，美观度高，缺点是原材料张幅较小，皮质比较薄，不耐磨损。在箱包面料中多做搭配使用或拼接使用。市面上较大张幅的蟒蛇皮多为羊皮压花制成（图2–5）。

图2–3　鸵鸟皮手包

图2–4　鳄鱼皮手袋

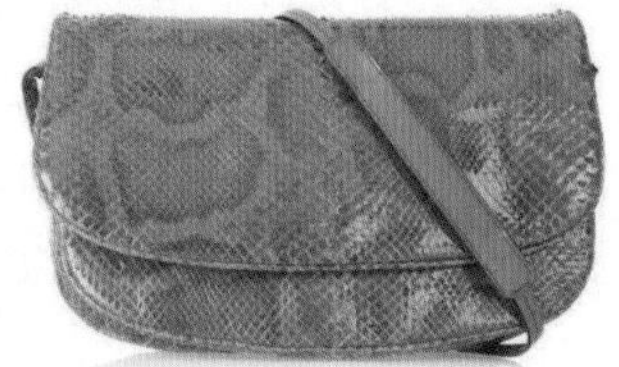

图2–5　蟒蛇皮女士包袋

⑦鱼皮：用于箱包面料的有鲤鱼皮、珍珠鱼皮、鲟鱼皮、鲨鱼皮等，鱼皮张幅较小，产量低，在箱包面料中搭配或拼接使用，也可单独使用做一些较小的零钱包（图2–6）。

⑧蜥蜴皮：皮质柔韧性较好、轻便，表面附着鳞片，具有美观的粒面立体花纹，在箱包中属于高档面料（图2–7）。

⑨其他皮类：除了以上几种较为常见的箱包面料皮，还有袋鼠皮、鹿皮、牦牛皮、麂皮、骆驼皮等，但在箱包面料中使用量较少，这里不再赘述。

（2）皮毛一体。

①马毛皮：毛质较短、较硬、有光泽，皮质较硬，在箱包面材中使用较多，但一般不大面积使用，马毛皮裁断有严格的方向，一般马毛的方向要朝包底一侧。市场上常见的马毛皮多以仿斑马纹、豹纹、虎纹等为主，马毛皮往往带给人一种原始的、狂野的心理感觉（图2–8）。

②羊毛皮：主要以绵羊毛皮和羔羊毛皮为主，山羊毛质硬而稀，一般不常用来做毛皮，而滩羊毛较合适做毛皮。

③兔毛皮：毛质较长、较柔软、细密、易上色，上色后较漂亮（图2–9）。

④狐狸毛皮：毛质更长、更细密、光滑。

图2-6　鲤鱼皮拼接男式公文包

图2-7　蜥蜴皮女包

图2-8　马毛皮在手包上的应用

图2-9　獭兔毛皮的应用

2. 按层次分类

为了充分利用皮料资源，获得更大面积的皮革，提高经济效益，在皮革加工中，可以使用剖层机将较厚的动物皮剖成多层，以获得厚薄适当、均匀一致的皮革。以牛皮为例，由于天然牛皮较厚，一般分层使用，一张牛皮最多可剖解为三到四层，越下层，皮质越差，在箱包制作中一般只使用头层和二层。二层皮表面需经过人工处理，多在肉面层上增加涂饰层，并进行各类仿天然或人工压花，表面肌理的花纹效果比较适合男士商务包、钱包、女士提包、单肩挎包等（图2-10）。

从微观结构来看皮革的纵切面，动物原皮由许多粗细不等的胶原纤维编织而成，大致可以分粒面层和网状层，粒面层由极细的胶原纤维编织而成，网状层由较粗的胶原纤维编织而成。其中，粒面层包含动物的天然花纹，强度高，所以经济价值最高。通常，人们把包含粒面层的皮革称为粒面革，也叫头层革、正面革。其中，粒面革根据表面修饰的程度又可以分为全粒面革、修面革等。头层牛皮以天然粒面为主，多用于面积较大的大身、包盖、外袋等部件结构，给人以高雅别致的感觉（图2-11）。头层革以下各层革统称为二层皮。

图2-10　牛二层压花革的应用

图2-11　全粒面牛皮的应用

（1）全粒面革：属于皮革中的高档材料。全粒面皮革表面不经涂饰或涂饰很薄，革表面光滑，一般表面带一层自然的蜡感；不仅保留了动物皮自然的花纹美，而且保持了皮革的柔软弹性和良好的透气性，其制成品舒适、耐久、美观。全粒面革的粒面越清晰代表档次越高。高档粒面革粒面清晰、手感柔软、颜色纯正、透气良好、光泽自然，涂层薄而均匀；低档粒面革因伤残较多，故涂层较厚、粒面不清晰、光泽度高、手感和透气性都明显变差。

（2）修面革：如果使用表面伤残较多原料皮制成皮革虽然强度高，但外观品相差、档次低，将导致售价偏低。制革技术中，可以采用轻修面的方法加以改善，即用机器设备将粒面层修磨去一半，使其外观均匀一致。这样制成的皮革称为修面革，又称为半粒面革。修面革保持了天然皮革的部分风格，但手感较硬，一般选用等级较差的原料皮，属中档皮革。因工艺的特殊性其表面无伤残且利用率较高，其制成品不易变形，所以一般用于面积较大的公文箱类产品。

（3）二层革：也是皮革的一种，但从严格意义上说，并不能称为“真皮”，因为二层革只有网状层，并不包含粒面层。二层革的涂饰工艺可以采用喷涂、移膜、压花等方法在网状层上造出各种纹理、色彩的表面。一般说来二层革强度较低，档次不高。

3. **按皮革涂饰的外观效果分类**

皮革呈现的千变万化的外观，最主要是由制革涂饰工艺形成的。形象地说，皮革表面涂饰就是在皮革的表面“化妆”。涂饰的作用很多。例如，涂饰剂和涂饰方法不同，可以得到不同风格的产品，扩大和增加皮革的花色品种；涂饰工序可以不同程度地改善原料皮的天然缺陷以及生产过程中控制操作不当所带来的缺陷，如粗面、色花，擦痕等，提高革的耐用性能，从而提高皮革的使用价值；经过涂饰的皮革革面上可形成一层保护性涂层，可提高皮革耐磨和抗水性，防渗污且易于保养。由于皮革涂饰效果种类繁多，下面仅介绍部分常见的皮革种类。

（1）绒面革：将皮革表面肌理制成细腻的绒面革，比较适合休闲包、女士挎包等，给人以柔和稳重的感觉（图2-12）。将皮革的粒面经磨革制成的称为正绒革；利用皮革反面（肉面）经磨革制成的称为反绒革。利用二层皮磨革制成的称为二层绒面革。由于绒面革没有涂饰层，其透气性能较好，柔软性改观，但其防水性、防尘性和保养性变差，没有粒面的正绒革的坚牢性差，易脏而不易清洗和保养。

（2）漆皮：是在二层皮革表面涂饰合成树脂，使其表面像刷漆般光亮。其特点是色泽光亮、自然，防水、防潮，不易变形，容易清洁打理等。

（3）开边珠皮革：又称贴膜皮革，常采用沿着脊梁抛成两半并修去松皱的腹部、肷部和四肢部分的二层开边牛革制造。在其表面贴合各种净色、金属色、荧光珍珠色、幻彩双色或多色的PVC薄膜加工而成。

图2-12　牛绒面革的应用

（4）压花革：一般选用修面皮或开边珠皮来压制各种花纹或图案而成。如鳄鱼皮纹、蜥蜴皮纹、鸵鸟皮纹、蟒蛇皮纹、美观的树皮纹、荔枝纹等。

（5）擦色效应皮革：皮革表面先用一种颜色涂饰，再涂饰一层其他反差较大的颜色，然后根据特殊需要，用布轮摩擦或擦去部分表层，同时露出两种颜色即可产生的双色效应。

（6）金属效应皮革：在皮革涂饰效应层中加入金属粉，在光的照射下，皮革发出金光闪闪的光泽。

（7）油变革：又称“变色龙”，这种皮用指甲一刮或用手撑开，颜色就会变浅，但以手抚平后又恢复正常，其特点是油感黏腻，涂层着色原料有变色油脂和金属络合染料，同时具有苯胺效应和皮层变色效应。

4. 天然皮革常见的缺陷

与人造材料相比，天然皮革存在形状不规则，厚薄、延伸性、强度不均匀等缺点，往往还存在伤残、松面等缺陷。正确认识皮革缺陷，可以帮助我们合理利用缺陷部位，以提高材料的使用率。

（1）伤残：动物生长过程造成的表皮损伤，如伤疤、癣癞、鞭花、鞍伤、虻眼、虻底、虱疔、划伤、菌伤、烙印等；屠宰和加工过程的伤残，如剥伤、孔洞、折裂、砂眼、夹油伤、钩捆伤、烫伤；还有制革生产过程的伤残，如浸水伤和霉菌伤、片皮伤、伸展伤、熨伤、推平伤、削匀进削成孔洞或削得不平、磨伤、去肉伤等机残。

（2）松面：皮革的粒面层与网状层松弛分离、连接减弱的现象。我们将皮革表面向内弯折90°时，粒面呈现皱纹，松面皮革的皱纹较少。判断标准是少于6个称为松面，松面严重的（皱纹少于3个）称为管皱。

（3）裂面：皮革经弯折，或折叠强压，粒面层出现裂纹的现象。

（4）脱色：用干细布在皮革面上任一部位顺方向擦五次，有严重掉色现象即为脱色。

（5）色差：皮革表面不同的部位存在明显颜色差异。

（6）白霜：皮革表面有盐分析出，如同下霜一般。一般是由于皮革在喷固定剂后未干，中性盐含量高，使革面呈现白霜。

（二）人工革

随着人类对天然皮革的供不应求，加之天然皮革产量较小，因此出现了代替天然皮革的一系列材料，这些材料以模仿天然皮革的某些理化性能为主，主要包括人造革、合成革、再生革等，它们具有天然皮革的某些理化性能，有的甚至超越了天然皮革的理化性能。这些替代材料以其产量大、价格低廉、性能稳定、韧性均匀、便于裁断、易加工等特点，成为中低档箱包的主要面料。

根据人工革原材料不同，可分为PVC人造革和PU合成革。以聚氯乙烯树脂为涂覆材料的称为PVC人造革，以聚氨酯树脂为涂覆材料的称为PU合成革。

1. PVC人造革

PVC人造革主要是用溶液、悬浮液、增塑溶胶或薄膜等形式涂覆于织物底基上制得。由于加工过程不受时间、原料的限制，产品均一性较好、幅宽一致，易于裁剪加工，近年来人工革成为替代天然皮革的良好材料。其优点是价格便宜、色彩丰富、花纹繁多，质地柔软，强度大，耐磨、耐折、耐酸碱等；缺点是基布黏接牢度差，易于剥离，耐候性差，手感僵硬，柔软性差等。在低档的春夏箱包中，PVC人造革较为常见（图2-13）。

2. 普通PU合成革

PU（聚氨酯）合成革，一般由无纺布、针织布等底基层和聚氨酯涂饰层构成，其正、反面都与皮革十分相似，具有天然皮革柔软、丰满的特点，且色泽鲜艳、耐撕裂、耐寒、耐磨、耐热，比普通人造革更接近天然革，同时具有色彩丰富、花纹繁多、耐用性久的优点，价格比PVC人造革要高，比天然皮革面料便宜，是较为理想的天然皮革替代品，被大量的用于箱包面材中。

3. PU超细纤维合成革

超细纤维合成革是第三代人工皮革，它是以超细纤维制成的无纺布作为基底，具有与天然皮革相似的微观结构——微细的胶原纤维相互缠合而成，同时采用聚氨酯合成革后处理工艺，制作出与天然皮革相似的外观。超纤合成革在外观、手感和内在结构上都接近真皮，在耐酸性、耐碱性、耐黄变性、剥离强度、顶破强度等物性上甚至优于真皮，可广泛地用于高档服装、制鞋、沙发家具、箱包、装饰等行业。其生产工艺主要有定岛和不定岛两种，其中采用定岛技术制得的合成革染色均匀度好，机械性能高，但柔软度和起绒后的手感较差；不定岛技术制得的合成革比较柔软，起绒后的手感较好，但强度相对低一些，容易出现染色不匀、色牢度差等问题，另外起绒的纤维易于脱落，抗起球性能较差（图2-14）。

4. 再生革

再生革是将各种动物的废皮及真皮下脚料粉碎后，调配化工原料加工制作而成。其表面加工工艺同真皮的修面皮、压花皮一样，其特点是皮革边缘较整齐、利用率高、价格便宜；但皮身一般较厚，强度较差，只适宜制作平价公文包、拉杆袋、球杆套等定型工艺产品或平价皮带。其纵切面纤维组织均匀一致，可辨认出流质物混合纤维的凝固效果。

图2-13 PVC人造革女包

图2-14 超纤革的男包

（三）布料

布料的原材料种类繁多，有棉、麻、丝、毛等天然纤维材料，也有涤纶、氨纶、锦纶、腈纶等化学纤维材料。用于箱包的布料主要以尼龙、涤纶为原料制造的。

1. 棉麻

棉麻是棉布与麻布的统称，棉布质地细腻、柔然，给人以质朴、温和的感觉；麻布质地较糙，富有自然纹理，给人以休闲、粗犷、淳朴的感觉。因此，棉麻类材质多用于体现自然或田园风格的挎包、休闲包中［图2-15（a）、图2-15（b）］。

2. 帆布

帆布质地较硬，布纹明显，挺阔有型，主要用于购物包、休闲包以及女式单肩包等。帆布在箱包中既可单独使用，也可以与皮革搭配使用。单独使用时主要体现出休闲、质朴之感；与皮革搭配使用则体现出时尚、休闲之感，如搭配较为夸张的金属饰件能体现出前卫的风格特点（图2-16）。

（a）印花棉布包

（b）亚麻材质手包

图2-15　棉麻包

图2-16　帆布材质包袋

3. 塑料

塑料分为透明与非透明两种。塑料材质多以高光亮质感出现。非透明塑料在箱包中多以鲜艳的糖果色出现，给人以天真、可爱的感觉，而透明塑料多以体现时尚、张扬的风格特点（图2-17）。

4. 绸缎

绸缎质地细腻、手感柔滑，光泽度较高，在箱包设计中多用来体现浪漫、优雅风格特点（图2-18）。

图2-17　塑料材质包袋

图2-18　绸缎材质手包

5. **蕾丝**

蕾丝以其镂空的图案为特色，给人以若隐若现的感觉，因此在箱包设计中多用于浪漫、性感、天真的女时装包中（图2-19）。

图2-19　蕾丝网布手包

6. **绒布**

绒布类材料与绒面革相似，其表面有一层细小的绒毛，因此，质感较为柔软，古朴的金丝绒布可以为晚宴包带来高贵、典雅的风格特征。

7. **锦纶**

锦纶学名聚酰胺纤维，又称尼龙（Nylon）。锦纶强度高，耐磨性居所有纤维之首，抗化学腐蚀性好，抗腐蚀、抗老化的能力优，耐用性极佳。锦纶织物有少许弹性，且回弹性极好，但平整度不如涤纶面料。由于锦纶性能优良，原料资源丰富，在箱包产品中被广泛使用。

高档箱包中常用的考杜拉（Cordura）面料就是一种尼龙面料，俗称杜邦尼龙（考杜拉是杜邦公司研制出来的一种面料，但考杜拉已从杜邦公司分离出来，归英伟达公司所有）。考杜拉的特殊结构具有良好的耐磨性，耐撕裂性，广泛用于箱包、鞋类等多种产品。

8. **涤纶**

涤纶学名聚酯纤维，俗名“的确良”，英文名为Polyeste。涤纶的优点是强度高、结实，耐磨性仅次于锦纶，但比其他天然纤维和合成纤维都好。涤纶价格较锦纶便宜，弹性好，不易变形，耐腐蚀，挺括、易洗快干，也是箱包主要面料之一。

实践中，人们用燃烧法来区分两者。锦纶近火焰即迅速卷缩熔成白色胶状，在火焰中熔燃滴落并起泡，燃烧时没有火焰，离开火焰难继续燃烧，散发出芹菜味，冷却后浅褐色熔融物不易研碎。涤纶易点燃，近火焰即熔缩，燃烧时边熔化边冒黑烟，呈黄色火焰，散发芳香气味，烧后灰烬为黑褐色硬块，用手指可捻碎。

常用D来表示锦纶、涤纶箱包面料的规格，D是DENIER（旦尼尔）的缩写，简称旦。旦尼尔是化学纤维密度的一种表达方法，是指9000m长的丝在公定回潮率时的重量克数，也称为旦数。D前面的数字越小，它的线就细，密度也就越小。例如，210D的材料，纹路特别细，一般用作包的里布或者是隔层。而900D或1000D的料纹路粗，线粗也更耐磨，一般用作包底。

二、辅料

1. **五金配件**

箱包五金配件的质量对箱包的整体质量影响非常大，箱包五金配件的价格、档次与寿命是制约箱包身价和寿命的关键因素之一。五金配件的质量决定着开启各种部件时的柔顺性、耐用性及寿命。劣质的五金配件，会使箱包开启不灵活、推不动、关不严，滑动不畅，下垂甚至脱落，给消费者带来烦恼和不便。

箱包五金配件种类繁多，根据其功能可分为连接用扣类五金件、开闭功能的锁类五金件以及装饰性钉类五金件三类。起连接作用的各种扣类，如D扣、钩扣、针扣、环形扣、方扣、日字扣等（图2–20～图2–25）；起装饰作用的各种钉类，如铆钉、鸡眼等（图2–26、图2–27）；起开闭功能的锁类，如磁扣、子母扣、纽扣、扣锁、五金铰等（图2–28～图2–32）。箱包五金配件毛坯的材质种类有铜、锌合金、铝、铁等，铜类价格最贵，其次是锌合金类、铝类、铁类。箱包五金按电镀有许多颜色：枪色、金色、白呖色、青古铜、青古扫、铬色等。

图2–20　针扣　图2–21　D扣　图2–22　方扣　图2–23　圆圈　图2–24　日字扣

图2–25　钩扣　图2–26　鸡眼　图2–27　铆钉　图2–28　磁扣　图2–29　子母扣

图2–30　纽扣　图2–31　锁类　图2–32　五金铰

2. 织带

箱包织带按材质分可为锦纶带（尼龙带）、涤纶带（特多龙带）、丙纶（PP）带、（涤）棉带等；按外观形状分为空心带、实心带、圆绳带、扁平带、褶皱带等；按纹路特点分为平纹织带、斜纹织带、缎纹织带、杂纹织带等；按宽度规格：10mm、12mm、15mm、20mm、25mm、30mm、32mm、38mm、50mm等；按其纱的粗细可分为900D、1200D、1600D等，同时我们应该注意织带的厚度，厚度也决定其单价和韧度。

3. 拉链

多用于包口和箱包内外袋口，或用于装饰。拉链由链牙、拉头、布带、限位码（上止口和下止口）或锁紧件等组成。拉链有两片链带，每片链带上各制有一列链牙，两列链牙相互交错排列。拉头夹持两侧链牙，借助拉襻滑行，即可使两侧的链牙相互啮合或分开。拉头主要由锌合金和塑料压铸成型后经过表面处理，装上拉鼻、拉片等后，即可成为一个完整的拉头，通常在拉头底面和拉片上刻有拉链厂商自己的商标。链牙是最重要的部分，它直接决定拉链的侧拉强度。

箱包常用的拉链结构类型有：

（1）闭口拉链：后码是固定的，只能从前码端拉开。在拉链全开状态下，两链带被后码连接不能分开。

（2）双开拉链：有两个拉头，可从任意一端打开或闭合。将两个拉头都拉靠紧锁件而使其分开，便可完全打开。

按链牙材料分类，拉链可以分为尼龙拉链、树脂拉链、金属拉链。

（1）尼龙拉链：链牙由单丝围绕中芯线成型呈螺旋状，缝合在布带上将布带内褶外翻，经拉头拉合后，正面看不到链牙的拉链。

（2）树脂拉链：又称注塑拉链，链牙由树脂材料通过注塑成型工艺固定在布带带筋上的拉链。

（3）金属拉链：金属拉链的链牙材质为金属材料，包括铝质、铜质等。

以链牙宽度分类，分为3#拉链、5#拉链、7#拉链、8#拉链、10#拉链、12#拉链等规格。

拉链的质量要求为：链牙表面要平滑，拉启时手感柔畅且杂音少；拉头拉启轻松自如，锁固而不滑落；布带染色均匀，无玷污，无伤痕且手感柔软，在垂直方向或在水平方向上，布带呈波浪形；上止口要紧扣第一粒链牙（金属、尼龙），但距离不能超过1mm，下止口紧扣链牙或钳在上面。

4. 里料

箱包里料主要是用来制作箱包内袋，又可以辅助产品的造型，同时起到保护产品面料的作用。质量良好的箱包里料看上去挺括、厚实，手感细腻，回弹性好，褶皱少。箱包里料主要品种有人造革和纺织物两大类。在人造革产品中，主要使用比较柔软的品种，如具有泡沫感的仿羊皮革；而在布料中，常见的箱包里料有无纺布、天鹅绒、佳积布、牛津布等。

5. 衬料

箱包衬料主要起辅助箱包成型、定型的作用，可分为硬质衬料和软质衬料两类。

硬质衬料包括纸板、塑料板、钢条、塑料管等。纸板除了用于制作样板，在包的结构中经常用到，面料的接缝处、折边处、上口、底等很多部位，用于折边、加固、塑型、辅助缝制等；塑料板同纸板通常在较大型箱包中使用，用于手把垫板、包体的上部或者包底，用于加固或塑型；钢条贴在包面的边缘用以塑型，宽度有3mm、5mm、8mm等规格，多用于公文包、商务包类；塑料管用作牙子或者用于手把等部位的填充或者加固，直径有1mm、2mm、5mm、6mm、8mm、10mm等规格；牙管以材质分类，分为塑料牙管、铁丝牙管、钢丝牙管、弹簧牙管等类别，以直径分类有1mm、2mm、5mm、6mm、8mm、10mm等规格。

软质辅料包括无纺布、无纺棉、海绵、胶棉、珍珠棉、衬布、线绳等。无纺布以厚度和密度分类，多贴于面料反面用于支撑或者关键部位的加固，也会被当作垫衬使用；无纺棉多贴于面料反面用于支撑和塑型；海绵、胶棉、珍珠棉作用类似，多贴于面料反面用于塑型或填充；衬布以厚度和密度分类，多用于加固面料。

三、箱体材料

箱体有硬箱和软箱两种。软箱的材质一般是帆布、EVA、尼龙、皮革等，更加适合短途旅行。硬箱材质有ABS、PC、PP、热塑性复合材料等，适用于长途出行时使用。

1. ABS

ABS是丙烯腈、丁二烯和苯乙烯的三元共聚物，A代表丙烯腈，B代表丁二烯，S代表苯乙烯。相比较其他材料而言，ABS的主要特点是较轻，表面比较柔韧、刚硬，耐冲击，能更好地保护里面的物品；但缺点是密度大，表面容易有划痕。

2. PP

PP材质学名为聚丙烯。PP材料更为环保、柔韧，有良好的抗冲击性、抗吸湿性、抗酸碱腐蚀性、抗溶解性，耐磨，耐压、耐用等优点。PP材质的箱子很软，很薄，很轻，有弹性可使箱体不容易裂。PP箱比ABS箱轻便，且不易磨花和有刮痕。

3. PC

PC材质学名为聚碳酸酯，是现在市场最常用、最流行的硬箱材质。PC箱体表面光滑美观、轻便、耐高温和耐严寒性非常好。箱外壳对压力具有柔韧性，比ABS材质强度高，抗摔、耐冲击、防水、耐磨，目前是硬箱材料中最结实的材质，但也存在表面容易产生划痕的缺点。

第二节　箱包制作的基础工艺

箱包按照工艺制作顺序常见的基础工艺有裁料、片边、折边、台面操作、油边、缉缝工艺、安装五金以及包袋的后整理与包装等。

一、裁料

裁料又被称为开料、裁断，主要指按照一定的要求将面料、里料、辅料等裁断成符合工艺标准的料片的过程。它是包体制作工艺的第一步，也是较重要的步骤之一，因为材料成本占整个包体成本的40%以上，因此，材料的使用率直接影响到包体成本的核算，所以，它要求操作者要做到精细、认真，时刻考虑到最大限度地节约。裁断操作通常分为手工裁料和机器裁断两种方式。

（一）手工裁料

手工裁料是指工人比照着硬质样板用三角刀进行材料的裁断。它比较适合天然皮革、超纤革等面料，因其价格昂贵或有表面伤残等，比较适合手工操作完成，这样既能最大限度地节省材料、降低成本，又能很好地利用伤残。

手工裁料所使用的工具主要为手工推刀，可以使用废旧的锯条打磨改制而成，将锯条的一端经过打磨、开刃直至能切断物料，再将另一端用木板、竹片夹住，经过布料包裹即可使用（图2–33）。

在进行手工裁料时要注意以下几个方面：首先，要熟悉样板轮廓形状，能分清各部件的名称、所在位置等。其次，认识皮料及纤维走向，辨别皮料的类别、档次以及伤残类型是节约材料、合理利用伤残的第一步；确定皮料的方向关系到下裁部件的质量问题。最后，正确的裁料手法也是裁断过程中的重要环节（图2–34）。例如，物料要平铺于操作台；推刀与操作台呈30°~45°的夹角；用力均匀，收刀迅速等；当遇到没有完全切断时，切勿生拉硬拽，以免撕扯，应小心剪断。

通常情况下，裁料应遵循一定的顺序，首先裁主料，其次裁配料、里料、托胶、海绵、皮糠纸、辅料（透明胶、无纺布等），最后再裁包边条和包骨条等条形部件。

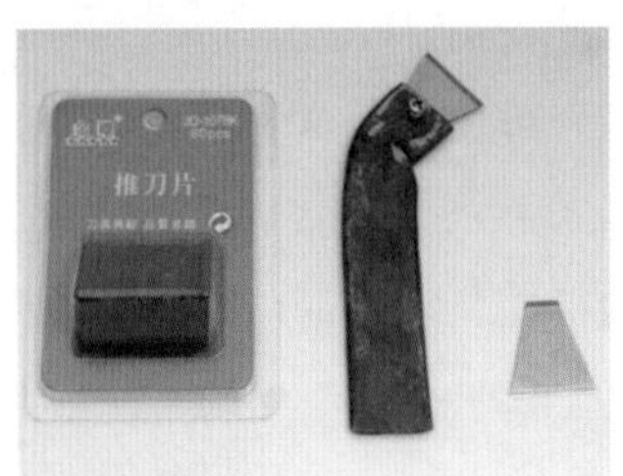

图2–33　手工推刀

图2–34　手工裁料

（二）机器裁料

机器裁料多用于质地均匀一致的人工革、布料等材料，可以采用多层裁料。这样既可以提高生产效率，又能保证料片整齐一致。

机器裁料常用的设备有摇臂式裁断机（图2–35）、龙门式裁断机（图2–36）以及电剪等。操作步骤如下：

1. 按照要求进行领料、选料

按照包袋订单的要求去库房领取材料，如果面料为皮革材料时，要先进行伤残的标记，确定主纤维方向，确定皮料的部位划分。保证在质量较好部位裁前幅、前贴袋、前插袋、盖面等主要部分。在后幅、侧围及小部件上多利用综合质量较差的皮料，并尽可能多地利用伤残部分。

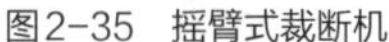

图2-35　摇臂式裁断机

图2-36　龙门裁断机

2. **合理地进行排料**

有的部件要求与托料一起裁断，所以在排料前先要进行贴料，将面料与其托料用粉胶或黄胶黏合一起，再进行裁料。排料指的是将物料平整排放于操作台上，根据材料的厚度和要求确定排料的层数，一般皮料选择单层正面裁料，人造革类一般为3~4层，里布则多为5~6层，自带胶的衬布一般为5层左右，要求有胶面朝上摆放。

3. **调试裁断冲程**

更换新的材料应重新调试裁断机的冲程，避免冲压距离过大造成垫板的损坏或者因为冲程距离太小，底层物料不能被完全裁断。调试时应尽可能使摆臂置于刀模的中心位置，按照顺时针摆臂下降，逆时针摆臂上升的顺序操作，通常裁断机的下平面距离刀模上端约为6~10cm，材料不同，距离也略有不同。

4. **摆放刀模**

拿取刀模时要注意核对刀模编号是否与工作单上的一致（图2-37），刀模的摆放应注意物料的裁料方向，一般在样板上有明确的标记，如直纹、横纹、斜纹以及不分纹，裁直纹料延伸性较小不易拉长，而横纹料则容易拉长变形，裁斜纹料的延伸性介于两种之间，一般只用在包边带上，可以弥补直、横纹的不足。在实际开料中要视物料的方向来确定应该开横纹还是直纹。同时还应注意先排放尺寸较大的部件，再排放小尺寸部件；先排放主要部件，再排放次要部件。

5. **裁断操作**

只有双手同时摁下开关按钮，才能完成开料操作。在裁断过程中要不定时地检查开好的料件是否有毛边、抽纱等残次，检查刀模是否有变形等。

6. **裁片检验**

首先，检验裁片是否达到要求标准，是否有色差，格纹是否对齐，纹路是否正确等。同时要检验特殊材料是否符合要求，如马毛、灯芯绒等材料毛向是否正确，带图案的物料左右片图案能否对上。再次，核对裁片的数量。清点数量并分类放置，每10件为一捆摆放整齐。

除了摇臂式裁断机和龙门裁断机外，还有专门裁断特殊形状的切条机（图2-38）、切带机、切纸机、电剪等裁断设备。

图2-37 刀模

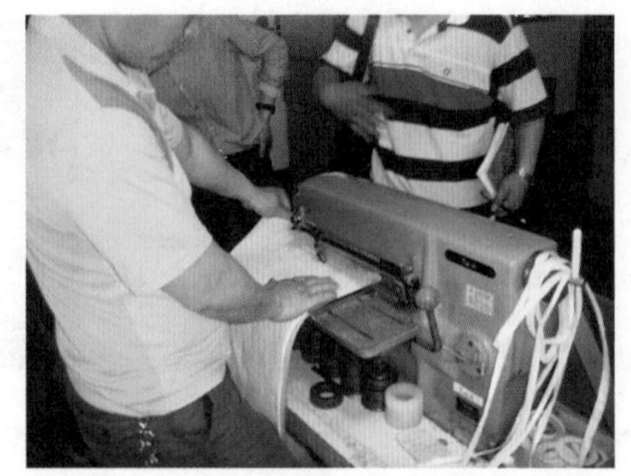

图2-38 切条机

二、片料

片料又称铲皮，分为通片和片边两种类型。在工厂通片被称为过薄，片边被称为铲边，其操作实质一样，只是叫法不同而已。片料也是工艺操作中重要的步骤之一，其质量直接影响到后续操作的外观效果，有时甚至会影响成品包体的内在质量。

1. 片料的目的及意义

片料的主要目的有以下三个方面：一是统一调整材料的厚度，使其符合工艺操作的要求；二是调整部件边缘的厚度，便于后续工序的进行；三是修整部件边缘，避免边缘有毛边或不平整等。

不同种类的箱包其部件厚度要求不一致，同一包袋不同的部件厚度要求也不同。这时需要统一调整厚度的部件，以满足生产的需要，如钱包的部件、耳仔、包带等部件其厚度要求也不同。同时部件边缘不同的工艺操作，其片边厚度和宽度也不一致。通常压茬位片斜面宽度约为0.8cm，折边位片边宽度为0.8~1cm，而钱包的压茬位则片宽约为0.6cm，内格折边片宽为0.6cm，大面皮折边位则片宽约8cm。

2. 片料的类型及常用设备

通片和片边两种类型片料所用的设备也不同。通常通片使用大铲皮机（图2-39），而片边则由多用圆刀片皮机（图2-40）。

图2-39 大铲皮机

图2-40 圆刀片皮机

3. 通片操作流程

首先，根据不同部件的操作要求弄清各个部件片宽和厚度，如手挽、耳仔、肩带、包边皮等部件，其片皮厚度均不同。一般手挽0.8mm的托料补强其总厚度约为1.6mm，肩带双面补强总厚度约3mm，包边皮片宽2cm，厚度为0.7~0.8mm。其次，根据皮料的材质调节好送料辊的压力，材质较薄、较软则逆时针方向调松；材质较厚、较硬则顺时针方向调紧。再次，根据工艺要求调整好厚度调节手轮，向前推进片皮时较厚，向后推则片皮时较薄，片皮厚度可参考厚度显示屏，最终厚度以厚度仪测量结果为准。最后，物料片边操作完成后，经查验合格，清点数量，关闭电源，清理片皮机并上油。

4. 片边操作流程

首先，根据厚度要求调整压脚，用卡表测量试片的厚度，用钢尺测量其宽度。其次，调整片皮机的各项距离，一般采用中速进行调试，调整胶轮弧度与圆刀弧度一致，距离为0.3~0.5mm；调整压脚高度使其与刀的距离为0.4~0.9mm；同时，调整并固定压脚挡板，使其距压脚前端的距离为片边宽度。再次，进行操作时，将物料放于操作台的左侧，解开物料的捆带，以方便拿起物料，片皮时两手拿起裁片正面朝上放入压脚，左脚踩下电机踏板，待物料完全通过后，即可完成片边操作。最后，物料片边操作完成后，经查验合格，清点数量并捆好。关闭电源开关，清理片皮机并上油，保持台面干净。

5. 片料操作注意事项

（1）在进行片边时必须按照操作规程及方法进行操作。

（2）操作前应将操作台上的废料垃圾等清理干净，尤其是易燃物。

（3）在操作进行时，保持身体坐正，双手放在操作台上，禁止用手碰片皮刀的刀口，以防出现意外。

（4）如遇到皮料被卡住或皮屑上翻时，切勿生拉硬拽，可用手将左侧的控制杆抬起，使送料辊下降，然后将皮料取出，同时清理送料辊上的皮屑。

（5）如在操作过程中发现问题，如片边位置、厚度及宽度无法达到要求时，应立即停止操作，向组长报告，等问题解决后再进行，切勿自作主张。

三、压印商标

压印商标在工厂被称为压唛，是指在设计好的位置压印上箱包的商标字母或图案的操作。压唛是通过压唛机来操作完成（图2-41），压唛机通过加热加压的原理完成，一般真皮料或PU料都可以通过热压机来进行压印商标，而PVC料则通过高周波电压机来进行压唛操作（图2-42）。其工作原理不同，但效果基本是一样的。

压印操作通常需要以下四个步骤来完成。首先，要根据商标图案制作成与其一致的铜质模具，压唛时先将铜模固定到压板上。其次，接通电源，用手转动调温旋钮，调到合适的温度（常用温度为150~200℃），压唛机加热到可用温度后即可进行操作，操作之前要认真核对压印的配件及位置。再次，压印时机器的温度和所用力度要适中，避免压烂或印记太浅等操作。最后，检验压印的效果，要做到图案深浅均匀、无压烂、无重影等现象。

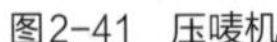
图2-41　压唛机

图2-42　高周波电压机

四、刷胶、折边及其他工艺

折边操作属于台面工作的主要环节，在工厂将手工完成的工作称为台面，主要包括刷胶、折边、贴里料、粘托料、贴链布、开链窗、做手挽及耳仔、贴盖面、包边骨等操作。

（一）刷胶

要很好地完成刷胶操作，首先必须对于包袋制作中所用到的胶黏剂有一定的认识和了解。

1. 认识胶水

台面工人必须认清常用的胶水类型，新的物料要经过实验来选择所使用的胶水。包袋厂常用的胶水大致有以下三种类型：

（1）粉胶：它主要用于布底、海绵、卡纸以及各种托料的黏合，多用真皮包袋的制作，其价位较低，而且易清理，但与PVC材料粘合力较差。

（2）黄胶：其主要成分为氯丁胶，黏合范围广且牢固，但不易返工和清理，主要用于折边、粘贴里布以及较光滑材料的粘贴。

（3）白胶：白胶是应用最多的胶黏剂，主要用于各种里布、皮革、回力胶、海绵以及纸板的粘合，不仅价格便宜，而且对于包带材料没有腐蚀性，不易渗透。大面积托料时，一般采用喷枪或过胶机涂刷白胶。白胶在使用时，不能兑水，可以用酒精、天那水等进行稀释。

2. 刷胶操作规程

刷胶操作分为手工刷胶、过胶机刷胶和喷枪喷胶三种形式。

手工刷胶首先要注意刷胶的宽度，通常情况下，无论是折边、压茬或是缉缝，其刷胶宽度均为放量宽度的2倍再减少0.1cm左右，既要保证刷胶到位，又不能让胶渍外漏，影响包体外观。其次，要注意胶水不能太厚，尤其是易渗透的物料，刷胶时一定要轻轻地涂一层稀薄的胶水。最后，进行检验，保证手工刷胶到位、无胶粒，物料外观无开胶、起泡、腐蚀等现象。

同时喷胶时也要注意出口不宜过大，胶水太厚而导致浪费。

使用过胶机时也应注意按规程操作（图2-43），检查机器里是否清理干净，再根据材料的厚度调试机器，使材料平整地放入进料口，保证出料胶膜均匀一致。

图2-43　过胶机

（二）折边

折边操作通常分为手工折边、折边机折边以及出筒折边三种折边方式。手工折边适合用较小部件，如钱包部件、耳仔等小面积的弧形部件等，通常使用推竹、锥子等物件辅助手工完成折边操作。折边机折边主要适用于直线折边，有手动和电动两种类型。出筒折边主要适用于包带等条状部件的双折操作。

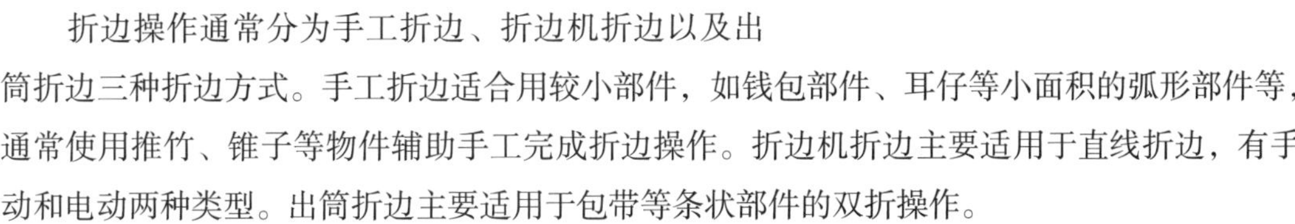

1. 常见折边类型

常见的折边类型有直线形、圆弧形、凹弧形、直角形等四种类型，形状不同折边的操作手法也略有不同。

（1）直线形折边一般采用折边机进行，这样折后的边口均匀平直。

（2）圆弧形折边在钱包中较为多见，要求均匀打褶，褶皱要细小（图2-44），在上下对缝后不能露出折位也不能翘角。

（3）凹弧形折边要均匀地打剪口，剪口深度不超过折边位的2/3，间距不能太大，保证折边后的弧度自然流畅。

（4）直角形折边多用于拉链窗的折边，要求处理好角位以防止散口，通常，面部件的拉链窗折好后宽度为1.3cm，里料的拉链窗折好后宽度为1.1cm，折边角位不能露出或爆口，露出的角要修平。

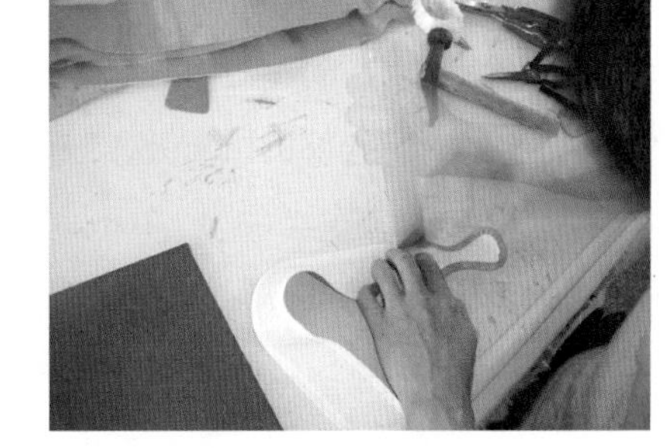

图2-44　圆弧折边

2. 折边操作注意事项

折边时，要注意折边的宽度要符合要求。其中直线形折边要求边缘要直、不能有凹凸不平、斜口的现象。圆弧形折边的剪口不能外漏，折完后的边缘要流畅、圆滑。直角形折边不能爆角、边口要相互垂直。折圆角边凸弧时，要求折位细小、均匀，边口圆滑。如果是包里布或托料折边时，要按照托料的大小来操作，不能折边过紧或空边，同时边口要平整，不能起波浪等。

（三）贴料

贴料操作根据所贴部件的不同，其名称和操作方法也不尽相同，常见的有贴里布及托料、贴拉链以及贴盖面等。

1. 贴里布及托料

内里的质地较薄、较软、易散纱等，在贴里布时应在边口刷胶水或贴补强等，以此保证边口的完整性。贴的过程要对准剪口标记，必要时要使用画线或模具来进行定位。同时，一些白色或浅色的里布，容易渗透胶渍，故而不能刷胶过多，采用直接折边或熨烫折边等。

贴托料时，多采用全部刷胶水或喷胶水粘平、贴紧。注意要保持料面的清洁，以免灰尘等导致料面出现起粒有痕的现象。通常浅色的面料多选择浅色的托料，深色的也不能选择过于浅色的托料。

2. 贴拉链

贴拉链时，刷胶不能超过宽度线，以免露出胶渍。同时，粘贴时面料不能过紧或过松，这样都会导致拉链起波浪。同时要注意拉链头的方向，一般都要求插袋拉头方向与主袋一致。

3. 贴盖面

包盖部件上面的部分叫作盖面，下面的部分叫作盖底。当盖面和盖底贴合时，要求弯曲着粘贴，对准弯位，做好后弯位要刚好在袋口的位置。粘贴时要求盖头弯位和谷位适中，不能起皱，同时要求左右高低一致，不能出现歪斜的现象。如果盖面上有装饰条时，要预先留好装饰条的厚度量，避免粘贴好后盖面不平整、不服帖。如果盖面托有海绵等托料，要注意去掉装饰条处的托料，使其做好后盖面平整而不会起皱。如果盖面和盖底为反包处理，则要注意反折量不超过0.5cm，避免缝合好后能看到边痕等。

（四）制作拉链袋

做拉链袋时，首先要开拉链窗，开刀时要平直，不能歪斜，四角均折成直角，链布颜色与用料相配，缝合好的链布要求拉合顺畅，无脱牙、爆牙、起毛等现象。袋面链窗宽度一般为1.3cm，内里链窗宽度为1.1cm，胶牙的拉链两头要压平，铜牙的拉链头尾要拔掉多余的铜牙。链窗的面皮、里布需要托0.6cm宽的牛皮纸进行折边，不能有爆角现象。同时贴拉链时要求平顺，不能起波浪，链布要求拉紧平直并粘平，其两边宽窄距离要一致。

（五）制作手挽及肩带

1. 手挽的类型

手挽常见的有扁平式和立体式两种。通常扁平式有两种，一种是由出筒折边而成的双层料，同时内部托有底芯；另一种则是皮料与织带组合而成。立体式手挽则内部加有不同尺寸的棉芯，可以先将手挽缝合好之后，再将棉芯拉进去，也可以先将棉芯与面皮一起贴好，再进行缝合，一般缉缝两道线使手挽更加饱满。

2. 制作手挽的注意事项

制作手挽时，首先，要明确内部加棉芯的手挽料应开横纹，这样可以避免手挽起皱，但较长的肩带多选用斜纹裁料，这样肩带变形性较小。其次，做出筒折边或组合织带的手挽时，贴合的宽度应严格一致，并与五金的宽度一致，边口要求平整，无凹凸不平的现象。最后，做托棉芯的手挽时，要注意棉芯应自然平放，避免因棉芯的松紧而导致面料的弯曲变形。如果面料的延伸性较差，在做样板时，棉芯和面料均要放出厚度量，否则，手挽会因为太紧而出现断痕直接影响外观效果（图2-45）。

台面工作除了上述部件的制作外，还有耳仔、边骨、包壳等工序。在进行耳仔等受力部件的制作时，双面都要进行尼龙布的补强，同时中间要托皮糠纸，先将其刷胶粘贴，要黏紧、黏牢固，避免在使用过程中发生起层现象。前后幅上的耳仔要求位置准确，边口对齐，再将其与五金挂钩或环扣进行连接（图2-46）。边骨是指用于前后幅与侧围连接处的凸出边条，通常采用面料包裹骨芯制作完成。骨芯根据材料的不同有塑料骨芯、棉绳骨芯及弹簧骨芯三种类型。可以根据包袋的软硬程度选用不同材质的骨芯，其粗细程度也要符合要求。在进行包边骨时，要求压紧实，不能有断芯、空边、变形等现象。包壳则多用于手抓包、定型包中，指的是将面料和里料先制作成一个壳状物体，再将大面皮或底围包贴上去。制作时通常借助于木模来完成，贴底围时要保持位置平衡不能歪斜。

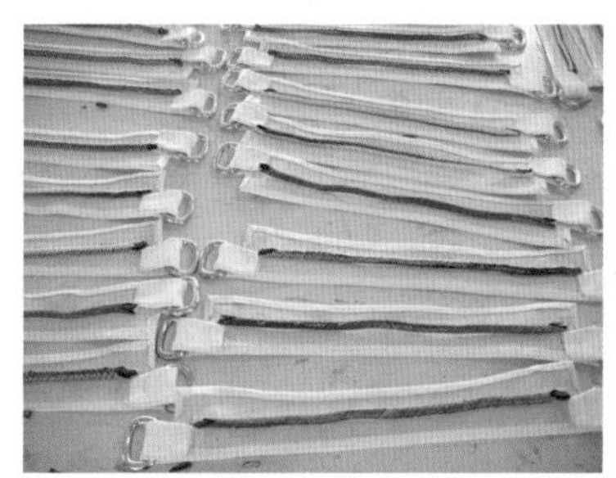

图2-45　手挽包芯

图2-46　耳仔的制作

五、油边

油边操作是包袋制作工艺中的关键环节。整个工序基本靠手工操作完成，是比较费工费时的工序之一。油边操作效果直接影响到包袋的外观和产品档次。

（一）油边的工具及材料

1. 边油的准备

边油是由一种化工原料制成的，其颜色可以由基本颜色进行调配，要求偏深的颜色可以加入黑色边油，颜色浅一些可以加入白色边油进行调配。

选择边油时，首先，颜色要与面料相匹配，可以是同类色，也可以是撞色，同时边油的光亮度也要与面料协调一致。通常有哑光、中光和高亮光三种类型，可以根据面料的表面特征和包袋的风格来确定。

其次，选择质量优异的边油，边油的质量是关系到油边工艺的质量及效果。可以从以下两个方面来进行鉴别，一是闻气味，如果其气味比平时的边油异味重一些，表明此边油质量很差。二是观察晾干后的状态，将晾干后的边油捏碎成为粉末状，表明质量较好，变成颗粒状，表明此边油质量较差。

最后，选择边油的溶剂，目前能作为边油的溶剂的物质有三种，分别为水、酒精和甲苯，各自分别存在优缺点。水作为溶剂，来源广泛，价格低廉，但时间长了容易出现开裂、爆口等现象。酒精也是边油很好的溶剂，质量稳定，但易挥发，价格偏高，所以制作成本较高一些。甲苯作为稀释剂，性能稳定，但它对于有些物料有一定的腐蚀性，可能导致面料变色、变质。所以，在工厂经常选用劣质的白酒或兑水后的酒精作为边油的溶剂。

2. **常用工具**

常用的工具有边油盒、锥子、剪刀、铁网、吊架、铁丝、夹子、砂纸、磨边机、烘干机或烘道等。

边油盒是油边工序中必不可少的工具，常见的有塑料边油盒和铁质边油盒两种。塑料边油盒质轻、拿取方便，价格便宜，但稳固性较差，易打翻。铁质边油盒结实耐用、稳固性好，但价格较贵。边油盒一般由油轮、调油板、封油板及盒体构成，通过可以随意调节调油板与油轮的距离，控制油量的大小。油轮上的深沟纹可以增加上油量，提高效率（图2–47）。

锥子主要是用于细小部件、形状复杂部件及内部孔位的油边（图2–48）。剪刀则用于油边之前边口毛茬的修剪，有时也使用烫边机，主要避免边口不圆滑而影响油边效果。而铁网、铁丝、吊架及夹子主要用于部件油边后的晾干（图2–49），小部件可以直接放置在铁网上晾干，而一些较长的部件可以用夹子吊挂于吊架或铁丝上，上好的边油顺势流下，既可以使边缘光滑饱满，又可以节省空间。

磨边机主要用于油边之前边口的打磨和打砂，使其平滑、饱满，便于油边和保证边口效果。砂纸主要用于第一遍油边后的打磨，属于细磨。烘干机或烘道主要用于油边后部件的烘干，这样可以加快油边部件的干燥，提高工作效率（图2–50）。

图2–47　边油盒

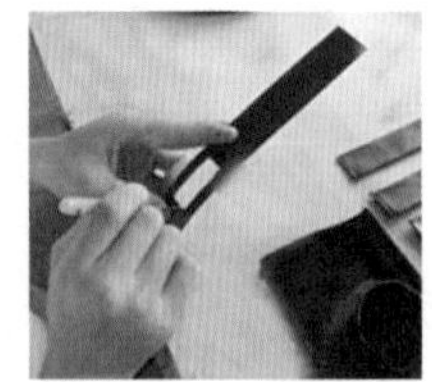

图2–48　孔位油边

图2–49　吊架

图2–50　烘道

（二）油边的操作流程

油边的操作流程主要分为修整部件边缘、准备边油、油边操作、烘干及细磨等几个步骤。

首先，用剪刀或烫边机将部件边缘修整平滑，也可以使用磨边机进行打磨处理，并及时清理部件表面。清洗边油盒，选择合适的边油，有的部件要先进行底部填色，才能进行油边操作。

其次，一般要进行2~3次油边操作，视产品的档次和部件而定。初次油边操作可以使物料变硬，便于磨边操作。油边时要做到稳、准、快，将边油均匀地覆盖在物料边缘，既不可以过量也不可以露出边缘切口。待烘干后，进行打磨处理，初油基本被打磨掉，才能使表面平整光滑。

再次，重新上第二次或第三次边油，用烘干机或烘道进行烘干。第二次边油干透后，不平整的地方可以用砂布湿水进行细磨，以此来保证边口光滑、平整、饱满。

最后，待最后一遍边油干透后，用湿布蘸酒精将边口进行清洁和擦亮。擦拭时，不能用力过大，也不能擦到物料表面，以免擦掉边油或腐蚀到表面。同时，将不合格的产品挑拣出来。

（三）油边的注意事项

油边时的注意事项大致有以下几条：

（1）保持油边操作台的整洁。油边工具要按照工序摆放整齐，保持干净，以免蹭到部件表面。

（2）打磨或烫边时，要注意力度和方法。手眼协调、操作姿势自然，避免擦伤或烫伤物料表面。

（3）烫边、打磨、打砂后，在上油边之前要及时清洁物料边上的碎屑、灰尘，以免影响油边效果。

（4）油边时要特别注意油边宽度。不能过深而油到皮面上，也不能过浅露出边缘切口。若不小心油边过宽，要及时用干净的白布擦拭干净。

（5）注意油边的薄厚应一致，不能起波浪。部件边缘要求光滑、平整，无起泡、断裂、掉油等现象。

六、缉缝

（一）常见缉缝设备与工具介绍

1. 缝线及工具

线作为生产中必备的材料之一，具有装饰和实用的双重功能，缝线质量的好坏，不仅影响到包袋的缝纫效果及加工成本，同时也影响到包袋的外观质量。所以在生产中应根据产品的要求和风格来选择用线，对于用线的颜色、规格都有严格的要求。常用的箱包用线大致有以下五类：

（1）普通涤纶线：涤纶线是目前应用最广泛、最普及的缝纫线，具有强度好、弹性好、耐磨、缩水率低的优点，普遍用于服装、手袋、布艺等行业。常见的有602、603、402、403、202、203等不同的型号，其粗细程度依次为203>202>403>402=603>602。在包袋中主要用于里布、定位或较薄材料的缝合等，明线针距约为9.5针/3cm，暗线针距约为9针/3cm。

（2）高强线：又名特多龙。采用高强低伸的涤纶长丝（100%聚酯化纤）做原料，具有强力高、质料柔、色泽艳、条干均匀、光滑、耐酸碱、耐磨、抗腐蚀、上油率高等特点（图2-51）。主要应用于较厚的帆布、皮包、手袋、皮鞋、沙发、背包等行业。常见的型号由细到粗为90D/3、150D/3、210D/2、210D/3、300D/3、420D/3、500D/3等。在包袋中主要用于缉缝明线，一般明线针距为9针/3cm，暗线为8.5针/3cm。

（3）尼龙线：尼龙线主要由短纤维尼龙线、长丝线及高弹线三种类型。其中长丝线也叫丝光线、光亮线，其色彩鲜艳、光亮度高、耐磨、强力高、弹性好。普遍用于化纤、包袋、皮衣、弹性服装等行业。在工厂通常所说的尼龙线其实质为长丝的涤纶线，因其特性与尼龙线相仿。

（4）特品线：指聚酯纤维皮具缝纫线，它与同级别的尼龙线或涤纶缝纫线比较，拉力较强、质料柔软、低伸度、无弹性、颜色鲜艳光亮、不褪色，并具有耐晒、耐热及耐磨损的特性，最适合于缝制各种皮具、女鞋、人造皮革制品等（图2-52）。

（5）马克线：是在纯涤纶线的基础上合捻而成，捻向有S向和Z向，也就是向左捻和向右捻。常用规格有：2×3、3×3、3×4、3×5、3×6、4×3、6×3。主要适用于包袋、皮鞋、皮衣上手缝装饰线等（图2-53）。

在生产的过程中，一般缝纫线要求线迹清晰、流畅、顺直、松紧适度，无浮线、跳针等现象。一般包袋表面线迹不允许有接线（特别是精品包），缉缝暗线，允许有接线，但必须回针7～10针，保证其强度不受影响。

图2-51　高强线

图2-52　特品线

图2-53　马克线

同时，包袋和钱包所使用的针一般为14#、16#、18#、20#、22#、24#的尖针，号型越大，针就越粗。在缝线过程中，要做到针、线和物料的薄厚、软硬搭配合适，否则会直接影响工序进行和包袋的外观质量。

2. **常用缝纫设备**

箱包制作常用的缝纫设备有以下几类：

（1）平缝机：是服装、皮具、布艺工厂普遍使用的缝制机器（图2-54）。它主要用于平缝、压茬缝、缉缝暗线等多种缉缝工艺。包袋的面与面的缝合、里布的缝合以及部件之间的拼接主要使用平缝机来制作完成。

（2）高台机：是包袋、皮鞋、皮具等行业使用较多的缝制机器（图2-55）。高台机比平缝机的压脚要高一些，属于单面压脚，适合于包边、埋袋、手挽等立体部件的缝制。包袋面部件的立体组合以及一些立体小部件的缝制均使用高台机来制作完成。

（3）高柱机：是手袋、皮具行业常见的特种缝制设备（图2-56）。它主要适用于箱包的包壳、大型立体部件的缝制等。由于有些部件体积较大，又需要立体缝制，所以需要高柱机来完成缝制操作。

图2-54　平缝机

图2-55　高台机

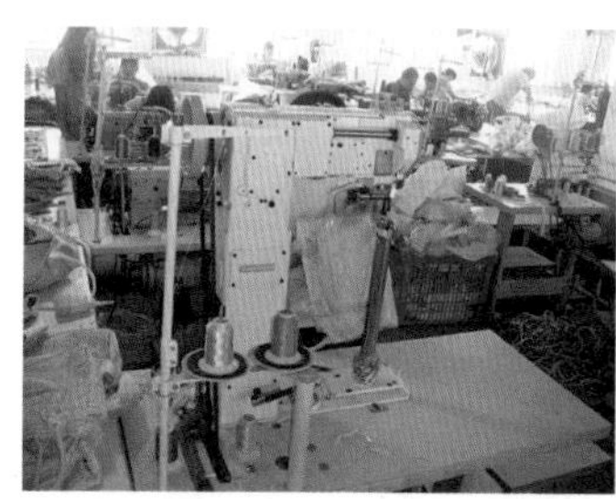

图2-56　高柱机

（4）锁边机：主要用于服装、家居、手袋等行业，它也是包袋厂常见的特种缝纫设备。通过锁边机将线围绕于部件的边缘，起到防止编织料、里布、毛料等部件的边缘出现脱边、毛边等现象。

除此之外，还有一些特殊用途的缝纫机，如横柱缝纫机（图2-57）、打阻缝纫机、双针缝纫机和拼缝机等。打阻缝纫机主要用于一些承重部件如背带、提手等部件的加固。双针缝纫机则用于旅行包、箱体等表面的并线的缝制。拼缝机也叫作“之”字缝纫机，主要用于毛皮、里布的拼接缝制。

图2-57　横柱机

（二）常见缉缝工艺及要求

1. 部件定位

定位就是将两层或两层以上的材料固定在一起，定位前必须要认清材料的正反面和花型的方向。一般要求定位的止口为2～5mm，不能太宽，表面料要平整、不起皱、不扭曲。夹层内不能有线头、杂物、脏点等（特别是浅颜色的）。

2. 合缝

合缝就是把两层面料合在一起，这是制作包的主要工序。要求止口顺直、宽窄一致，起、收针都要倒回针（2～3针即可）。

3. 倒针

倒针是为了增加牢固性，除了合缝的起、收针需要倒来回针外，一般需要承重的地方也都需要倒来回针，如合缝拉链的两端、拎带、挂件襻带等。倒回针时必须倒在同一条直线上。

4. 缝商标

商标是产品的标识，马虎不得，在缝之前要看清商标的图文是否清晰，有无歪斜（包括印刷标、织标、皮标、洗涤标），一般情况下在商标的底部起、收针，收针时要重复3～4针线，而且必须缝制在一条直线上。严格按照定位缉缝，材料有定位孔或是画定位点，商标必须盖住点位。印刷标和织标在叠转缉缝时不能有露角、歪斜。

5. 绱拉链

拉链是包袋上所有部件中最重要的，它的质量必须尽善尽美，拉链和拉链头不允许有质量缺陷，拉链头的方向不能装反，拉链牙距料边的间距为3mm，止口要均匀、顺直。需要缉缝双线的，双线要均匀、平直，连边料和拉链要平伏，不能有波浪的现象。

6. 接缝袋围

整个包袋外观的好坏与袋围造型是密不可分的。接缝袋围要对准定位缺口，拉链尾不能散开，需要缉缝双线的，要均匀、平直，袋围过长或过短都会造成合出来的包体歪斜或起皱，原则上在接缝袋围前都要试合包，合适才可进行操作。

7. 缝边骨

边骨也叫嵌线，它是包袋的骨架，根据不同款式包袋的要求选择不同材质的边骨，制作时要包紧，上下止口要均匀整齐，缝好的边骨要顺直，转角顺畅、圆角圆正，四角均匀、紧贴。

8. 包边

包边分为外包边和内包边，特别是外包边要求上下止口宽度均匀、顺直，宽窄一致、转角顺畅、圆角圆正，包边带必须要盖住合包线，包边带边缘的面料不能起皱，不能有滑包、漏包的现象。有嵌线的包袋，内包边时要注意不能缉缝到嵌线上。织带头根据要求要叠转或热烫，直接收头的需要倒回针，而且必须倒在同一条直线上。

9. 合袋

合袋是箱包成型的主要工序，对于有嵌线的包袋，合袋时要求包体饱满，而且缝到边骨上。袋围与袋身片的大小要合适，袋围过大，缝合好后袋围就会起皱；袋围过小，包袋就容易变形，出现歪包等现象。同时要分清前后面，合袋时要注意对准各部件上的牙位，注意其前后、左右的对称效果。

（三）缉缝操作的注意事项

缉缝操作时，要注意以下七点：

（1）要选择合适的针型和线型，调试好合适的针距，要先用废料进行试验机器。

（2）操作缝纫机时，要注意用力均匀，保证压脚送料流畅，避免人为拽拉或者推送物料，以免起皱影响外观效果。

（3）调整好面线和底线的松紧度，避免浮底线或面线，过紧或过松都会引起物料的不平整或线迹的不美观。

（4）缉缝拉链时，链窗两端定位线不少于5针，内里拉链不少于4针，同时内插袋两端要进行三角定位，要求横向为2针，斜边为3针左右，底部一定要托补强衬。

（5）车双线时双线线距及针距要保持均匀；同时车线转直角时，要尽可能避免出现半针现象；转圆角车线时，避免出现边口距离不一致，针距不一致的现象。

（6）所有受力位置要有重线，且对针眼，不能有松脱等现象。当发生接线时，面部件上要求不能有重线，要把所有线头用锥子挑到底部打结，并涂万能胶水粘贴牢固。

（7）在包袋受力的位置，如袋口、耳仔等部件的缝制，必须在反面加上尼龙补强带，再进行缉缝工艺。

七、安装五金配件

安装五金配件前应先检查模具是否生锈，五金是否有氧化、变形、刮花或掉漆现象；打孔前一定要确认孔位是否正确，注意打孔时要单层打孔，多层会容易错位。安装五金配件要随时检查松紧合适、开合自如，不宜过松或过紧，太松会容易崩开，太紧易撕裂面料且使用不方便；安装好的五金配件不能偏歪、变形、松动。安装好的五金配件要用保护膜保护，以防生产过程中磨损，刮花。

1. 环扣

环扣主要有各种挂钩、D字扣、针扣、日字扣、蛋扣、圆圈扣、方扣、辘扣以及各种五金装饰环等。这些在安装好后都要求用薄膜包裹，防止划伤留下划痕等。

2. 磁扣

磁扣主要用于包体与包盖的结合或前插袋与包身的贴合，起到开关作用。安装时，一定要严格地对准位置，上下左右不能有一丝偏移，这样会导致包盖或前插袋的歪斜。同时，磁钮的底部要托底料或底片，以保证其在使用过程中的牢固。

3. 商标

包袋的商标可以通过压印，也可以直接安装五金商标。它代表着包袋的品牌和公司形象，所以制作商标时，一定要位置准确，不能出现歪斜、装反的现象。

4. 汽眼

汽眼也叫作鸡眼，主要安装在钎皮的孔位上，一是为了美观，二是为了避免扣针划伤皮面。安装汽眼时，孔位要比汽眼小一些，这样会更加紧实牢固。同时要用力均匀，避免汽眼变形、脱落，用力过大会导致汽眼过紧而损坏物料。装钉汽眼也可使用钉扣机来完成（图2-58）。

图2-58　钉扣机

5. 铆钉

用于包袋的铆钉有很多种，根据其形状可以分为蘑菇钉、撞钉、尖钉、菱形钉、方钉等。安装铆钉要注意孔位准确、用力均匀、钉脚稳固，无松动、脱落的现象。

6. 脚钉

脚钉安装时要求模具合适，打脚钉要稳固，无变形现象。同时注意打好的脚钉底部用要粘上托料，避免损坏物料，表面一般要贴膜，防止划伤留下划痕。

7. 拧扣

安装拧扣时，如果是带脚的拧扣一定要注意脚位间的距离，一定放正，不能有一丝的歪斜。如果是开孔的，孔位形状与五金孔一致，尺寸应略大一些。锁扣表面一定要保护起来，避免划伤留下划痕。

8. 密码锁

密码锁的安装也要做到位置准确，无歪斜、松动现象，同时都要贴膜保护。

八、整理及包装

整理及包装工序是包袋出厂前的最后一道工序，这也是关乎包袋外观效果的关键步骤，主要包括清洁、后整理、成品检验及包装四大环节。

1. 清洁

工厂里常见的包袋污渍有灰尘、油渍、水银笔渍以及胶渍等。不同的污渍应选用不同的清洗剂进行清洁。常见的污渍如水印、灰尘等其他污渍等均可以用湿布进行轻擦。油渍、边油等可以使用酒精或白电油进行擦拭，干了的边油可以用天那水进行擦拭，就可以去掉。水银笔印渍一般由专业的清洗笔或用棉布蘸白电油进行清洗即可。胶渍是包袋上最难避免的污渍，通常情况下，用小毛刷进行轻刷或用锥子挑拨来去除，若是绒面革应先用毛刷轻刷，再进行轻微打磨基本可以去除。但很难去除干净，所以在做绒面革时一定要十分小心，保持操作台的干净。

2. 后整理

后整理工序主要包括清理线头、熨烫和塞纸等环节。

清理线头通常可以通过剪线头、粘贴线头和烤线头三种形式。一般里布的线头可以直接剪干净，再进行烘烤即可。面部件或钱包上的线头一定不能直接剪掉，应先将面线和底线拉到反面，系成死结，并留有约2cm长，再刷黄胶粘贴固定于反面即可。烤线头可用吹线机或电烙铁来进行完成（图2-59、图2-60）。注意要在线头剪干净的前提下才能烤线，要注意烤线的时间和距离，以免烤坏袋面等。

熨烫主要针对袋面不平整或起泡现象，通常使用吹线机或蒸汽熨斗进行整烫处理。

清理熨烫后，包袋需塞纸进行整形，塞纸量要适中，要一张一张揉成团后，均匀地塞进包袋内。包袋的形状不能有过扁或过胀等出现变形现象。

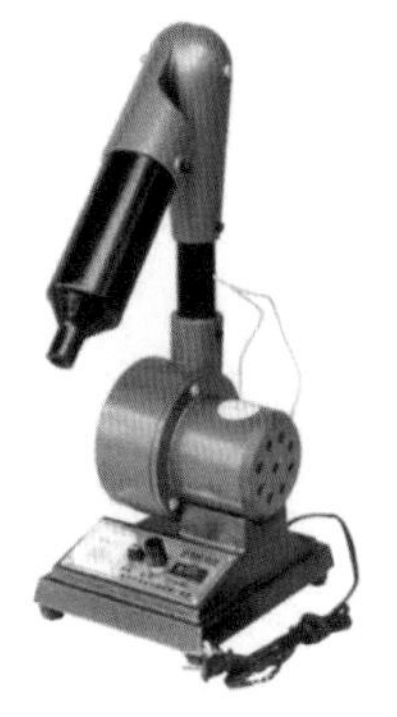

图2-59　吹线机

图2-60　电烙铁

3. **成品检验**

清洁整理完后的包袋在进行包装之前必须进行严格的成品检验，方能进行包装入箱。检查内容包括：

（1）核对正确样品袋，检查袋的面料的颜色、尺寸、做法、五金、拉链及其附带配件是否正确，确保每个成品袋的工艺品质达到标准。

（2）外观检验主要看产品外观美观、无皱、平顺、表面针距一致。

（3）检查产品的压唛、绣花、丝印、五金扣具及物料是否有不良和损坏。

（4）检查产品的清洁度，产品的内外线头，胶水渍，水银笔痕迹及油污渍要清理干净。

（5）以适当的力度检查受力部位，如手挽、背带、笔插袋及电话袋等。

（6）产品内外绝对不能有任何金属利器及工具或对人体有损伤的物品。

（7）产品的整形要美观，整形后的效果要平顺、美观，袋的形状要突出。

（8）检查产品内外的附带配件是否齐全、完整，如肩带、底板等，定型包的肩带需加条形纸，并用拷贝纸包裹定型；易染色的皮料或饰件须加纸皮隔开。

（9）检查产品所用的挂牌、贴纸、印刷字等是否符合订单的要求，吊牌统一挂在后幅左上面。

4. **包装**

包装时应注意以下环节：

（1）将检验合格的箱包通常用印有商标的无纺布袋装起来，拉紧袋口拉绳。

（2）装好的包袋需分款、分色、分类进行摆放，并交给打箱员入箱。

（3）入箱按照指定数量装入，先单个称重核算净重，入箱后整箱称重为毛重，并根据重量核对数量。

（4）装箱的数量要随时同包装的数量核对，包装的数量要随时同生产线出货数进行核对，防止最后发现错误而返箱的麻烦。

（5）封箱前，通常在箱内套上胶袋，胶袋内放2~4包的防潮珠即可。

本章小结

- 箱包的材料可以分为面料、里料、五金、辅料四大类。
- 箱包的面料主要有天然皮革、人工革、布料三大类。
- 包含粒面层的皮革为粒面革，头层革以下各层革分别统称为二层皮。其中，粒面革根据表面修饰的程度又可以分为全粒面革、修面革等。
- 与人造材料相比，天然皮革存在形状不规则，厚薄、延伸性、强度不均匀等缺点，往往还存在伤残、松面等缺陷。
- 人工革根据原材料的不同分为PVC人造革和PU合成革。
- 用于箱包的布料主要以尼龙、涤纶为原料制造的。
- 软箱的材质一般是帆布、EVA、尼龙、皮革等。硬箱材质有ABS、PC、PP、热塑性复合材料等。
- 裁断操作通常分为手工裁料和机器裁断两种方式。
- 片料分为通片和片边两种类型。
- 台面操作主要包括：刷胶、折边、贴里料、粘托料、贴链布、开链窗、做手挽及耳仔、贴盖面、包边骨等环节。
- 油边操作效果直接影响到包袋的外观和产品档次，是包袋制作工艺中的关键环节。
- 常用的箱包用线大致有普通涤纶线、高强线、尼龙线、特品线、马克线等。
- 箱包制作常用的机器有平缝机、高台机、高柱机、锁边机、横柱缝纫机等。
- 后整理及包装工序主要包括清洁、后整理、成品检验及包装四大环节。

思考与练习

1. 天然皮革有何优缺点？能否用人工革代替天然皮革？
2. 箱包常用的布料种类有哪些？各类布料的特点是什么？
3. 箱包常用辅料有哪些？结合生活经验，谈谈你对箱包辅料性能要求的理解。
4. 常见箱包制作工艺制作流程有哪些？
5. 结合箱包实物，分析该箱包运用了哪些基础工艺？

第三章

箱包设计要素

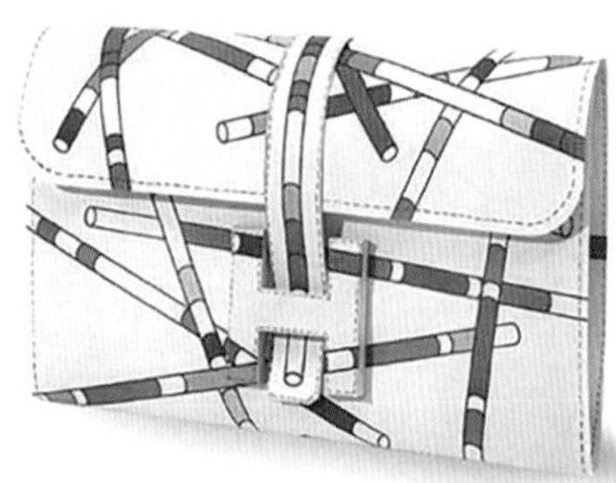

课题内容：箱包造型设计、色彩设计、图案设计、装饰工艺及零部件设计以及系列设计。

课题时间：8课时

教学目的：帮助学生了解箱包造型设计的基础知识和方法。

教学方式：以基础知识和基本设计原理讲解不同箱包的款式设计，采用边讲边练的教学方式。

教学要求：1. 了解并掌握造型设计的基本理论和原理。

2. 理解箱包色彩设计的基础知识，掌握箱包配色的原理及方法。

3. 了解箱包图案的设计，掌握图案在不同风格箱包中的设计应用。

4. 理解并掌握装饰工艺及零部件的设计和应用。

5. 掌握箱包系列设计的方法和技巧，并能根据设计要求进行系列设计实践。

课前准备：教材

第一节　造型设计

箱包的造型设计与服装、鞋靴等其他服饰品相比，更加随意与自由，因此，其造型相对较为丰富。箱包的造型设计可以通过整体形态和局部形态两方面来进行。

一、整体形态设计

形态是从宏观上认识箱包设计的基础，按照箱包常见形态，可以划分为具象形态、抽象形态以及半具象半抽象形态三种类型。

（一）具象形态

具象形态即能从生活中找到来源或者参考的形态。具象形态主要指各类仿生设计，这类形态不是设计师自我发明创造的形态，而是模仿自然界的某一形象稍加变化形成的形态（图3–1、图3–2）。具象形态设计来源于两方面：一类是自然存在的事物，另一类是经过人为加工的常见事物（图3–3）。箱包中具象形态的设计较好体现在女士时装包与儿童包中，可以使箱包更加生动、可爱、充满趣味性。

图3–1　仿虎头手包

图3–2　仿西瓜手包

图3–3　仿衣服手包

（二）抽象形态

抽象形态是从现实生活中的物质形态中抽取的形态，经过提炼、概括、拆解、重组、添加等设计变化，使其无法辨别具体来源的各类形态。也有一些并非从现实生活的物质形态中提取的，而是直接来源于人脑对于已存在的各种零散的、碎片的形体，这样的形体被称为纯抽象形。抽象形可分为规则抽象形和不规则抽象形，规则抽象形又可以分为几何抽象形与其他规则抽象形。箱包形态设计中应用较多的是规则抽象形，而不规则抽象形常被用来表现一些概念箱包、创意箱包（图3–4）。

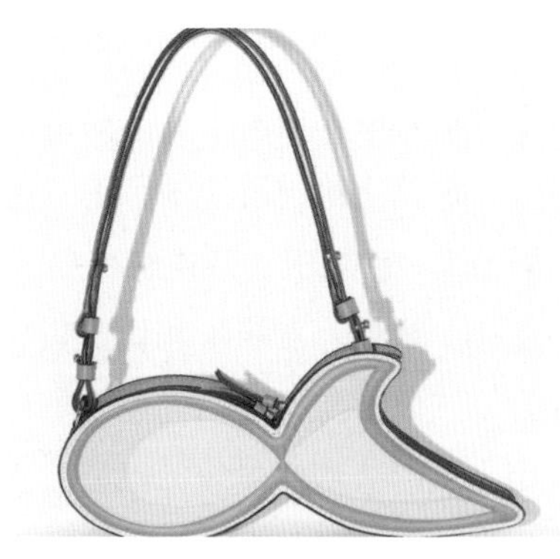
图3–4　抽象形的单肩包

1. *几何规则抽象形*

几何规则抽象形是指具有几何特征的一系列规则形体，如矩形、圆形、等边三角形、等腰梯形、六边形等，其特点是对称。这些对称的几何规则形体是箱包整体造型设计中最常见的形体。下面我们将结合箱包造型设计进行介绍。

（1）矩形：由不同长与宽的边长构成，主要类型有长方形与正方形。矩形带给人的整体感受是严肃、稳定、规矩、缺少变化，棱角分明。在男包中公文包较为多见，体现男性大方、严谨的气质；女士方形箱包的设计主要是为了突出女性干练、硬朗的风格（图3–5）。

矩形在箱包设计中多以横版长方形出现，并在几何长方形的基础上对局部棱角做了一些较为柔和的改变，矩形与几何形相比较，显得更加随和，更容易被人接受。这样的廓型特征在男包中较为常见，可以表现出男人果敢、刚柔并济的性格特征（图3–6）。

图3–5　女士长方形手袋

图3–6　矩形单肩包

（2）圆形：由封闭弧线构成的图形，给人饱满、和谐、可爱的整体感受。圆形在箱包设计中的应用主要以女性包袋为主，并且其风格特征受年龄影响较大。年龄较小的女性包袋采用圆形设计时，能很好地突出天真、可爱的风格，而年龄偏大的女性包袋采用圆形设计则能突出其优雅、高贵、成熟的气质（图3–7）。

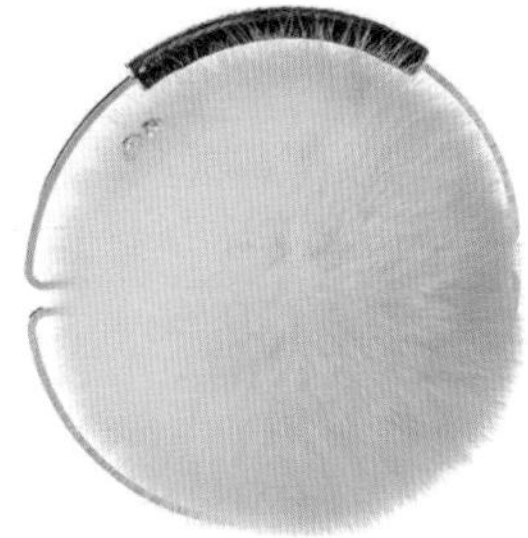

图3–7　女士圆形手包

（3）三角形：与方形、圆形相比较，三角形箱包显得更为灵巧、活跃。尖角朝上的正三角形带给人以积极向上、沉稳的感觉，尖角朝下的倒三角形则给人一种不稳定、勇于突破的感觉。在现代箱包设计中，正三角形的设计使箱包显得较为时尚、有个性（图3-8），倒三角形则给人一种前卫、叛逆的视觉感受（图3-9）。

（4）梯形：与矩形相比显得较为活泼，与三角形相比给人一种温和的感觉，可以说梯形融合了三角形与方形的优点。梯形的优点决定了其在设计中的地位，是仅次于矩形而被广泛采用。梯形造型的包袋，也分为正梯形和倒梯形，两者的造型感受是不同的，正梯形包袋造型显得稳重、大方、端庄（图3-10），倒梯形的包袋则显得时尚、优雅（图3-11）。

图3-8　正三角形女士手包

图3-9　倒三角形女士手包

图3-10　正梯形女士手包

图3-11　倒梯形女士手包

2. 其他规则抽象形

由方形、圆形、三角形及梯形可以演变出其他规则抽象形包袋造型设计。例如，由圆形箱包演变而来的半圆形包袋、椭圆形包袋，由方形与圆形演变而来的方圆形以及由方形、圆形、三角形及梯形的不同组合变化而产生的形体，这些形体经过进一步的提炼、概括、设计变化而产生的新形体，都可以作为包袋的廓型设计（图3-12）。

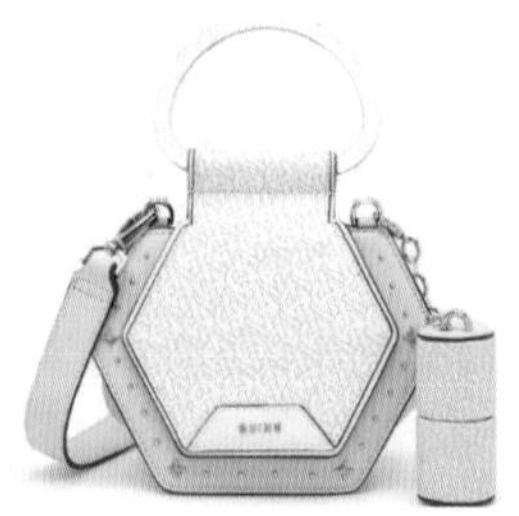

图3-12　其他规则形箱包

3. 不规则抽象形

随着现代箱包技术及工艺的不断拓展以及当下年轻消费人群求新求异的消费心理，直接推动了箱包造型设计的不断丰富与发展，主要体现在不规则抽象形在箱包中的大量出现。不规则抽象形的箱包产品，更能满足消费者对于产品个性化的需求。因此，在箱包造型设计中也可适当考虑采用不规则抽象形进行造型设计（图3-13）。

图3-13　不规则抽象形箱包

（三）半具象半抽象形态

除了具象形与抽象形之外，还有介于两者之间的半具象半抽象形。半具象半抽象形的特征较为明显，一般通过几何的处理手法将具象形进行提炼、概括、夸张、变形设计，设计后的形象仍有具象形态的某些典型特征。半具象半抽象形在箱包造型设计中应用也较为广泛（图3-14）。

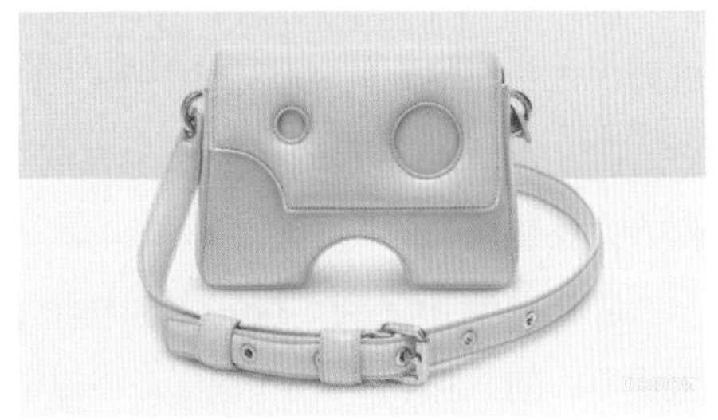

图3-14　半抽象半具象形箱包

二、局部形态设计

（一）点

点是在相对空间内非常小的形体，点并非只是圆形，在几何学中，点只有位置的变化而没有长度、大小、形状、色彩、肌理的差别；在设计学中，点具有以上所有特点。点的形态一般偏小，但简洁、活跃，如果应用得当，能很好地吸引视觉。点的构成形式有以下几种：

1. 单个点

单个点可形成视觉中心或平衡其他元素。如果空间内没有其他的造型元素，那么单个点就能够吸引人们的视觉，突出点的存在；如果空间内有其他造型元素的存在，则点起到视觉平衡的作用，可以协调其整体造型。

在箱包造型中单个点的形态主要体现在装饰及工艺中，如五金配饰、品牌Logo（图3-15）、冲孔等。

图3-15　单个点的应用

2. 多个点

多个点是由两个以上的点排列构成，常见的有规律性排列和散点式排列。规律性排列按照一定的秩序使点与点之间有固定的间隔，形成比较严谨的排列方式，有着秩序井然、律动性强的效果。主要应用在时装包铆钉、刺绣、冲孔、图案印花等效果中；散点式排列是将点的不同大小、疏密进行自由随意或混合排列，这样的排列方式显得活泼，主要应用于女士时尚随身挎包的包体及包盖处。

规律性排列的点又可分为以下几种情况：

（1）将大小一致的点按一定的方向进行有规律的排列，这种排列方式往往使人的视觉产生一种“线”的感觉（图3-16）。

（2）将大小一致的点按四个方向进行有规律的排列，这种排列方式往往使人的视觉产生一种“面”的感觉。

（3）将点由大到小按一定的轨迹、方向进行排列，可使点产生优美的韵律感。

（4）将大小一致的点按一定的方向，由分离到逐渐重合排列，会产生微妙的动态视觉。

图3-16 点的线化

（二）线

在几何学中，线是点移动的轨迹，它具有长度、位置、方向等性质，在设计学中，线却有着长度、宽度甚至厚度、色彩、材质等特性，线比点更具有表现力。线在箱包设计中应用非常广泛，其造型更具多样性。例如，改变方向、位置、粗细都可以形成线的变化，改变材质、色彩同样可以形成线的变化，还可进行线的断开变化等。

线形可分为直线与曲线，直线可分为水平直线、垂直直线、斜向直线，曲线可分为几何曲线、自由曲线、可控曲线。

1. 直线

直线给人以硬朗、刚毅、严肃的心理感受，但不同方向的直线又会带给人不同的心理感受。水平直线往往带给人稳定、自然、平静的感觉；垂直直线则有修长、挺拔、上升、严谨的感觉；斜向直线有不安、运动感强的感觉。如图3-17所示三条直线组合应用，给人以现代、干练之感。

图3-17 直线的应用

2. 曲线

曲线指带有一定弧度的线，给人以柔美、自由的心理感受，不同形式的曲线给人的感觉也不一样。

几何曲线有椭圆曲线、抛物线、双曲线、波浪线等，它们的表现形式相对比较固定，有规律性，自然科技感强；自由曲线崇尚自由，拘束性小，容易产生柔美雅致的感觉，富有感

图3-18　曲线的应用

染力（图3-18）；可控曲线主要是计算机绘图时常用的一种线形，可根据自己的需求控制线上的节点来实现调节。

线在箱包上的应用，主要依据线的构成形式，如重复、平行、相交、分割、渐变、发射等来表现箱包部件的分割、结构、造型设计等。

箱包上最常用的两种线包括装饰线与实用线。装饰线一般通过缉缝假线、刺绣、镶边等工艺手法来表现，如马克线装饰条、穿条、拉链、流苏、配饰等；而实用线是将箱包不同的部件缝合在一起的线以及部件与部件之间夹缝、部件边缘形成的“线”效果等。

（三）面

在几何学中，面是线向宽度方向移动的轨迹，其特点是无厚度，可以无限延展，但在设计学中，面具有材质、色彩、厚度等特点。面在视觉形象中主要可分为几何面、规则面、曲面三种形式。

1. 几何面

几何面常见的形式有方形面、圆形面、角形面，其造型主要取决于轮廓造型。几何面的视觉心理感受有理智、科学、简洁、明快等。几何面主要通过部件按照一定的规律组织起来，以搭接、拼接、叠加等方式来实现，如公文包的简洁大方、挎包的装饰效果。如图3-19所示的包体，局部采用几何三角形设计，使原本稳重大方的包体展现出干练、时尚的美感。

2. 规则面

规则面主要是按照一定规律和法则来实现的面形，如桥形面、波浪形面、花形面等，规则面多展示具象形造型。规则面的视觉心理感受为规则、舒展，符合美学的特点。规则面可以通过裁切形成有一定规律性的造型，并且可以通过色彩、材质肌理以及装饰工艺展示出想要的视觉效果，如贴片效果的时装包、功能分割的休闲包等。

3. 曲面

曲面相对比较丰富，如自由曲面、弧形曲面等，它们的视觉心理感受具有动感、柔软、舒展的特点，一般用于较个性的包体造型，展示出自由随意的特性，如突出包体侧袋的曲面、包体的各种曲面贴袋、曲面的包盖以及符合手型的曲面形态提手等（图3-20）。

图3-19　几何面的应用

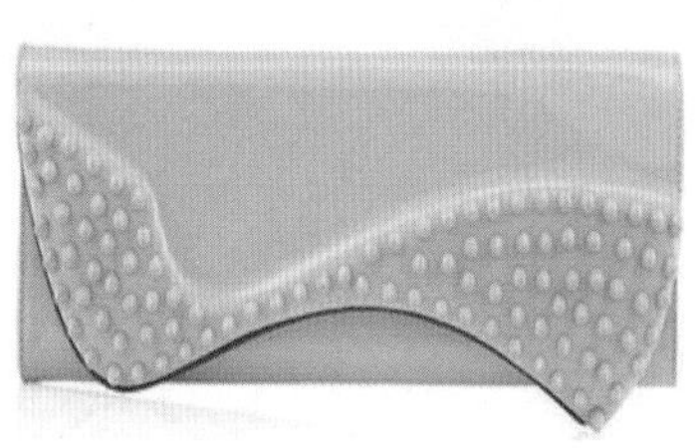
图3-20　曲面的应用

第二节　色彩设计

色彩是人们判断事物的第一印象。对于箱包而言，成功的色彩设计能够带给顾客美好的视觉感受，从而提升顾客的潜在购买欲望。因此，箱包设计者了解与掌握常见的箱包色彩知识及相关配色设计显得尤为重要。

一、色彩基础知识

（一）色彩的分类

按照常规色彩学分类，色彩分为无彩色、有彩色两大部分。对于箱包的色彩，设计者还需了解一些特性色的含义。

1. 无彩色

无彩色是指黑、白以及由黑白调配的不同层次的灰色，无彩色既无冷暖感觉，也无纯度变化，只有明暗的差别（图3–21）。

2. 有彩色

凡带有某种标准色彩倾向的色（也就是带有冷暖倾向的色），称为有彩色。有彩色以红、橙、黄、绿、青、蓝、紫为基本色，基本色之间不同量的混合，会产生成千上万种有彩色，而光谱中的全部色都属有彩色。我们通常把基本色之间不同量混合产生的颜色叫作纯色，把纯色与黑、白、灰（无彩色）不同量的混合而产生的颜色叫作有彩色灰色，有彩色灰色属于有彩色的范畴，如略带紫味的灰色（图3–22）。

3. 特性色

特性色也叫作贵金属色，主要指金、银等色。其特点是高光和反光都相当强烈，有明显的金属光泽。特性色在色彩设计中占有独特的地位，发挥着特殊的作用（图3–23）。

图3–21　无彩色的应用

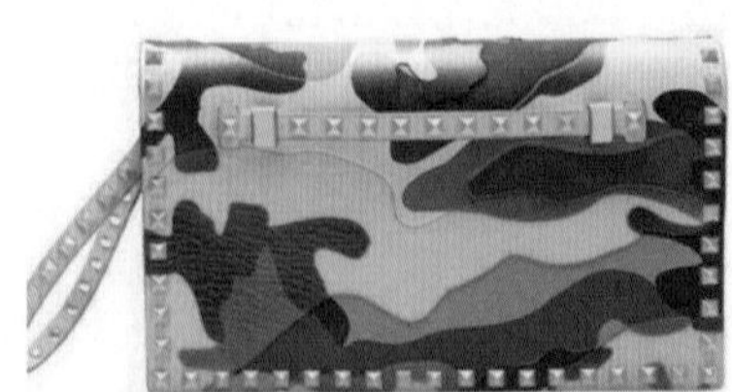

图3–22　有彩色的应用

图3–23　金色的应用

（二）色彩三要素

1. 色相

色相是指色彩的相貌，它是区别色彩种类的名称。具体的色彩之间的差别属于色相差别，人们的视觉所能识别的色相可达到160种以上。

2. **明度**

明度是指色彩的明暗程度。任何色彩都可以用明度关系来思考，如素描关系、黑白照片关系、彩色的明暗关系等。色彩的明度适合于表现箱包产品的立体感与空间感。在所有的明度关系中，白色与黄色是明度最高的。通过肉眼的识别，人的明度层次判断能力约能达到200个层级。按照层次分析，色彩分为高明度区、中明度区和低明度区。高明度区的色彩给人以轻快、跳跃之感，有明显的扩张性；低明度区的色彩给人以稳重、忧郁的感觉，有明显的收缩性；中明度区的色彩给人以柔和、自然的感觉。

3. **纯度**

纯度也称饱和度。它指的是色彩的纯净、鲜艳程度，用来表现色彩的鲜艳和深浅。纯度是深色、浅色等色彩鲜艳度的判断标准。纯度最高的色彩就是原色，随着纯度的降低，就会变化为暗淡的、没有色相的色彩。纯度降到最低就会失去色相，接近无彩色。同一色相的色彩，不掺杂白色或者黑色，则被称为纯色。在纯色中加入不同明度的无彩色，会出现不同的纯度。以蓝色为例，加入一点白色，纯度下降而明度上升，变为淡蓝色，继续加入白色的量，颜色会越来越淡，纯度继续下降，而明度持续上升；加入黑色或灰色，相应的纯度和明度则同时下降。

（三）箱包典型色彩的表情性格

1. **无彩色**

（1）黑色：是男士箱包色彩中被称为永远的流行色、经典色与百搭色。黑色突出的性格是庄重、严肃、沉稳。黑色会使人联想到黑夜、黑暗，也会使人联想到恐怖、神秘甚至死亡。一般而言，喜欢黑色的人性格偏内向，喜欢独来独往，遇事沉着、冷静。

（2）白色：是所有光颜色的综合体现，也是最明亮的颜色，其突出的性格为光明、洁净、单纯、纯洁。白色会使人联想到白云、白雪，也会使人联想到纯洁、神圣、清爽。白色在西方常常象征为纯洁的爱情。喜欢白色的人性格开朗、单纯，生活中爱洁净。因此，在箱包设计中，白色往往体现女性天真、浪漫居多，但因不好打理，消费者选择相对较少。

（3）灰色：居于黑色与白色之间，它既不像黑色与白色那样极端对立，给人不安的感受，也不会明显影响其他色彩。深灰色的性格类似黑色，浅灰色的性格接近白色。灰色是色彩中最为中立的颜色，与任何颜色都可以搭配使用。其突出的性格为柔和、大方、素雅、平静、细致。喜欢灰色的人性格优越感较重，处事冷静，给人一种温文尔雅的感觉。在箱体中较为常见，但在时装包中，一般与其他颜色搭配使用居多。

2. **有彩色**

（1）红色：是视觉冲击力最强、最具感染力的色彩，纯度高，刺激性强，性格特征为热情、奔放、艳丽、情绪高涨、血液流动性强，有强大的视觉注目性。红色的具体联想是太阳、血液、红旗、绸缎等；抽象联想是热情、爱情、炙热、喜庆等（图3-24），同时也有恐怖、残暴的心理感受。鲜红色添加白色后，显得健康、温和、愉快、甜美，同时也有稚嫩、娇气的心理感受；加黑色后，给人以稳重、不安、成熟的心理感受；加灰色后，给人以忧郁、质朴、寂寞的心理感受。纯度高的红色箱包多用于节日或庆典主题中，体现喜庆、愉快的气氛。

（2）橙色：其色彩效果仅次于红色，它的注目性也很高，既有红色的热情又有黄色的光亮，在所有纯色中，橙色的活泼性最强，富有温暖和人情味，有温度升高的感觉。橙色的具体联想是橘子、秋天、秋收等；抽象联想是甘甜、积极、健康、愉悦、活力等（图3-25）。橙色是许多品牌偏爱的颜色，如爱马仕等。橙色稍稍混入黑色或白色，会成为一种稳重、含蓄又明快的暖色；但混入较多的黑色后，就成为一种烧焦的颜色；而加入较多的白色会带有一种甜腻的味道。橙色与蓝色的搭配，构成了最响亮、最欢快的色彩对比。

（3）黄色：是亮度最高的颜色，在高明度下能够保持很强的纯度。黄色灿烂、辉煌，有太阳般的光辉，因此象征着照亮黑暗的智慧之光。黄色有着金色的光芒，因此象征着财富和权力，它是骄傲的色彩。黑色或紫色的衬托可以使黄色达到力量无限扩大的强度。黄色最不能承受黑色或白色的侵蚀，这两种颜色只要稍微地渗入，黄色即刻失去光辉。

（4）绿色：鲜艳的绿色非常美丽、优雅。绿色宽容、大度，无论是蓝色还是黄色的渗入，依旧能展现美丽的视觉效果。黄绿色单纯、年轻；蓝绿色清秀、豁达；含灰的绿色宁静、平和，就像暮色中的森林或晨雾中的田野。

（5）青色：是介于绿色和蓝色之间的一种颜色。有时也被称作青绿色、水绿色。给人以恬静、深远又不失生气勃勃的感觉，有一种独特高贵、充满生命力的气质，也被称为具有东方韵味的颜色，温润青青，内敛又不失大气。青色使人联想到天空、山川、湖水，蓝色中透着绿色，孕育着生命力，给人一种新生、希望的意味。青色与黑色搭配，沉稳大气，青色与金色搭配典雅高贵，青色在家居饰品、服装等产品较为常用。

（6）蓝色：是博大的色彩，天空和大海最辽阔的景色都呈蔚蓝色。无论是深蓝色还是淡蓝色，都会使我们联想到无垠的宇宙或流动的大气，因此，蓝色也是永恒的象征（图3-26）。蓝色是最冷的颜色，使人们联想到冰川上的蓝色投影。蓝色在纯净的情况下并不代表感情上的冷漠，它只不过代表一种平静、理智与纯净而已。

图3-24　红色手包

图3-25　橙色单肩包

图3-26　蓝色手包

（7）紫色：是波长最短的可见光。通常，我们会觉得紫色有很多种，因为红色加少许蓝色或蓝色加少许红色都会明显地呈紫味，所以，很难确定标准的紫色。紫色似乎是色相环上最消极的色彩。尽管它不像蓝色那样冷，但红色的渗入使它显得复杂、矛盾。它处于冷暖之间游离不定的状态，加上低明度的性质，就构成了在心理上引起的消极感。但淡紫色会显得浪漫，并且带有高贵、神秘的感觉。一般服饰行业很少选用灰暗的紫色，因其容易给人带来心理上的不安、消极、忧郁甚至痛苦的感觉，所以在箱包色彩搭配中应尽量慎重使用。但是浅紫色系在女时装包中使用较多，可体现浪漫气息（图3–27）。

（8）棕色、咖啡色及褐色：代表着西方文化，是典型的西方国家常用的色系，属于有彩色灰色，使其色彩性格显得不太强烈，典雅中孕育着亲切、沉静、平和等意象，有成熟、随和、谦让之感。棕色、咖啡色及褐色体现出亲和性，使其易与其他色彩搭配，在箱包色彩设计中应用也较为广泛（图3–28）。

图3–27　紫色手包

图3–28　咖啡色单肩包

3. **特性色**

特性色即金属色，在箱包色彩中常用的特性色有金色、银色、铜色，因特有的气质而不能被其他色所替代。

（1）金色：让人感觉到高贵、富丽堂皇，古时象征帝王、权力。具象联想有黄金、宝玺、金佛等；抽象联想有权力、高贵、奢靡、辉煌等。近几年流行的香槟金、玫瑰金等都是在金色的基础上发展起来的，这些将金色与有彩色进行了结合。

（2）银色：同样具有金色的视觉效果，但在光辉感觉上、价值上略逊于金色，同样有财富、高贵的感觉，另有科技、前卫的视觉心理感觉。具体联想是白银、刀具、汽车等；抽象联想是科技、现代、前卫、速度、醒目等。

二、箱包色彩设计及应用

（一）箱包基本配色方法

1. **基于色彩三要素的配色方法**

（1）以色相为主的配色方法。色相配色指的是运用不同色彩相貌及其组合为基础的配色，它是依据色相环上色相之间的距离差组合在一起的配色方法。

①单一色相配色法：是指在箱包配色时，只用一种颜色进行色彩搭配。单一色相配色可以使箱包看起来高度协调统一（图3–29）。

②两色配色法：是依据色相环上两色距离的远近可以得出以下6种配色方式（图3–30）。

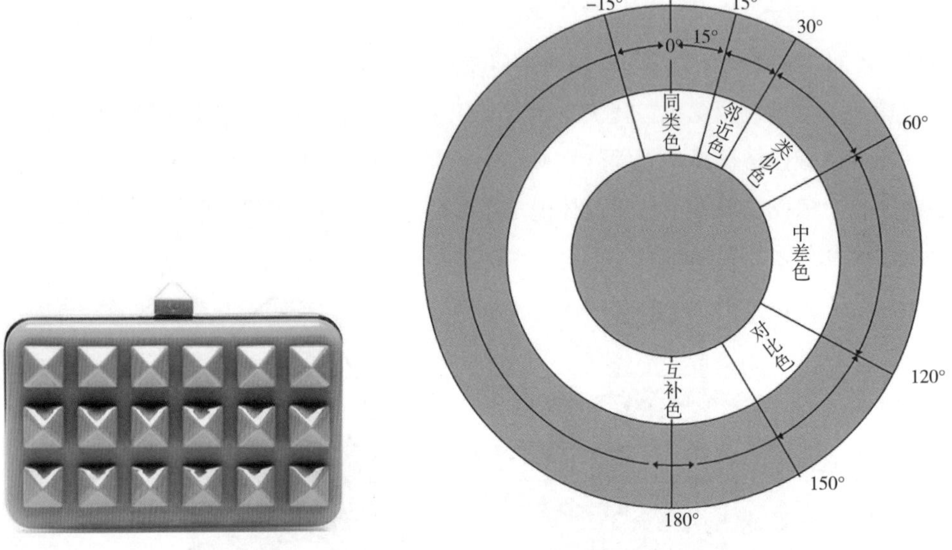

图3–29　单一色相配色

图3–30　两色配色法示意图

同类色配色：在色相环中，15° 以内的某一色相与另一色相搭配，配色效果被称为同类色配色。

邻近色配色：在色相环中，15° ~30° 的某一色相与另一色相搭配，配色效果被称为邻近色配色（图3–31）。

类似色配色：在色相环中，30° ~60° 的某一色相与另一色相搭配，配色效果被称为类似色配色。

中差色配色：在色相环中，60° ~120° 的某一色相与另一色相搭配，配色效果称为中差色配色。

对比色配色：在色相环中，120° ~150° 的某一色相与另一色相搭配，配色效果被称为对比色配色（图3–32）。

互补色配色：在色相环中，180° 左右的某一色相与另一色相搭配，配色效果被称为互补色配色。

需要注意的是，采用色相环两色配色方法进行箱包配色时，除了互补色配色以外，每种配色方法中的某个目标色都可以找到两个搭配色。选择同类色、邻近色配色时，要注意明度及纯度的区分，否则会误认为是产品的色差。选择对比色配色时，要注意配色的主次及面积比。

图3-31 邻近色配色箱包

图3-32 对比色配色背包

③三色及三色以上配色法：利用色相环同样可以获得三色及三色以上协调的配色方法，首先在色相环上选取一个目标色，围绕目标色在色相环内部构建一个等边三角形，使其中的一个角指向目标色，那么另外两个角所指向的色相与目标色所形成的三色搭配起来较为协调；同样，四色、五色依据此法都可获得较为简单而协调的配色。

（2）以明度为主的配色方法。明度配色是指运用色彩明度的不同变化进行箱包色彩的设计表现。依据色彩的不同明度又可分为高明度配色、中明度配色和低明度配色。高明度配色是指在配色中，高明度颜色占绝大部分面积，高明度配色会使箱包的视觉效果看上去色彩轻快、明朗。中明度配色是指在配色中，中明度颜色占绝大部分面积，中明度配色效果既不会很暗，也不会很亮，整体色彩显得稳重、端庄、柔和。低明度配色是指在配色中，低明度颜色占绝大部分面积，在箱包中采用低明度配色会使箱包色彩显得较为深沉，同时也带给人一种成熟之感（图3-33）。

（3）以纯度为主的配色方法。主要指根据色彩的鲜、浊程度进行的配色方法。按照不同的鲜、浊程度大致可以分为高纯度配色、中纯度配色和低纯度配色。高纯度配色是指在配色过程中鲜艳的色彩占绝大部分面积，表现出亮丽、青春、单纯之感。中纯度配色是指箱包上的绝大部分面积为既不艳丽也不暗淡的颜色，效果为大多数消费者所接受。低纯度配色会使箱包整体呈现一种较灰的状态，效果显得深沉、含蓄（图3-34）。

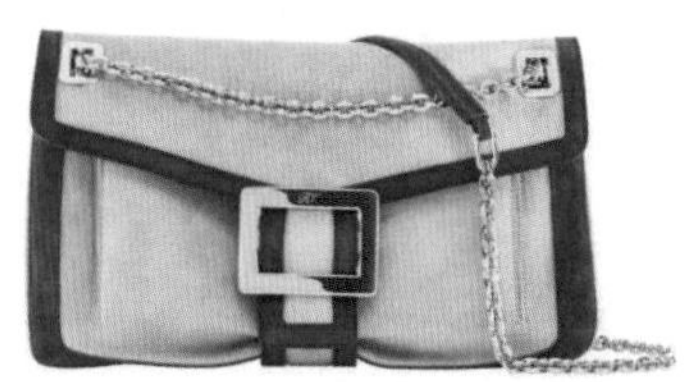
图3-33 以明度为主的箱包配色

图3-34 以纯度为主的箱包配色

2. **基于色彩类型搭配组合的配色方法**

色彩类型搭配组合主要指不同类别的色彩组合在一起形成的配色方法。主要有无彩色与有彩色搭配组合、无彩色与特性色搭配组合以及有彩色与特性色搭配组合等形式。无彩色由于自身具有很强的统一性与稳定性，在与其他色彩搭配时，都较容易取得协调效果；特性色有较为突出的心理感受，在与其他色彩搭配时，其视觉效果往往较为强烈（图3-35）。

（二）箱包色彩应用

在实际应用中，并非所有配色都会按基础配色方法进行，有时也采取逆向配色或者是采取一些打破常规的配色方法。在色彩应用过程中用何种配色方法进行设计，除了参考基础配色方法外，还要结合箱包造型特点、风格、面料肌理；顾客对色彩的审美偏好；使用色彩部位的面积；与服装搭配的效果等。一些不按常规配色方法搭配设计的效果有时能让人眼前一亮，体现青春亮丽，给人以动感（图3-36）。

（a）无彩色与有彩色组合

（b）无彩色与特性色组合

（c）有彩色与特性色组合

图3-35　色彩组合的应用

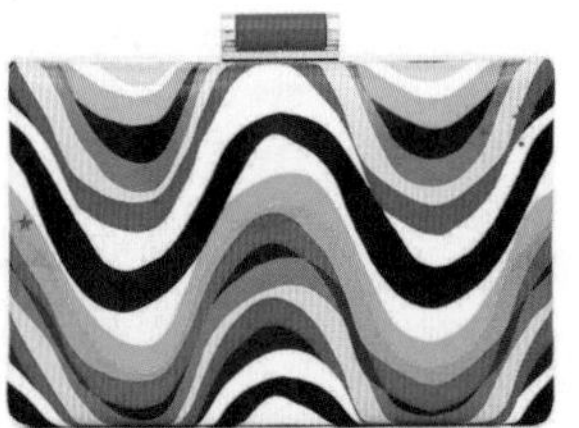

图3-36　箱包色彩应用

第三节　图案设计

箱包图案设计是利用图案的自身规律，将特定的视觉符号进行一定的艺术性与功能性的设计创作，并且运用一定的形式美构成法则，结合一定的材料、技术、工艺等运用于箱包造型的设计中。图案在箱包设计中应用范围广泛，几乎囊括了所有的箱包种类。

一、箱包设计中图案的分类

（一）按图案素材来源

按照素材来源，图案可分为人物图案、动物图案、植物图案、风景图案、几何图案、文字图案等。箱包中的人物图案常选用写实人物，多为著名人物或者大众所熟知的一些影星形象（图3-37）；动物图案以卡通形象表现得较多，主要以此来体现包袋可爱、甜美的风格

（图3–38）；植物图案多用于一些传统、复古风格的包袋（图3–39）；几何图案则多用于时尚箱包造型中，不同的几何形态给人的感受不同，一般直线形态为主的几何图案，带给人以简约、干练、现代的感觉［图3–40（a）］，而带弧度的几何图案则体现出自由、不受约束之感［图3–40（b）］；文字图案在近年来的箱包设计中出现得也较为普遍，通常将品牌名称或者字母标识变化设计后加以运用（图3–41）。

图3–37　人物图案　　图3–38　动物图案　　图3–39　植物图案

图3–40　几何图案　　图3–41　字母图案

（二）按图案组织构成形式

按照图案的组织构成形式可分为单独图案、适合图案、连续图案、综合图案等。

1. 单独图案

单独图案是完全独立的图案形式，不受任何“形”的约束而自然存在。单独图案的特点是视觉冲击力强，造型自由、无约束。单独图案在包上的应用位置也较为自由，几乎可以放置在包上任何显著位置，主要用于女士包、学生包，而男士包应用较少（图3–42）。

2. 适合图案

适合图案是图案的造型及其组织变化要在一定的“轮廓”内，而此“轮廓”既可以是隐性的，也可以是显性的。适合图案的特点是规律性强、严谨而富有艺术性，内外结合巧妙。适合图案主要有形体适合、角隅适合及边缘适合等类型。箱包中应用较多的是形体适合图案，常用的形体适合图案又可分为方形、圆形、部件廓型等，适合图案常应用于具有古典风格的女士时装包、化妆包中（图3–43、图3–44）。

图3-42 单独图案的应用

图3-43 圆形适合图案

图3-44 部件廓型适合图案

3. 连续图案

连续图案是以同一单元形为元素，按照一定的方向连续不断进行重复排列的图案。连续图案有二方连续图案、四方连续图案两大类型。二方连续图案是基本单元图案按照一个方向进行反复排列所构成的图案形式。按其外部形式又可分为水平式二方连续、垂直式二方连续、倾斜式二方连续；按其内部基本单元形的组织构成有散点式、波浪式、直立式、倾斜式、水平式、折线式、边框式等形式。二方连续图案在箱包设计中较为少见，主要应用于箱包部件边缘处或者条带状部件上。四方连续图案是基本单元图案按照四个方向进行反复排列所构成的图案形式，四方连续图案的排列方式较为复杂，常用的有散点排列、连缀排列、重叠排列等，四方连续图案在箱包设计中应用较为广泛（图3-45）。

4. 综合图案

综合图案是指具有两种或两种以上的图案构成的形式，综合图案的造型相对较为复杂，一般用于具有古典、传统风格的女时装包中（图3-46）。

图3-45 四方连续图案的应用

图3-46 综合图案的应用

二、图案在箱包上的呈现形式

图案在箱包上的呈现形式，指的是将设计的图案转移到箱包上的某种实现方式。一般在箱包设计中既可以通过平面效果进行呈现，也可以通过空间效果结合一定的材料、工艺技术进行呈现。而往往通过空间效果呈现时，要求考虑呈现空间的深浅，又可分为平面形式、立体形式和半立体形式。

（一）平面形式呈现

包体表面面积相对较大，而且触觉上无起伏效果，是平面图案呈现的最好部位。平面图案取材广泛，近年来由较流行的人物角色、富有代表性的风景等题材表现较为多见。这种呈现形式视觉面积大，具有亲和力，制作成本低廉等特点。较为常用的平面图案呈现方法有印刷、刺绣、手绘、压印等（图3-47）。

（二）立体形式呈现

立体形式呈现出来的图案造型视觉空间感强烈，并且有一定的“深度”和层次性。常用的工艺是雕刻、镂空、钉缀等，多用于时装包、休闲包，另外具有配饰特点的零部件也常常设计成悬挂或镶嵌于包体中（图3-48）。

图3-47　箱包中的平面图案

图3-48　箱包中的立体图案

（三）半立体形式呈现

半立体图案在视觉上有一定的空间，但“深度”较小，触觉上有一定的起伏，类似于浅浮雕效果的图案（图3-49），这种形式的图案多用于晚宴包和传统风格的男士包、功能包等。

图3-49　箱包中的半立体图案

第四节　装饰工艺及零部件设计

在产品设计中，产品装饰工艺的审美价值往往大于其实用价值。箱包的装饰工艺是为提高箱包的造型美感和附加价值采用的工艺技术，精湛的装饰工艺可作为区别其他同类箱包品牌的辨识之一，同时也可以提高箱包的档次。因此作为箱包设计者，要了解常规的装饰工艺。装饰工艺在箱包上主要应用于包体前幅、后幅、横头、外袋、手挽等明显位置。

一、装饰工艺的分类

箱包的装饰工艺主要有绗缝、刺绣、镂空、烫贴、钉缀、拼接、穿条、雕刻、编结、流苏、印刷、缉线、起皱等，在箱包设计中采用一定的装饰工艺，可充分展示出箱包的美感。

1. 绗缝

绗缝是指将面料以及中间的填充物、里料等使用较为粗犷的线迹将其缝制在一起，从而形成一定的立体装饰效果。绗缝工艺应用创新点在于通过缝纫线使绗缝处形成较为新颖、独特的装饰效果，如香奈儿手包中经典菱形绗缝工艺是典型的体现（图3-50）。

2. 刺绣

刺绣工艺是传统的手工工艺，随着生产技术的发展，传统的手工刺绣发展到现代的机器刺绣。箱包设计中刺绣工艺主要应用于前幅、包盖等醒目的位置上。装饰位置的选择应考虑刺绣图案的形态，如角隅图案的形态主要位于前幅的边角处，单独花卉图案一般位于包体的前幅或包盖上（图3-51、图3-52）。

图3-50　绗缝

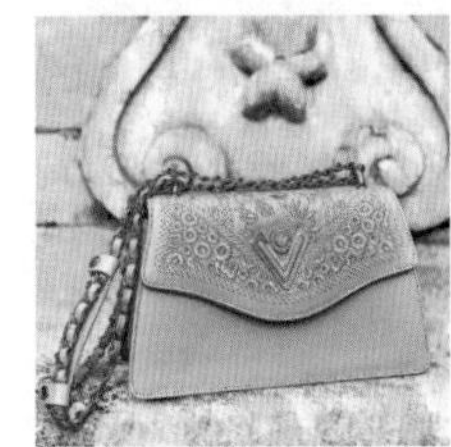

图3-51　包盖刺绣

图3-52　包身刺绣

3. 镂空

镂空工艺给人透气、层次感强的感觉，并且有一定的空间感。镂空工艺主要结合图案形态进行设计使用。常用的镂空形式是规则的几何图形，对机器而言，不规则的图形制作相对复杂，较难实现。在箱包中进行镂空工艺装饰首先要对镂空图案进行处理，可以处理成简洁的花卉图案、规则的几何图形；然后通过包体的装饰需求来确定镂空形体的大小及其组织排列方式；由于采用镂空工艺会透露出里层的材质颜色（图3-53），因此要对镂空后的部位进行美化处理。

4. 烫贴

烫贴是将较为新颖的图案或较小的装饰件通过热熔胶粘贴到包体表面，从而丰富包体的装饰效果。烫贴工艺带来的装饰效果取决于图案和装饰件的大小、形状、位置、布局等。烫贴的位置、烫贴件的形状、大小不同，都会产生不同的效果。常用的烫贴材料主要有水钻、亮片、珠子等，这些材料受到光照后，会出现较为夺目的光感、层次和浮雕效果（图3-54）。

5. 钉、缀

钉、缀工艺主要是将各种较小的配饰件钉或缀到包体的表面，钉、缀工艺的选材比较多样，主要有铆钉、盘花、珠子、纽扣、流苏、皮草等；位置也呈现多样性，在前幅、侧堵头、包底等。要注意钉、缀后不可破坏包体的整体效果。钉、缀的配饰立体感强、现代气息浓烈（图3-55）。

图3-53　镂空

图3-54　烫贴

图3-55　铆钉

6. 拼接

拼接工艺指的是使用面积较小的面料通过不同的拼接方法拼合在一起，使之形成紧凑、自然的视觉效果，通常的拼接方式有拼缝、绗缝、缝埂三种。不同的拼接方式会产生不同的效果，拼缝给人以紧凑之感；绗缝给人以立体之感；缝埂给人以坚毅挺拔之感。通常是将不同材质、不同色彩的面料进行拼接组合，形成较为强烈的对比效果（图3-56），容易吸引视觉，但拼接不当往往容易给人造成混乱的感觉。

7. 穿条

穿条工艺是将条状的材料在包体局部经过穿插而形成的装饰工艺，穿插的条状物一般以相对结实的皮质材料为主。穿条的宽窄、形状、颜色、位置以及形成的形体都会对包体产生一定的影响。穿条后的形体多为规则的几何图形，穿条应用于包体局部，能够让其产生半立体效果。穿条工艺多用于时装包、休闲包中（图3-57）。

8. 雕刻

雕刻是指使用传统的刻刀、冲子等手工工具以及电脑激光雕刻机，创造出有一定空间的艺术形象的装饰工艺，一般能够呈现不同层次的浮雕效果。在箱包设计中主要在男士挎包、女士盖包应用比较广泛，尤其在近几年流行的手工皮雕包中应用最为广泛（图3-58）。

图3-56　拼接

图3-57　穿条

图3-58　雕刻

9. 编织

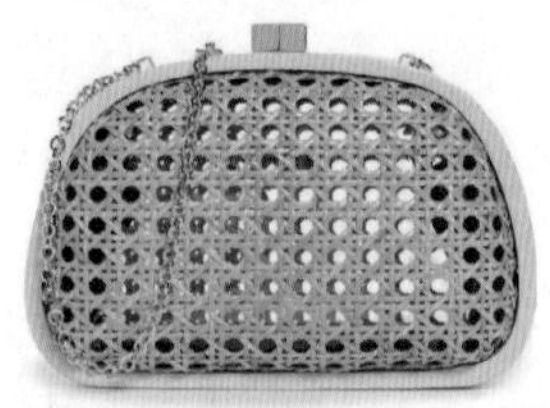
图3-59 编织

编织工艺一般以天然纤维和化学纤维为主要成分的原料，使用手工或钩针等工具进行缠绕结合的一种工艺，它所表现的造型往往是以传统、自然为主的图案或图形。编织工艺可用于整个包体（图3-59），也可只用于前幅、包盖等视觉中心位置，其造型多以对称的形态出现，色彩柔和、自然，与包体的色调形成协调的效果。

10. 流苏

流苏起源于18世纪的欧洲，是一种传统的装饰工艺，其特点是以条带状分割为主，形成自然下垂的穗状效果（图3-60）。还可以在流苏的末端进行串珠、铆钉装饰处理。箱包的流苏材料主要以柔软的牛皮、纸面皮、羊皮为主。流苏在箱包设计中多用于休闲包的包盖、外袋等位置。流苏设计给人以飘逸、自然、典雅的感觉。

11. 印刷

印刷是将具有一定寓意的图形、图案、相片、文字、Logo等平面图形通过印刷机器印制在包体面材上的一种工艺。常用的印刷技术有丝网、染料、涂料、转移印刷等，随着数字化技术的兴起，数字印刷更加快捷、美观，成为现代箱包印刷的主要工艺技术。由于印刷工艺速度快捷，效果相对逼真、写实，在箱包中广泛使用，主要用于学生包、钱包、女士挎包等（图3-61、图3-62）。

图3-60 流苏

图3-61 前幅印刷

图3-62 通体印刷

12. 缉线

缉线一般有两种较为常见的形式：一种是纯装饰缉线，又被称为假线；另一种是既实用又具有装饰功能的缉线，被称为缝纫线。后者一般在部件的边缘进行缝合时使用，通常受到周边部件廓型影响较大；而前者不起连接部件的作用，只是为了装饰美化箱包部件而存在，因此受到的限制较小。一般而言，为了突出缉线工艺，线的颜色选择要与面料颜色差别大一些，相对其他缝纫线粗一些（图3-63）。

13. 起皱

起皱是通过工艺技术对面料进行人为扭曲、抽褶处理，使箱包面材的表面出现褶皱。起皱工艺一般适合于女时装包，主要考虑起皱的大小、位置、形状、疏密程度等因素（图3-64、图3-65）。

以上是箱包的常用的装饰工艺，在实际设计与制作过程中，单独使用一种装饰工艺较为少见，一般多为几种装饰工艺的综合应用。

图3-63　缉线

图3-64　抽皱

图3-65　压皱

二、零部件设计

箱包的设计主要是针对包袋的大身、堵头等部位进行的，但小的零部件同样能够对包袋的整体设计产生一定的影响，可以增加其设计内涵与美化整体形象。常用的零部件包括手挽、提手、外袋与内袋、袋口、配饰、背带、钎舌、拉牌、耳仔等。

（一）手挽、提手及肩带

手挽、提手及肩带制作工艺略有不同。手挽是指包体上便于手提、手拎的部件，通常用面料制作而成，里面包有专用棉芯，形成立体形态以增加手感和舒适度。手挽长度为50~80cm。提手又被称作手把、提把，主要用于手提箱、女式小包、男式公文包、提包等，户外背包及体积较大的包体除了背带之外也有提手。提手一般分为软提手与硬提手。提手为了便于把握，其外形多为扁弧形、半圆形、拱形、矩形、梯形等。材质多为耐磨、防滑的头层牛皮、软塑料、尼龙纤维、竹节、硬木等（图3-66、图3-67），如公文包、箱体的提手等。提手长度较短一些，为18~30cm，通常只能穿过手掌，也可以与长肩带配合使用。肩带相对较长、较软一些，可以是合成材料或皮革面料制作而成，也可以用一定规格和花色的织带来代替。

图3-66　木质提手

图3-67　塑料提手

手挽通常由外层皮革和内部的棉芯构成。外层皮革进行折边或对缝之后，里面用不同粗细规格的棉芯作为填充物，形成扁平或者圆柱形等不同粗细的手挽。但根据箱包的风格类型，简约风格的女包、休闲包多为单层扁平的手挽；正装包、时装包多用双层立体结构的手挽，形成剖面为圆形、椭圆形的立体形态；个性、前卫的女包则选用可由金属、竹子、木材、塑料、皮革等材料制成，形成各具特色的手挽。

手挽的外形常见的有弧形、条形、圆形、花形等造型变化。在双层面料上使用较粗的缝线，既起到装饰作用，又有固定包带材料的作用。设计师可以根据其外形形态进行镶嵌、冲孔、编织、贴片等装饰，可以使手挽更加美观，增强其艺术感染力。

手挽的连接方式，一般有固定式、半活动式、活动式三种。固定式相对简单，主要将扁平的手挽固定缝合在包体的堵头或者袋口处（图3-68），也可以延伸直至包底与俐仔形成整体部件（图3-69）；半活动式是在包带的中央部位使用金属口框或吊钩与包体连接，其活动范围偏小，多用于正装包和时装包上；活动式指的是手挽的一端或两端可以使用五金配饰，如“日”字扣或针扣等来实现调节其长度，以方便其使用。

图3-68　立体手挽

图3-69　整体手挽

（二）外袋与内袋

1. 外袋

外袋主要是指在包体的前、后幅、堵头、包盖等位置外贴的小袋，主要是用来盛放零钱、钥匙、卡片、杂物的小物件。

外袋主要用于包的外侧，通常是单独的结构。常见的有贴袋、挖袋、插袋三种形式，开合方式有拉链、粘扣、锁扣、磁扣等。外袋的形态样式较多，有矩形、椭圆形、梯形及不规则形体。外袋的形态设计可以通过材质肌理、色彩、装饰等方面来进行设计。如外袋可与包体进行色彩对比、肌理的对比等方式使其更加突出。外袋的设计排列可以呈现平行排列、矩阵式排列、层叠式排列、单独放置、倾斜放置等。通常前幅多使用较为立体的外袋（图3-70），后幅、包盖处一般则采用较为隐蔽的挖袋，前幅的外袋较为丰富，后幅的则较为简洁。在包体两侧处，多采用较为立体的矩形袋，开闭方式以拉链、锁扣为主。男包多以插袋的形式出现，可以使包体更加挺括有型（图3-71）。

除此之外，一些起装饰作用的外挂小袋也属于包体的外袋。它多见于时装包、休闲包及背包中，以较为结实的金属链、牛皮条、织带来固定，形态较为小巧可爱，可以拆卸，便于携带。

图3-70 立体外袋

图3-71 前插袋

2. 内袋

内袋主要设计在包的内部，如内插袋、内后挖袋、吊袋、手机套袋等。其功能为盛放各种卡片、笔、手机、化妆品、文件等。内里部件上，主要有证件袋、手机袋、插袋等，一般是以上下或左右分布，造型形态较为单一，可以是平面的，也可以是立体的，主要用于男士公文包、手抓包上。挖袋则相对较为隐蔽，常见于包的后内里上，处于内里与包身之间，因此，挖袋的空间较大。根据袋口的开闭方式，可以分为敞开式和封闭式两种。敞开式的内袋通常在其边缘加缝包边条，有的边口为松紧边，既便于盛放钥匙、钱物，又起到防蹿出的作用；封闭式则在开口处设置拉链、粘扣、子母扣等，主要盛放较为贵重、体积较小的物品。

（三）配饰

配饰是指箱包中的装饰部件，起到醒目突出、美化整体的作用。常见的配饰有吊牌、铆钉、Logo、锁扣、挂坠、金属链条等。

1. 吊牌

吊牌通常悬挂于包体的一侧，一般制作精良，是展示箱包形象的重要部件，可以用金属、牛皮、羊皮、塑料等材料制成，其造型多为矩形、三角形、圆形、椭圆形、盾形等，内容为箱包的相关信息，如品牌名称、产地、材料、联系方式等。吊牌的制作工艺以烫印、印刷、凹模压印为主。

2. 铆钉

用于箱包的铆钉，常见有平钉、泡钉、蘑菇钉、锥形钉、菱形钉、心形钉以及异形钉等，多以金属、塑料等材质制成。铆钉多用于包盖、包体上口或者前幅的中央位置，经过设计排列，形成具有寓意的图案或图形，以此增强包体的装饰性并突出其风格特征。

3. Logo

Logo是商品标牌的标识，可以是文字，也可以是图形，一般通过五金配件的形式呈现。与吊牌作用相似，但不同的是Logo具有一定的独立性。根据箱包的档次选用不同材质。具有镜面效果的金属材质Logo最为精良（图3-72），其色调以金色、银色、古铜色为主，多位于包盖、襻带以及前幅上。

4. 锁扣

锁扣主要是带盖包常用的开闭配件，其主要作用除了开闭功能之外，还具有很好的装饰效果。锁扣多以金属材质为主（图3-73），质地有光泽，形态精致小巧，常见的有按扣式、旋钮式、侧推式、上翻式等闭合方式。

5. 挂坠

挂坠的形态比较小巧可爱，多为金属、皮革、棉织物等轻便材料制成，挂在包体的包带、侧墙、堵头、外袋等处，增添随意自由、可爱的感觉。

6. 金属链条

金属链条是个性化时装包常用的配饰，其光泽感偏强，瞬间提升包袋的时尚感和档次。可以是单独的金属链条，也可以是将金属链条与皮革进行穿编而制成包带，既实用又美观。也可以在包体上打孔并将金属链条穿过，形成下坠的装饰效果。金属链条还可以与其他配饰结合使用（图3-74）。

图3-72　金属Logo

图3-73　金属锁扣

图3-74　金属链条

（四）背带

背带主要用于背包和学生包，使用双肩背带可以来分担包体的力量，背带的设计围绕其形态、材料、结构进行展开。

背带一般由皮革条带和较窄的织带组成，长度可以根据自身需求来调节，上端部分多加软衬、海绵等填充物，其余部分多为结实耐用的尼龙、纤维材质。调节的长度范围一般比单肩包较大，满足不同身高、不同佩戴习惯的需求。设计户外包的背带时要注意符合人体工学原理，背带呈向外的“八”字形，边缘用尼龙织物进行包边处理。

（五）钎舌

钎舌是两个零部件进行插合的开关部件，多用于包盖与前幅开关、里外包袋的封口处、包带的调节处等位置（图3-75）。钎舌结构包括舌头、插针、插孔和带扣，结构简单实用，目前钎舌变化多样，但基本原理都一致，依然是打开带扣，将插针从插孔中拔出，退出舌头。

（六）拉牌

拉牌也称拉头、唛头，是便于拉动拉链而制作的小部件，其材质多由金属、皮革等构成。

男包的拉链尾多以牛皮、超纤革、金属材料为主，常见的有矩形、梯形、水滴形，圆形等形状。女包的拉牌用料更为丰富（图3-76），常用的有金属、皮革、树脂等，同时可以在拉牌上装饰吊穗、流苏等，增加其垂感和时尚度。

图3-75　钎舌皮

图3-76　拉牌

第五节　系列设计

箱包的系列设计，是指在箱包的设计过程中，设计者运用一些相同或相似的因素，使箱包品牌的面貌区别于其他品牌，也是品牌内统一识别的基础。系列设计的目的在于丰富箱包产品种类，满足目标消费者的审美差异及消费需求。

基于箱包造型元素展开的系列设计，顾名思义，就是在箱包造型中，呈现出某种或某几种相同或相似的具体造型元素，按照一定的秩序和组成规律的形式。围绕造型元素展开的系列设计主要包括形态系列设计、色彩系列设计、材质肌理系列设计、图案系列设计、装饰工艺系列设计、配件系列设计或某几种造型元素组合的综合系列设计等。

一、以形态为主的系列设计

箱包的形态造型反映外形及内部构造的整体形象，一般是指外观造型。箱包的外形轮廓及造型结构具有相似性，都围绕着同一设计点展开，整体上具有统一性，但在局部中富有一定的变化（图3-77）。箱包的造型设计主要是对包体的大身、前幅、侧墙、堵头进行展开，呈现几何形体。例如，在女时装包中所呈现的梯形系列，款式变化在前幅设计曲线或折线分割，结构明确，具有明显的相似性。另外，在包体的内里，一般都有相同的品牌Logo设计制作的图案纹饰，使之更加明确、统一，让消费者感到细节设计完整。

图3-77　形态系列设计

二、以色彩为主的系列设计

色彩是箱包设计中重要的设计元素。在包体中设计同一色彩元素，可以使其更具整体性，它们之间能够构成相互的关联，这就是常说的色调一致。

在箱包的系列中要呈现整体的面貌，必须有一种主色调，它是构成箱包的主题（图3-78），可以根据风格与设计主题展开，或者添加其他的色彩作为搭配，使它们之间存在内在关联。例如，女式时装包以自然风格中的海洋元素为系列设计，包体的主体色调设计为蓝色与金色，在不同款式箱包的设计中，添加海洋中的生物颜色，如绿色、白色、棕榈色等，让人联想到它们共同构成海洋色的整体基调。

设计箱包色彩时尽量不超过三种颜色（特殊要求除外），其要素系列分为色相要素系列设计、纯度要素系列设计和明度要素系列设计。

箱包色彩的使用也可以与服饰鞋帽相搭配，使它们之间形成统一的色调，让人感受到一个整体系列，这样视觉感染力更强。

图3-78　色彩系列设计

三、以面料为主的设计

材质是箱包的材料、质地和质量的综合载体，是构成箱包的主体，系列设计的箱包使用统一的材质，使主体上具有一致性。肌理是视觉和触觉上的感受，在设计时，肌理变化，尤其是二次肌理设计时，都要保持一致性，也可以进行局部的变化。

材质质地统一，延伸性、抗拉力相同。肌理效果上要求具有共同的质感与效果，例如，蟒蛇皮的使用，具有野性与自然的特点（图3-79）。

四、以图案为主的系列设计

图案在特定风格的箱包设计中显得尤为重要。例如，传统民族系列箱包设计中，传统的图案纹饰具有民族特有的文化特点。图案要富有新意，时代感强烈，设计时将相同或相似的图案应用到箱包不同部位中（图3-80）。

图案主要有具象图案、抽象图案、半具体半抽象图案；按照图案素材，可分为人物图案、动物图案、植物图案、风景图案；按照其风格特征，可分为传统图案、现代图案；按照其构成形式，可分为单独图案、适合图案、连续图案、综合图案等形式。

图3-79　面料系列设计

图3-80　图案系列设计

五、以装饰工艺为主的系列设计

在某些特定品牌箱包的造型中，装饰工艺同样发挥着重要作用，同一系列使用相同的装饰工艺要素。例如，富有江南特点的民族手工包中，就使用了刺绣的传统工艺，以逼真、细腻的苏绣为代表。装饰工艺在包体中所使用的具体位置及方式比较广泛，如包盖的铆钉、压印、印刷工艺，前幅的起皱、拼接、镂空等工艺。

六、以配件为主的系列设计

配件在箱包设计中往往起到画龙点睛的作用，是箱包设计中重要的内容之一。以配件为主的系列设计，围绕相同或者相似的配饰展开系列设计，形成一种统一协调的风格特征。配件有实用配件与装饰配件两类，使用的材料比较多样，造型、质感富有个性。实用配件具有实用功能，具有统一的造型、色彩、纹饰、质感，主要用于提手、锁扣、滑轮、拉链等。它们在设计中形象统一，对于安排的数量、位置也有一定的要求。装饰配件有铆钉、穿条、挂坠等，可以增强形象，强化视觉感染力。如具有冒险、嘻哈风格的骷髅头、尖锐的钉坠等配饰，在包体中装饰效果非常明显。

七、综合系列设计

箱包的系列设计并非只用一种设计元素，往往是多种元素综合使用，这样所展示的效果也较为丰富，并使系列化的箱包造型呈现神似形不同的面貌特点（图3-81）。

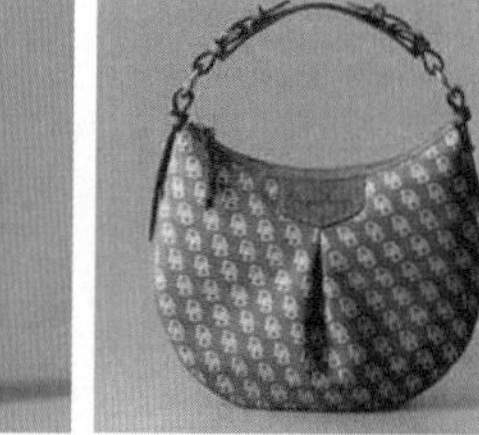

图3-81　综合系列设计

箱包的综合系列设计应用了两个或两个以上的造型要素进行展开的，虽然每个造型元素都具有独特的视觉效果，但综合使用，视觉冲击力更强大，应用也更加广泛。

本章小结

- 箱包造型要素主要包括：形态、色彩、面料、装饰工艺、图案、零部件与配饰等。
- 箱包整体形态设计主要有具象形态、抽象形态和介于两者之间的半具象半抽象形态。
- 局部形态设计主要指箱包设计中的点、线、面设计应用。
- 箱包色彩体系包括有彩色、无彩色与特性色。
- 色彩三要素是指色相、明度、纯度。
- 基于色相的两色配色主要有同类色配色、邻近色配色、类似色配色、中差色配色、对比色配色及互补色配色。
- 常见的箱包装饰工艺有绗缝、刺绣、镂空、烫贴、钉缀、拼接、穿条、缉线、起皱、雕刻、编织、流苏、印刷等。
- 箱包图案按素材来源可分为人物图案、动物图案、植物图案、风景图案、几何图案、文字图案等；按照组织构成形式可分为单独图案、适合图案、连续图案、综合图案等；按呈现形式则又可分为平面图案、立体图案、半立体图案。
- 箱包的面料主要有天然皮革、人造革以及其他类。
- 箱包面材中的天然皮革主要分为皮革类和皮毛一体两大类。
- 箱包的零部件主要包括手挽、外袋与内袋、袋口、配饰、背带、提手、钎舌、拉牌等。
- 围绕箱包造型要素展开的系列设计主要有以形态为主的系列设计、以色彩为主的系列设计、以面料为主的系列设计、以图案为主的系列设计、以装饰工艺为主的系列设计、以配件为主的系列设计以及包含两个要素以上的综合系列设计。

思考与练习

1. 面对市场上的箱包产品，我们应该从哪几个方面分别对其进行归纳分析？
2. 箱包上必须具备哪些造型要素？
3. 请选择一款多色彩搭配的箱包，简要分析其所用到的配色原理。
4. 实地市场调研箱包产品，分析当下常见箱包的装饰工艺有哪些？
5. 结合市场调研，你认为应从哪些方面展开箱包的系列设计？

第四章

常见女包的结构设计与制板

课题内容：箱包结构设计流程与制板工具；女打角式购物包的结构设计与制板；女式手抓铰包的结构设计与制板；女吊角式单肩包的结构设计与制板；女起皱式包底斜挎包的结构设计与制板；女翻翘式包底单肩包的结构设计与制板；女凸出式堵头手拎包的结构设计与制板；女底围式斜挎包的结构设计与制板。

课题时间：32课时

教学目的：掌握常见女包的结构设计与制板的方法及要点。

教学方式：以结构设计和样板制作方法为基础，以不同款式和结构的女包为载体，采用边讲边练的教学方式。

教学要求：1. 了解并掌握常见箱包的结构设计方法和制板工具。

2. 掌握常见女包的基本结构、部件组成以及尺寸规格。

3. 掌握常见女包的结构设计方法和样板制作步骤。

4. 具备各种女包的结构及部件设计的能力。

5. 具备确定各类箱包尺寸规格的能力。

6. 具备不同结构女包样板制作的能力。

课前准备：1. 垫板、刻刀、钢尺、卷尺、锥子、剪刀等制板工具

2. 白板纸、无纺布、拷贝纸等制板材料

箱包的结构设计是箱包设计的重要组成部分，箱包的结构特点、部件组成是箱包结构设计的基础。了解和掌握不同结构箱包的特点，部件之间的相互关系以及包体结构的分解与构成，是进行不同款式包体结构设计必备的理论知识。本章内容从常见女包的基本结构出发，以实际的样品包款为例，深入浅出地讲解各种结构包体的基本结构制板方法和步骤，同时为各类包体的工艺制作奠定坚实的基础。

第一节　箱包结构设计流程与制板工具

认识箱包基本结构应从包体的分解和构成开始，包体的基本结构是构成各类箱包的基础。根据其外部部件的不同，包体可以分为以下六大类：由前后幅构成的包体；由前后幅及堵头构成的包体；由前后幅及包底构成的包体；由前后幅及墙围构成的包体；由前后幅、包底及堵头构成的包体；由整体大身构成的包体。

这六种包体基本结构并不是孤立存在的，它们之间可以相互穿插、分解、组合，从而形成种类丰富、变化万千的箱包产品。每一种包体结构都有自己的特点和制板方法。其基础部件的不同引起基本制图的方法和顺序的不同。哪个部件是基础部件，并不是由其面积来决定的，而是由构成组合形式来决定。如由前后幅和包底构成的包体，其基础部件不是前后幅，而是包底。所以说在进行结构制图时，首先要确定包底的基本形态和基本尺寸，前后幅的宽度必须根据包底的尺寸才能得以确定。同理，在进行包体的制板之前，必须对其进行结构分析，确定基本结构后根据这一类结构的制图方法和步骤完成包体所有部件的制板。

一、箱包结构设计流程

箱包结构设计是按照一定的流程和步骤完成的，具体如下：

1. 确定包体的基本尺寸

包体尺寸确定主要由包体功能和造型来决定。使用功能决定了包体的容积以及内部结构、部件。箱包最原始、最基本的功能就是盛放物品，所放物品的尺寸直接影响包体的外部尺寸和内部结构。包体基本尺寸的确定还要考虑其佩戴方式。如手拿包由于其佩戴方式是握在手里，所以其尺寸应小巧一些，便于携带。

2. **绘制包体的三视图**

包体的视图一般包括主视图、侧视图和俯视图，根据需要有时还配有内部部件的局部辅助图，其目的是明确和理清各部件之间的相互关系和尺寸。在实际应用过程中，有时会利用坐标纸来绘制，以便于更加明晰部件之间的比例关系。

3. **根据三视图确定包体的基础部件**

从包体的基础部件入手进行制图，基础部件是指能直接影响其他部件的尺寸的部件。其尺寸和形状影响其他部件的尺寸乃至整个包体的造型，是制作包体的基础。

4. **进行各个部件的制图和取板**

在进行部件的制图时，应先从包体的基础部件开始，再根据其尺寸依次完成其他外部部件及内部部件的制图，最后，根据加工工艺加放一定的加工量，用刻刀或剪刀将样板取下来。取板在广州一带俗称出格，板师被称为出格师傅。根据样板用途的不同，常见的有正格（类似于整体样板）、放大格、修正格（与放大格一起使用，很多部件都要黏合一层衬料，这样对于部件的尺寸有一定的影响，所以先用放大格下料，黏合衬料之后再修正）、画位格等。

二、箱包制板工具

目前，箱包制板以手工制板为主，下面介绍常用的专用制板工具（图4–1）。

1. **钢尺**

在箱包制板过程中需要用到各种不同长度的钢尺，单位为英寸（in）或厘米（cm）。

2. **刻刀**

刻刀，又称美工刀、介刀，是主要的制板切割工具，特别对于样板的直线部位，用钢尺压住再用刻刀切割，既快又准。此外，刻刀还可以用于刻槽位及孔位，使用非常灵活。为了保护工作台面与刻刀刀片，在使用刻刀切割样板时需要在样板纸下面放切割垫板。

3. **切割垫板**

切割垫板一般由三层PVC板复合而成，两面为PVC软质板，中间为PVC硬质板。切割垫板最大的特点是刻刀的刀痕会自动愈合，不磨损刀片，保证刀片

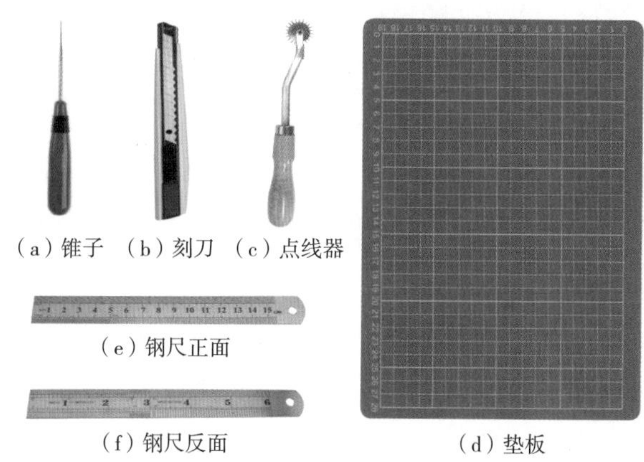

（a）锥子　（b）刻刀　（c）点线器　（d）垫板　（e）钢尺正面　（f）钢尺反面

图4–1　常用制板工具

的使用寿命。

4. **铅笔**

一般采用2H、HB、2B型号的铅笔，要求画线细而清晰，不可以用圆珠笔、钢笔来制图。

5. **橡皮**

修改线条在所难免，所以备一块橡皮十分必要，一般用白橡皮。

6. **点线器**

点线器是在样板上做标记的工具，也能够将一定厚度的纸样描绘到另一层纸上。

7. **锥子**

在制板时，锥子用来扎眼、定位，如刀位、褶位等。

8. **软皮尺**

用于测量弯曲的、褶皱的、软质物料的长度及周长。

9. **样板纸**

用于制作样板的纸张，要求光洁、平整、坚韧、伸缩率小。一般使用250~300P的双面西卡纸。

此外，有时还需用水纱布等材料来打磨微调样板边缘线条。

三、箱包制板的常用术语

子口：缉缝之后留出来的边缘部分称为子口；折边时折回的部分也称子口；两块物料相互拼接时，下面被盖住的部分也称为子口。常见说法如缉缝几分子口，折边时折几分子口，搭位搭多宽的子口。

剪口：指边缘牙尖形的剪口，一般由板师在取板的时候根据需要确定其具体位置。做刀模的时候会根据纸板上相应的位置做好剪口，裁好料以后，剪口就直接标记在料件的边缘。

搭位：指折边或油边后进行压茬缝，下方部件被遮盖的边缘称作搭位。一般搭位为2.5~3分。1寸=8分，1分约为2.54mm，2.5~3分为6~8mm。

弯位：指包盖或俐仔（包盖上的装饰条）等弯曲的位置，此处应做出弯位标记。

抛位：因物料的厚度关系，当两块物料贴合并弯曲时，外围的物料会比里面的长，所以外部的物料应根据需要加长一些，加长的部分称作抛位。有时也可能根据包体部件相接后圆润度要求，在一个部件上适当加放一定长度。如盖面的弯位及外袋的袋口弯位处等，都应适当放一些抛位。

了解包体的基本结构以及设计制图的流程后，下面分别以不同结构的样品包为例，讲解包体的结构设计、制版方法以及规律。

第二节　女打角式购物包的结构设计与制板

由前后幅构成的包体没有单独的包底部件和堵头部件，它的包底和堵头是前后幅延伸到底部和侧面而形成的，所以其轮廓造型更加自然、随意，包体大小变化、佩戴方式都较为随意，给人一种休闲、轻松的感觉。

根据前后幅构成包体的特点，可以分为扁平式、吊角式、打角式、缩进式几种类型。

扁平式指的是包体没有厚度，直接由前后两片缝合而成。这类包一般体积较小，多采用手提（图4–2）、斜挎等佩戴方式（图4–3）。

吊角式指的是将包体下部两角向上弯折，从而形成了包体的厚度，两角向上折回越高，包体的厚度就越大（图4–4）。

打角式是相对于吊角式而言的，在前后片的两角处切去一定的角度，缝合后就形成一定的包体厚度。根据打角的大小，由锐角、直角和钝角所形成的包体造型也不同，最常用的为直角，其形成的厚度也是最大的。

缩进式则是变化结构线的位置，使得包体的底部和侧面向里折叠，从而形成包体的厚度（图4–5）。当然，由前后幅构成包体的结构变化远不止这几种，还可以将前后幅的大小、形状以及结构线位移等进行变化，设计出新颖独特的购物包。

图4–2　扁平式手提包

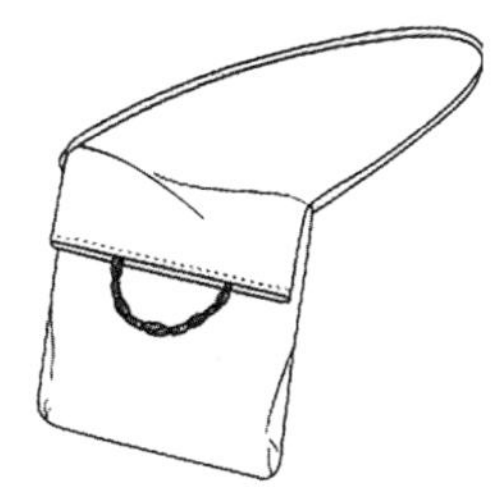

图4–3　扁平式斜挎包

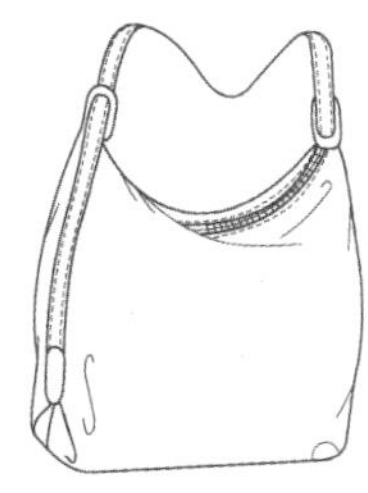

图4–4　吊角式女包

图4–5　缩进式女包

下面以前后幅构成的打角式休闲购物包为例，讲解这一类包体的结构设计和制图方法。

一、包体结构分析

对如图4–6、图4–7所示的打角式购物包从结构、功能、佩戴方式等方面进行分析，确定各部件的形状和尺寸。

1. 用途及功能

此款包主要为外出购物、逛街而设计的，其主要功能是装一些贴身的必需品，如手机、钥匙、钱包、手纸、化妆用品等，同时也可能盛放一些小体积的物品。所以，这一类包具有体积适中、软体以及携带方便等特点。

图4-6　正视图　　图4-7　侧视图

2. **结构类型**

此包采用前后幅为基本结构，为增加包体的容积，采用打角的方法在前后幅的两角处做直角的切角。

3. **佩戴方式**

此包为单肩佩戴，所以包带的尺寸不宜过长，以正好能挎在肩的位置为宜，包带长为50cm左右。

二、包体尺寸规格的确定

包体尺寸确定不但要考虑包体的实用功能，同时也要注重其造型与包体的主题风格相协调。

1. **基础尺寸的确定**

基础尺寸指的是包体的基本外形尺寸，如长度、宽度、高度等。此款包是购物包，所以尺寸比较随意。廓型为上宽下窄的倒梯形，其中包体上长为40cm，下长为36cm，包体高度为36cm，包体下宽为10cm。

2. **内部部件的尺寸确定**

后幅挖袋一般设计为长约为14cm，宽为1.3cm的拉链袋。在前内里上设计有手机袋和钥匙袋，一般设计为一体结构（图4-8），手机袋从下部打褶以增加其容积，一般设计长为18cm、高为9cm的平贴袋，从中间缉线分开，右侧下边起褶后实际长度为6cm左右。

3. **包带及零部件的尺寸确定**

（1）包带的尺寸与佩戴方式有直接的关系。此款包主要采用手提和单肩的方式，包带的长度为45cm，宽为3.5cm（图4-9）。

（2）上贴片设计，包体上口设计有上贴片，将其与拉链和内里缝合，以免拉链外露而影响美观。其长度为包体上口的周长，宽为3cm。

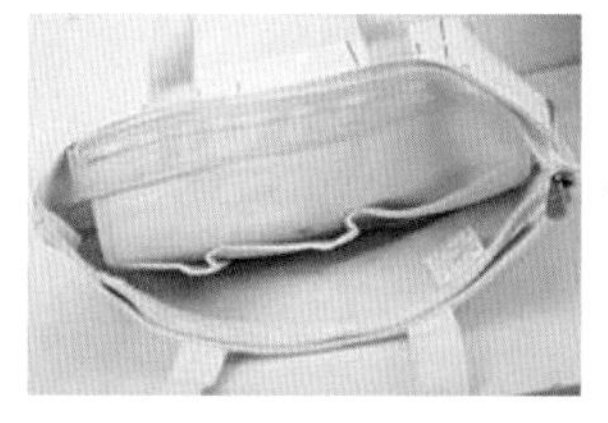
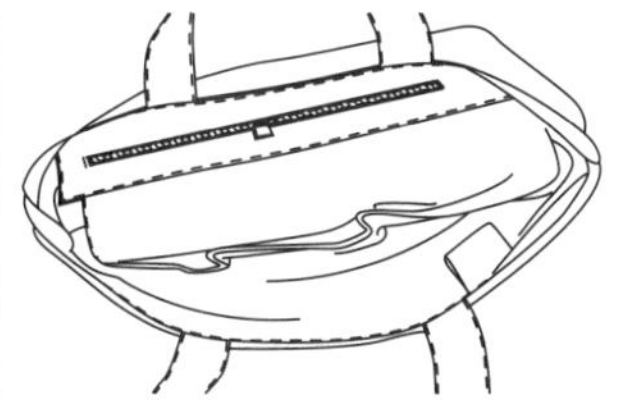

图4-8 内部部件设计

图4-9 包带设计

三、包体结构及部件设计

包体的结构及部件设计与尺寸确定同时进行，在企业实际设计中，一般同时将各种零部件的位置、造型以及尺寸一并设计完成。

1. 包体造型设计

为体现购物包休闲、随意的风格特点，打角式购物包的廓型设计为较随意的倒梯形，给人一种轻松、愉快的感觉，再加上这一类包多采用帆布、软皮革等材质，包体造型随意，盛放更多的物品而不显得臃肿。

2. 前后幅的设计

前幅通常设计一些分割、拼接、平贴的部件，以增加其设计感。立体装饰和图案设计也是前后幅设计的焦点。后幅没有过多的装饰，一般直接设计后挖拉链袋。

3. 后挖袋的设计

后挖袋是包袋中最常见的一种口袋，大多数女包都会在后幅设计挖袋。一般尺寸和位置都相对较为固定，通常都在包体后幅的正中间，距上口边约为10cm，长约为14cm，宽约为1.3cm。

4. 手机袋及钥匙袋的设计

手机袋和钥匙袋的设计是包体必不可少的内里部件之一，它的出现不但可以避免手机放在包里被钥匙等坚硬物品划伤，同时保证方便、快捷地从包里拿出手机和钥匙。手机袋和钥匙袋一般设计为一体，统一称作前幅内插袋，在前内里靠下8～10cm处。

四、包体部件样板的制作

1. 前后幅样板的制作

此包体前后幅为基础部件，根据包体尺寸要求进行制图，步骤如下（图4-10）：

（1）先用刻刀比着钢板尺在样板纸上划一条竖直印记（切勿划断），作为对称线。

（2）在中线上确定一点A，从A点向下量取41cm（包体的高度+1/2的包体下宽），定为B点。

（3）过A点作对称线的垂线，并在左侧量取20cm（1/2的包体上长）；同理过B点作对称线的垂线，并在左侧量取23cm（1/2包体下长+1/2的包体下宽）。故而得一个上长为20cm，下长为23cm的半侧梯形。

（4）在下底脚处向右和向上分别截取5cm（厚度量），做出一个切角。

（5）修正切角的轮廓与侧缝线和底轮廓线相互垂直，得到的切角应略大于直角。

（6）在周边加放0.8cm的（缝份），并做出中点和缉缝的标记。

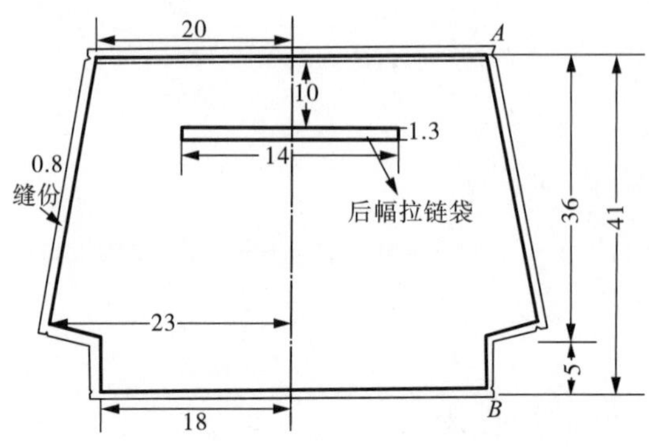

图4-10　前后幅样板

2. **内里样板的制作**

此款包的内里样板同面料样板一致，只需在上边口处减去上贴片的宽度量3cm。同时在里样板上做出前插袋的位置和后挖袋链窗的位置。其中前插袋贴缝在内里前片上，距内里上口约为8cm。后挖袋链窗开在内里后片上，距内里上口约为6cm，其长度为14cm，宽度约为1cm（图4-11）。

3. **前内插袋样板的制作**

前内插袋一般采用双层里料，样板的制作步骤如下（图4-12）：

（1）先确定内插袋的尺寸，长为13cm，高为10cm左右。

（2）由于上边口为对折线，故总高度为20cm。

（3）四周加放折边量1cm，折回里层的部分不用加放量，但边口处留一些量，并做成30°的倾斜角。

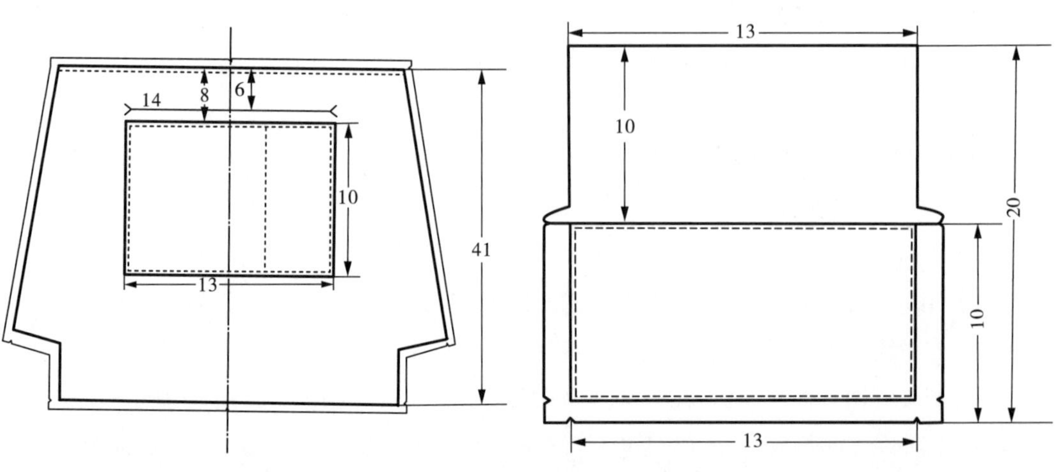

图4-11　内里样板　　图4-12　内插袋样板

4．后挖袋链窗贴皮样板的制作

后挖袋链窗贴皮在拉链窗的周边加放1.5cm的边量，四周修成圆角即可（图4–13）。

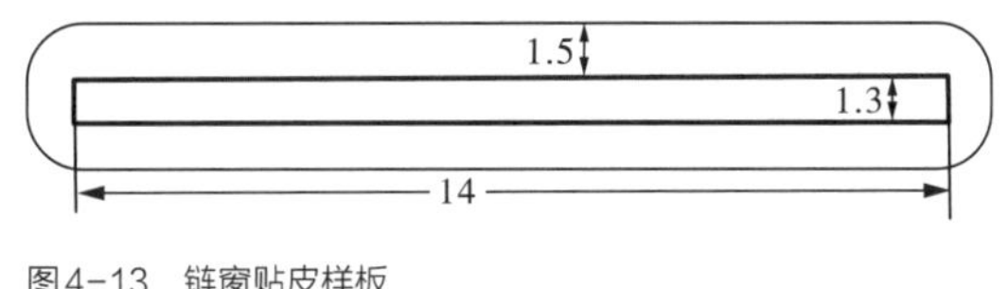

图4–13　链窗贴皮样板

第三节　女式手抓铰包的结构设计与制板

包体的开关方式是箱包设计的关键，不同用途的包对开关方式的要求不同。如旅行包强调封口严密、牢固，开关方式多采用拉链式，有时还加有明锁或密码锁；如购物包，其开关方式要求方便、随意，所以多采用敞口或半敞口的方式。不同开关方式的不同包体风格也不同。如金属的铰包体现出一种高贵、成熟之美，造型新颖、别致的金属配件同样可以增加包体的时尚感和流行性。

在进行包体设计时，确定和选择包体的开关方式尤为重要。开关方式的不同对于包体的结构、造型都会有一定的影响。包体的开关方式分为四种：铰式（图4–14、图4–15）、包盖式（图4–16、图4–17）、拉链式（图4–18）、敞口或半敞口式（图4–19）。可以根据设计和结构的需要，选择一种或多种开关方式。

图4–14　手拿铰包　图4–15　单肩铰包　图4–16　长盖包

图4–17　短盖包　图4–18　拉链包　图4–19　敞口包

一、包体结构分析

包体的结构分析主要是通过对包体的结构类型、开关方式以及佩戴方式进行具体的分析和研究。此款手抓铰包的主要特点为独特的开关方式及前幅的褶皱处理。

1. 结构类型

如图4-20所示，本款包的结构较为简单，前后幅在两角处有一定的容积，底面的缝合处为斜角。所以，整体结构仍属于前后幅构成的包体，与上款不同的是此款的切角角度为锐角，使得此包有一定的容积但又不失小巧。前幅采用起褶工艺，在前幅的中间位置打孔，穿上哑铃状的五金杆，使面料自然堆褶，形成自然、随意的褶皱，再配上小装饰件，使包体显得高贵而不失优雅。

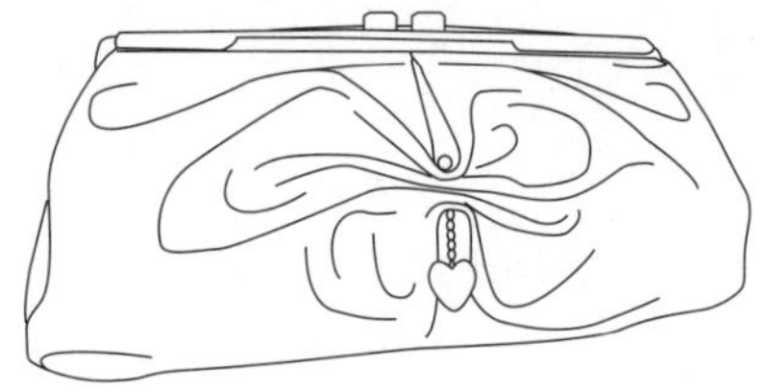

图4-20 铰包结构图

2. 开关方式

开关方式为金属铰扣，前后幅在开口处用五金铰相连接。根据五金铰口框的基本形状，可以分为长方形、圆形、椭圆形和三角形等几种。此款包的五金铰为两角略带圆弧的长方形口框，在上部开槽。此种开关方式的包体其长度尺寸由五金铰的口框长度来决定的，所以袋口的PE胶板是整个包袋的基础部件。PE胶板用于加厚袋口面料，起定型、加厚作用，使其牢固而紧密，不易脱落。因此，在做样板时应先制取PE胶板的样板。

3. 佩戴方式

此款铰包没有包带，属于一款手拿包，可用于一些晚宴、外出访客等场合。所以，要求整体造型小巧、精致，给人一种高贵、精致的感觉。

二、包体尺寸规格的确定

包体尺寸的确定与包体的开关方式和使用功能密切联系，同时其造型还要与包体的主题风格协调一致。

1. 包体基础尺寸

此款铰包为女士手拿包，整体外形为梯形，其中上口长20cm，下底长24cm，包体高12cm，宽6cm。

2. 各部件尺寸

此款铰包的结构较为简单，外部主要由前后幅构成，内部由前内插袋和后挖袋组成。其中前内插袋尺寸长13cm，高8cm。后挖袋开链窗，长14cm，宽1.3cm，袋深8cm。做链窗贴皮时，在链窗的尺寸基础上，周围加放2cm，四角修成圆角即可。

三、包体结构及部件设计

包体结构较为简单，主要由前后幅和铰口部分组成。内里结构的前片设计有前插袋，后片设计有后挖袋。

1. 包体造型设计

包体在设计时，要考虑到前幅的褶皱效果，整体造型类似于梯形，上宽由五金铰的长度决定，下宽比上宽长3cm。由于两角处做一个锐角切角处理，整个包体有一定的立体感。

2. 前幅褶皱设计

由于包体体积偏小，褶皱设计不宜过小、过多，此款铰包在前幅的正中间设计4个较大的褶皱，褶深1.5cm。由于褶皱靠五金杆连接形成，所以将前幅中线分为8个孔位。在中线的上下段为了使上下长度与五金铰相一致，故从中线上将多余的长度做成切角，深度为高度的一半左右。

3. 前内插袋设计

前内插袋通常用双层里料，从上边线折回，同时做成手机袋和钥匙袋一体的结构。

4. 后内挖袋设计

后内挖袋一般设计在后内里上，其位置根据包体的大小尺寸来定，此款包的后内挖袋距上口边5cm。

四、包体各部件样板的制作

此款包为五金铰包，其基础部件为五金铰框处起定型作用的PE胶板，内里布的样板尺寸为包体的基本尺寸。面料样板则根据内里样板的轮廓加放出褶皱量即可。基础部件被称为主格，决定基本尺寸和基本构成的部件被称为正格，其他样板根据其所处的位置和作用的不同，其名称也不同，如中格、内格、放大格、修正格、画位格等。

1. 袋口PE胶板的样板

袋口PE胶板的样板尺寸主要取决于五金铰的外形和长度，其宽度比五金铰的口框宽度小0.5cm左右，以免在制作过程中PE胶板露出来影响外观质量。在袋口加放胶板主要为了增加袋口的厚度，使面料和里料充满五金铰的口框处，五金铰更加牢固不易脱落。其制作步骤如下（图4-21）：

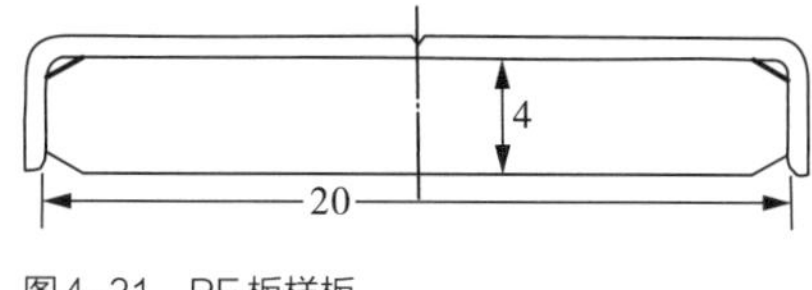

图4-21　PE板样板

（1）根据口框的尺寸，长为20cm，高为4cm，做出PE胶板的样板为半侧长为10cm、宽为4cm的矩形。

（2）在PE胶板两边上下的拐弯处各做30°倾角，避免工艺制作时拐角太厚而露出来，并标记上中缝位置。

2. 内里布的样板

内里布样板主要根据五金铰的口框尺寸进行设计，制作步骤如下（图4–22）：

（1）先用刻刀比着钢板尺在样板纸上画一条竖直线，作为中线（对称线）。

（2）在中线上截取15cm（包体的高度再加上厚度的一半尺寸）。

（3）同理在上底和下底上分别截取半侧宽为10cm和12cm，下底再加上厚度的一半尺寸，故而得一个上宽为10cm，新的下宽为15cm的半侧梯形。

（4）由两脚处向里和向上分别截取3cm的厚度量，做出一个直角切角。

（5）里布上边再向外加放口框的高度4cm，再加放1cm的折边量，因为包体在口框下部要突出一些，便于包体打开。

（6）将上边口向下与侧缝的高度线（相当于包体高度去掉口框的高度）相连接，使得上边口轮廓线与侧缝轮廓线相互垂直。

（7）同时在上边口加放1cm的折边量，其余周边加放0.8cm的缝份，同时做出中点和缉缝的标记。

（8）在里布的正中间距上口8cm处设计前内插袋和后挖袋的位置，并做上标记。

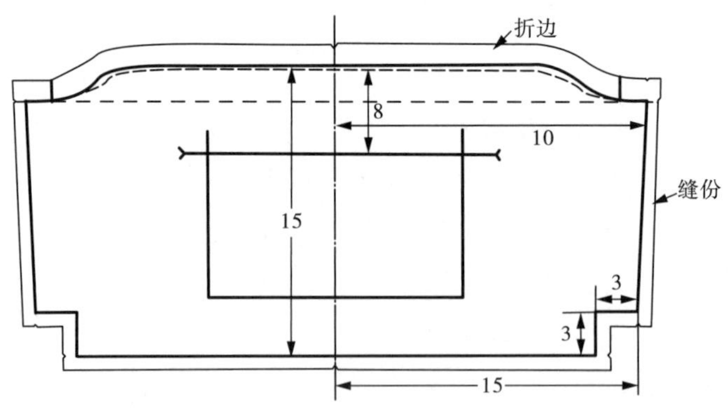

图4–22　内里布样板

3. 前后幅的样板

前后幅的样板主要是在内里样板的基础上，加上褶皱工艺量即可。具体制作步骤如下（图4–23）：

（1）复制内里样板一件，去掉上口的口框的突出高度，再根据褶的数量和深度计算样板中间需要加放的量。

（2）用无纺布比照款式图仿制包体中间的褶皱部分，要求褶皱数量和深度与设计一致。

（3）再用复制的修正板（内里样板一致）逐步比对，并做好标记，再展开无纺布即得想要的褶皱样板。

（4）根据上下边口的长度修正无纺布样板的上下边长，分别为20cm和24cm，多余的部分在中线上做切角去掉。

（5）切角的深度为包体高度去掉穿褶皱用的五金杆的长度，得到切角的深度为5cm左右。

（6）将上下边口与侧缝轮廓线连接圆顺，周边加放0.8cm的缝份。上边口要塞进五金铰口框里故不用加放任何量，两角处的1cm附近加量，避免连接处脱落。

（7）中间褶皱部分均分为九份，共设计八个孔位，做出中点和孔位标记即可。

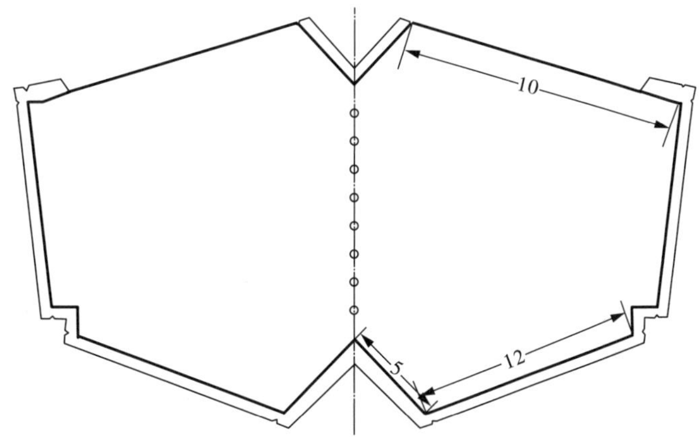

图4-23　前后幅样板

4. **前内插袋及链窗贴皮的样板**

前内插袋一般采用双层里料，样板的制作步骤如下（图4-24）：

（1）先确定内插袋的尺寸，长为13cm，高为10cm。

（2）由于上边口为对折线，故总高度为20cm。

（3）四周加放折边量1cm，折回里层的部分不用加放量，但边口处做出30°的倾斜角。

链窗贴皮样板的制作步骤如下（图4-25）：

（1）拉链窗长为14cm，宽为1.3cm。

（2）链窗贴皮在拉链窗的周边加1.5cm的边量，四周修成圆角即可。

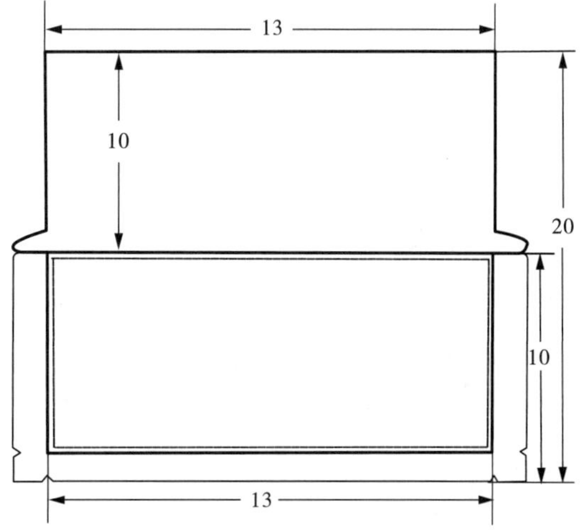

图4-24　前内插袋样板

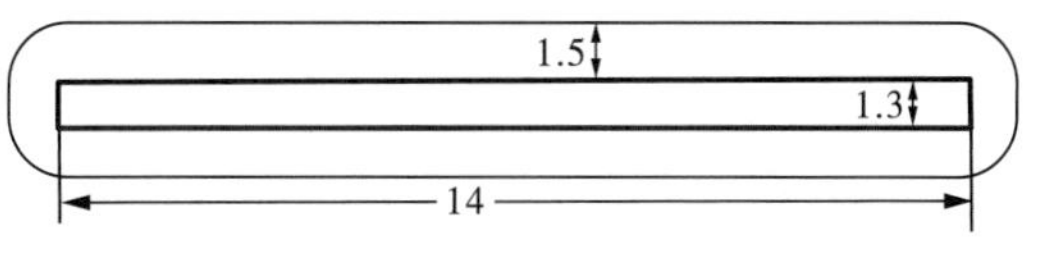

图4-25　链窗贴皮样板

第四节　女吊角式单肩包的结构设计与制板

常见的吊角式包有两种形式：一种是将包体两角向上直接折回，折回的部分越大，包体的厚度相应增大，同时在包角处设有装饰条或装饰环扣。有的包体还可以根据需要自行调节吊角的高低，包体的形态、风格也会随之改变，给人耳目一新的效果。另一种是将包体底部直接向内折回缝合在侧缝线里，形成固定的大小和包体厚度。在其制图中只要根据包底的厚度在高度和侧面宽度处做出折回的标记线及剪口标记，缝合时对好剪口，其余部分向内折回就可以达到预期的效果。

一、包体结构分析

结构分析是进行包体结构设计和制板的基础工作，通过对结构图的分析能了解和掌握类似结构的设计要点和基本数据。结构分析最好有实物的三视图或者样品包，这样既可以直观地看到结构设计的效果，又可以掌握其内部结构设计、尺寸设计与使用功能之间的联系。此款包的结构分析主要借助于样品包来进行，学生可以清晰地观察到包体的细节，这样对于外部结构和内部结构都能一目了然，为后续的样板制作提供了依据。

1. 结构类型

此款包的结构相对较为简单是由前后幅构成的包体结构。基础部件是前后幅，前后幅的形状和尺寸以及吊角的高度位置决定了包体的整体造型和尺寸。其设计亮点在于耳仔的设计以及装饰环扣的应用，以此来增加其时尚感和美感（图4-26、图4-27）。

图4-26　正视图

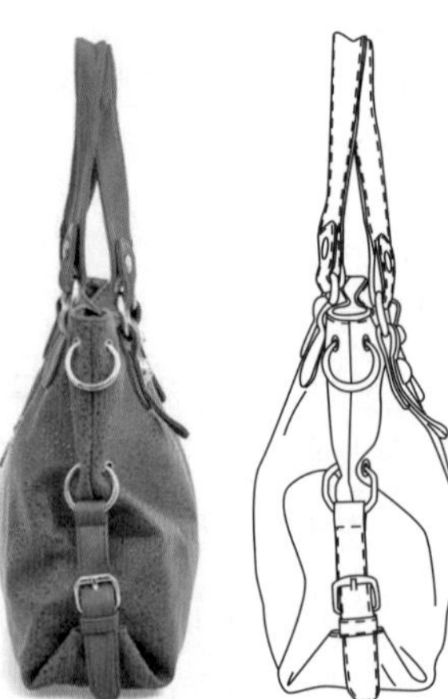

图4-27　侧视图

2. 佩戴方式及开关方式

此款包包体偏大，其佩戴方式以单肩背为主。包体整体简洁大方，主要靠其鲜艳的色彩和与众不同的材质来提升其品位和档次。

拉链式的开关方式因其既方便又严密而备受青睐，并且其成本相对较低。同时在包体的上口部位设计有内贴条来与拉链结合，既可以保证包体的封闭性又避免拉链闭合时包体上口太紧贴而显得包体扁平。

3. **部件组成**

此款包组成部件较为简单，外部部件由前后幅以及上口的内贴条组成，前幅从中间断开，采用不露线迹的反缝工艺。后幅为一整片，并设计有后挖袋。同时，在包袋的侧面设计两个环扣，与下面吊角上的挂钩配合使用，这样可以根据佩戴者的适用场合和服装搭配来变化包体的厚度、风格及形态。内里设计前片有内插袋，后片有后挖袋，中间有夹层拉链袋，缝合在两片内里之间，将盛放的物品进行分类存放以便拿取（图4-28）。

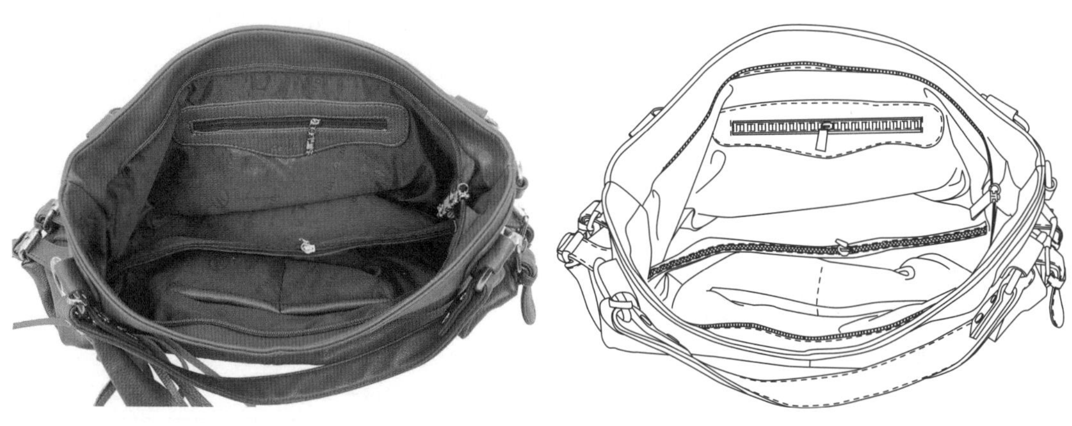

图4-28　包内里

二、包体尺寸规格的确定

包体的风格特征对于包体尺寸的确定也有一定的影响，不同风格的包体其适用场合、服装搭配也不同，所以其尺寸规格也存在着差异。

1. **包体基础尺寸**

此款包为女士单肩包，主要用于一些日常购物、上班、外出等场合。整体造型较为简单大方，风格偏中性。包体设计类似于长方形，其中上边长36cm，下边长37cm，包体高度30cm，厚度12cm。

2. **各部件尺寸**

此款包结构相对较为简单，外部由前后幅及上口内贴皮构成，内部由前内插袋、中间夹层袋以及后挖袋组成。其中前内插袋尺寸为长16cm，高10cm。后挖袋开链窗，长14cm，宽度1.3cm，袋深8cm。同时做链窗贴皮，在链窗的尺寸基础上周围加放2cm，下边中间部位有一定弧度变化略显活泼，四角修成圆角即可。中间的夹层袋高度为18cm，宽度与内里一致。

三、包体结构及部件设计

包体结构较为简单主要由前后幅组成。内里结构前片有前插袋，后片有后挖袋，中间设计有夹层拉链袋。

1. 包体造型设计

包体的造型设计与其使用功能密不可分，由于包体本身是一个软体结构，所以佩戴方式、包带的位置不同，形态也不尽相同。此款包侧面的两个挂环就是为此而设计的。当单肩背时，吊角挂在下面的挂环上，包体略显正式，简单大方；当配上长肩带斜挎背时，吊角可以挂在上面的挂环，包体呈现出水饺包的形态，和自然堆成的褶皱一起凸显出包体的休闲韵味。

2. 前后幅的设计

前后幅设计较为简单，为了节约材料，将前幅上从中间进行分割，采用压缝工艺，既降低了成本又弥补了前幅的单调感。同时，与金属扣相结合的耳仔设计也是前幅的亮点之一。

3. 前内插袋以及夹层袋的设计

前内插袋设计在前内里中间向下8cm的位置，做成手机袋和钥匙袋一体的结构。而夹层袋则设计在前后内里之间低于包口12cm处，这样便于物品的分类放置。

四、包体各部件样板的制作

此款包主要部件由前后幅、上口内贴皮、内里布以及中格袋、耳仔、装饰条等几个部件组成。其中前后幅上标记向上折回的位置标记以及耳仔的位置等。

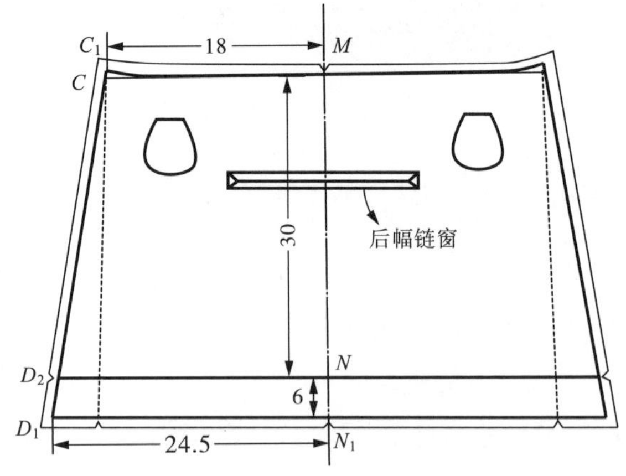

图4-29 前后幅样板

1. 前后幅样板的制作

前后幅作为包体的基础部件直接决定着包体的形态和尺寸，其样板制作的步骤如下（图4-29）：

（1）先用刻刀比着钢板尺在样板纸上竖着画一条印记，作为对称线，中心点为N点。

（2）在对称线上截取包体高度30cm定为M点，再将此线向下延长至N_1点，使得NN_1等于包底宽度的一般尺寸6cm，得到MN_1共36cm。

（3）分别过M、N_1作中心线的垂线，在上边长M线上截取包体上边长的一半为18cm定为C点；在下边长N_1线上截取包体下边长的一半18.5cm再加上包体厚度的一半6cm，共24.5cm定为D_1点，此时得到一个上底长为18cm，下底长为24.5cm的半侧梯形CD_1N_1M。

（4）再将C点向上抬高直至与CD_1垂直，定为C_1点，弧线圆滑连接至M点。

（5）同时在两角处标记向上折回的位置标记，就是向底部和侧边延伸的宽度的一半尺寸，标记中点位置以及耳仔和后挖袋的位置即可。

2. **内里样板的制作**

此款包的内里样板是根据面样板变化而来，只是在吊角的位置采用了常见的打角处理。其具体的制图步骤如下（图4-30）：

（1）先用刻刀比着钢板尺在样板纸上竖着画一条印记，作为对称线。

（2）截取高度为包体的高度30cm加上包底宽度的一半尺寸6cm，再减去上贴片的宽度3cm，最后得到高度33cm。

（3）同理在上底截取半侧长为18cm，而下底的长度则是由包底的半侧长度18.5cm加上半侧宽度6cm共计24.5cm，故而得一个上宽为18cm，新的下宽为24.5cm的半侧梯形。

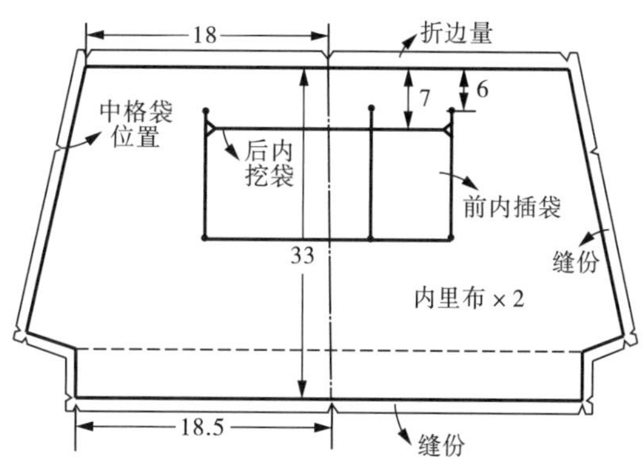

图4-30　内里样板

（4）由两角处向里和向上分别截取6cm的包底宽度的一半量，作出一个切角。

（5）修正切角的轮廓与侧缝线和底轮廓线相互垂直，故得到的切角应略大于直角。

（6）最后在周边加放0.8cm的缝份，同时做出中点和缉缝的剪口标记。

（7）同时在内里样板上向下6cm左右作出前插袋的位置，一般后挖袋链窗比前插袋略低1cm左右，同样需要标记中格袋的缝合位置（根据中格袋的高度来确定其缝合位置）。

3. **前内插袋及链窗贴皮的样板**

内插袋一般采用双层里料，样板的制作步骤如下（图4-31）：

（1）先确定内插袋的尺寸，长度为13cm，高度为10cm左右。

（2）由于上边口为对折线，故总高度为20cm。

（3）四周加放折边量1cm，折回里层的部分不用加放量，但边口处做出30°的倾斜角。

链窗贴皮在拉链窗的周边加放1.5cm的边量，下边的中间处略宽一些呈弧线形，四周修成圆角即可（图4-32）。

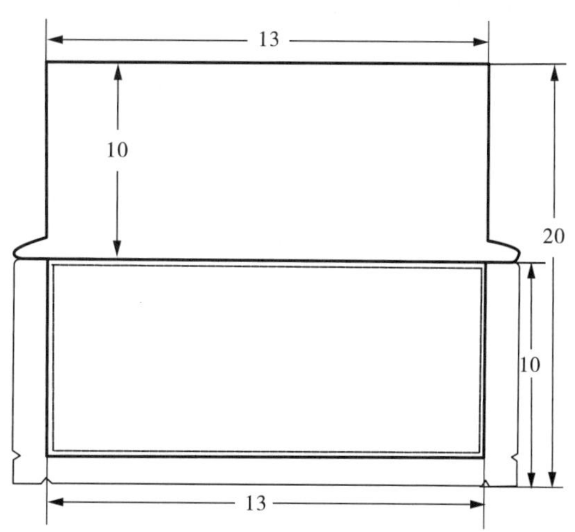

图4-31　前内袋样板

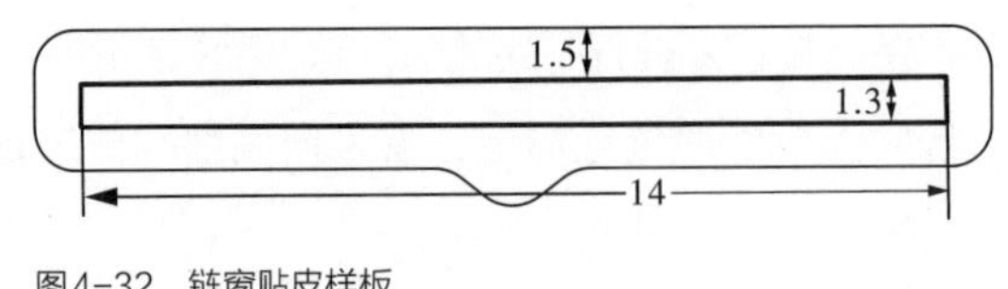

图4-32　链窗贴皮样板

4. **中格袋、上口内贴皮及耳仔样板的制作**

中格袋一般在边口处都缝合衬料或是双层里料以此达到硬挺的效果，中间有拉链位，两端各有2cm左右宽的拉链尾皮将拉链平整地缝合在中格袋的中间位置。其样板也较为简单，具体步骤如下（图4-33）：

（1）先确定中格袋的尺寸，高度为18cm左右，长度为内里布从切角处向上量取18cm处的长度即可。

（2）由于上边口为双层里料，向内折回2cm左右，故总高度为20cm。

（3）除上口外，三边均加放1cm左右的缝份，并在上口边距离两端2cm处做出拉链的缝合位置标记。

内贴皮样板的制作如下（图4-34）：

（1）按照前后幅样板的上口处的形状截取高度为3cm的内贴皮即可。

（2）上边口处加放0.8cm的折边量，下边口加放1cm的拼接量，左右两边加放1cm的缝份。

（3）做出中点以及缉缝剪口标记。

耳仔样板的制作：根据设计师的设计直接确定尺寸制作样板。

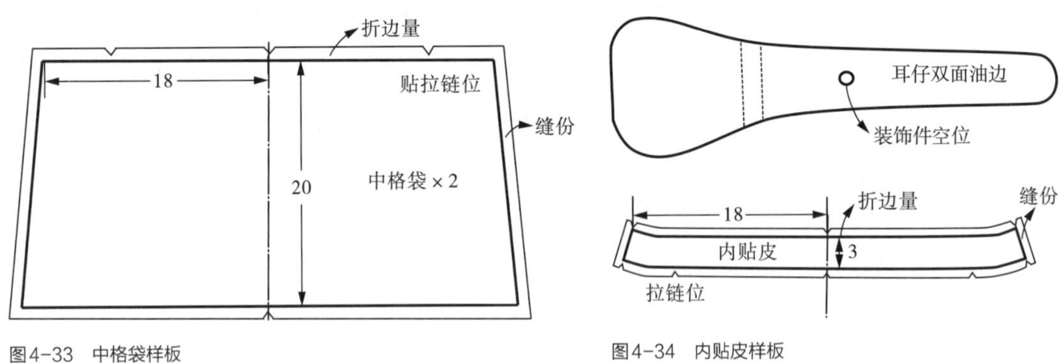

图4-33　中格袋样板

图4-34　内贴皮样板

第五节　女起皱式包底斜挎包的结构设计与制板

由包底和前后幅构成的包体，其造型变化主要受包底的形状和结构影响较大。包底的形状和尺寸决定了包体整体的造型和其他部件的尺寸，所以包底是这一类包的基础部件，在企业被称为主格，即一套样板中最先确定、最先出的样板，其他部件的尺寸可以根据与其连接关系来确定。

常见的包底根据其形状的不同可分为长方形包底、椭圆形包底、圆形以及特殊形状的包底。其形状的不同变化，与其连接的部件形状以及包体的造型、容积都会有一定的影响，所以不同形状的包底用于不同风格的包体中。如长方形或四周为圆角的长方形包底，经常用于一些硬质结构的定型包中，包体造型主要依靠包底的定型来支撑。这种包体体积相对较小，比较有型，前幅线条分割简洁流畅，以此来体现包体的整体造型。而椭圆形和圆形的包底由于其长度的局限性，为了增大容积，在其结构设计时，在前幅上采用起褶工艺，来增大包体的容积和形态美感。这种包底主要用于一些休闲包、购物包的设计中，包体整体采用软质结构，随意大方，休闲味十足，是逛街购物、休闲娱乐时的最佳选择。

此款包由椭圆形包底构成，为了增大包体的容积和形式美感，在其底部对称添加了四个褶皱（图4–35、图4–36），这样既可以增大容积，又可以凸显包体的休闲意味，使整个包体小巧精致又不失自然随意的韵味。

图4–35　俯视图

图4–36　正侧图

一、包体结构分析

对样品包的结构和部件的分析，重点从其结构类型、开关方式、部件相接关系以及佩戴方式，以此来了解此类包的结构设计和部件样板的制作。

1. 结构类型

此款包是由前后幅和包底构成的包体结构。基础部件为包底，包底的形状和尺寸决定了包体的造型和尺寸。同时在前幅上采用起皱工艺，以此来增加其休闲韵味。

2. 佩戴方式

由于此款包的包体偏小巧，其佩戴方式可以选择斜挎和单肩背两种。单肩背时包体小巧轻盈，简洁大方；斜挎佩戴时也不会显得臃肿。

3. 开关方式

拉链式的开关方式既便利又严密，目前，80%的包体都采用这种开关方式。一般在包体的上口部位设计有内贴条来与拉链结合，避免拉链闭合时因包口太紧贴。

4. 部件组成

此款包的结构较为简单，外部部件由椭圆形的包底、前后幅以及上口的内贴条组成，前幅从中间断开，采用不露线迹的反缝工艺。包底两边各有两个对称的褶皱（注意褶皱的倒向）。后幅为一整片，并设计有后挖袋。内里前片有前内插袋，后片设计一挖袋。同时，手挽在两端各装两个按扣，与耳仔结合时向外反折扣，这样可以根据佩戴者的身高和习惯来调节肩带的长短。

二、包体尺寸规格的确定

包体尺寸的确定与包体的佩戴方式和使用功能密切相关，同时包体的造型必须与包体的主题风格协调一致。

1. 包体基础尺寸

此款包为女式单肩包，主要用于上街、访客、购物等休闲场合。包体整体为半硬质结构，其造型偏小巧，为倒梯形，成品包上部略显扁平，下部为圆弧形。其中包体上口长32cm，包体中间高23cm，两侧较中间高25cm，其中包体底部为长18cm、宽12cm的椭圆形。

2. 各部件尺寸

此款包外部部件由前后幅、包底以及上口内贴片构成，一般上口内贴片的长度与包体的上口一致，宽度通常为3cm左右。而内部部件由前内插袋、后挖袋和中格袋组成。其中前内插袋长13cm、高8cm。后挖袋开链窗，长16cm、宽1.3cm，袋深8cm。而中格袋则是由上口带拉链的双层袋组成，高16cm。长度与里布下部长度的大小一致。中格袋主要用来盛放化妆包、私人用品等。而中格袋在缝合时夹在两片里布中间，后挖袋做链窗贴皮，其尺寸是在链窗的尺寸基础上，周围加放2cm，四角修成圆角即可。

三、包体结构及部件设计

包体结构主要由前后幅和包底部分组成。内里结构前片设计前插袋，后片设计后挖袋，在两片内里之间夹缝中格袋。

1. 包体造型设计

此款包的设计风格偏休闲，前后幅采用褶皱工艺与椭圆形的包底相结合，造型简单大方。在包体两侧设计耳仔，可以配长带和短带，配长带时斜挎使用，包体自然随意、富有休闲感；配短带时单肩背，包体小巧精致、优雅大方。

2. 前后幅褶皱的设计

为了增大包体的容积和休闲感，在前后幅的下部均匀分布四个褶皱。由于包体体积偏小，所以褶皱设计不宜过大、过多，褶深在1.5cm左右。这样环绕底部前后共8个褶皱，均匀分布使得整个包体底部向外凸出，包体的容积自然增大。

3. 椭圆形底部的设计

在包底式的包体结构中，包底的形状和尺寸决定着包体整体的造型和尺寸，所以应根据包体的设计风格和佩戴方式来设计包底的形状和尺寸。此款包的休闲风格和斜挎佩戴方式就决定了包底应该为椭圆形，区别于两端由两个半圆形组成的椭圆包底。前者包体形态自然、较为随意；后者则略显规矩，缺乏流畅、休闲的气息。此款包底趋于圆形，增加其休闲、优雅的意味。

4. 前内插袋设计及后内挖袋设计

与前几款包体一样，前内里上有内插袋，通常采用双层里布做成手机袋和钥匙袋一体的结构。后挖袋一般设计在后内里上，其位置根据包体的大小尺寸来定，此款包的后内挖袋距上口边7cm左右。

四、包体各部件样板的制作

包体样板包括包底、前后幅、内里、前内插袋、后内挖袋、中格袋、链窗贴皮、上口贴皮以及耳仔、包带、拉链拉牌皮等零部件。应该最先出包底的样板，其次出前后幅的样板，而其内里的样板则根据成品包的前后幅和包底组合后的形状来制作完成。

1. 椭圆形包底的样板

在此包体中包底为基础部件，根据包体尺寸要求进行制图，步骤具体如下（图4–37）：

（1）先用刻刀比着钢板尺在样板纸上画一条竖直线的印记，作为对称线。

（2）作此对称线的垂线，作为椭圆形包底相互垂直的中心线。

（3）在中心线的水平方向和垂直方向分别截取椭圆半侧长径为9cm、短径为6cm，定为M_1、N_1点，根据所设计的椭圆形状来连接M_1、N_1两点，使其成为1/4的椭圆形，切记与中心线相接处应较为饱满。

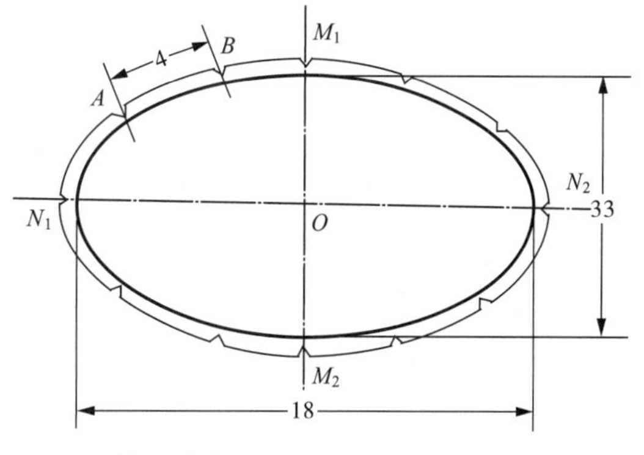

图4–37　椭圆形包底样板

（4）将1/4的椭圆形进行三等分，每等分弧长约4cm，定为A、B点，并作褶皱标记，同理对称作出椭圆形的其余部分。

（5）同时在周边加放0.8cm的缝份，同时做出中点、褶皱位置的牙口标记。

2. 前后幅的样板

前后幅是整个包体外部主要部件，其下部尺寸根据包底一半椭圆形以及褶缝深度来确定，其具体的制图步骤如下（图4–38）：

（1）先用刻刀比着钢板尺在样板纸上竖着画一条印记，作为对称线。

（2）在此对称线上垂直方向，截取K、M_1为包体中间高度23cm。

（3）过K、M_1点作中心对称线的垂线，分别为前后幅的上底边和下底边。上底边即在K线上截取包体上底边长KC_1为32cm，半侧长为16cm。

（4）在下底边M_1线上截取M_1B_1长度与包底制图上M_1B的长度一致，再向前截取B_1B_2为前后幅褶深的2倍，即3cm；同理再向前截取$B_2A_1=BA$，A_1A_2=3cm，直到A_2N_1与包底上AN_1一致。

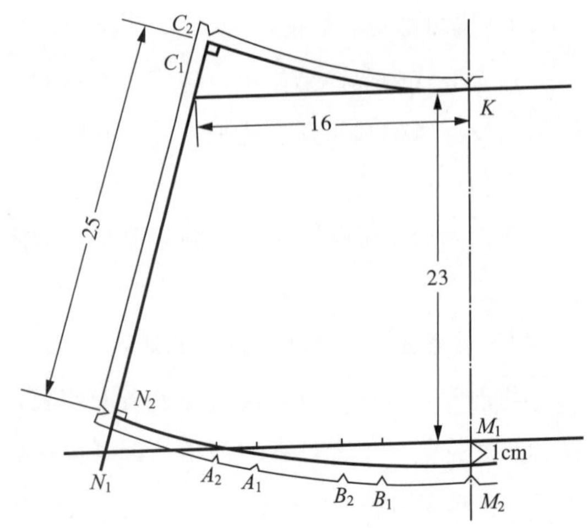

图4-38　前后幅样板

（5）将N_1点向上抬高使得N_2点处与N_1C_1线垂直，如不垂直会导致包体缝合后两角处不平整，出现向上或向下翻翘的现象。

（6）再将M_1点沿中心线向下放出抛位1cm左右，定为M_2点，这样做可以使包体扇面与包底缝合时过渡流畅，缝合效果平整，还可以使得包体中心高度增加，成品包前后幅下部自然向外凸出，形态自然美观。重新修整前后幅的下底边，使其两边都垂直，弧线饱满顺畅，并重新标记B_1、B_2、A_1、A_2点。

（7）同理将上底口边缘也要向上抬高，使其达到侧面高为25cm定为C_2点，弧线连接C_2K点使其与N_1C_1线垂直，道理与下底边相同。

（8）最后，上底边加放1cm折边量，两侧与下底边加放0.8cm的缝份，并做出褶位、中点、缉缝的剪口标记即可。

3. **内里样板的制作**

通常情况下，内里样板一般是在面样板的基础上变化而来，但对于面样板分割复杂、较多装饰工艺的情况，内里布常常在面样板的尺寸上重新进行分割，大多情况下，多为两片式，底部做打角处理。要注意的是内里布样板通常比面样板较大一些，这样避免承重时包体因里布小而产生变形。其具体的制图步骤如下（图4-39）：

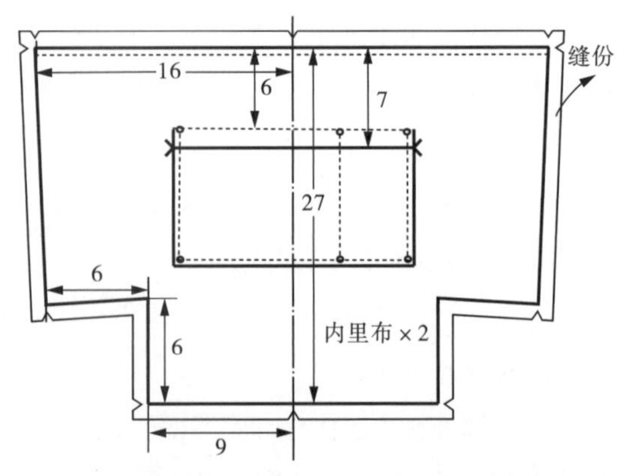

图4-39　内里样板

（1）先用刻刀比着钢板尺在样板纸上竖

着画一条印记，作为对称线。

（2）截取包体的高度加上包底宽度的一半尺寸，同时再减去上贴片的宽度，即27cm。

（3）同理，在上底边截取半侧长为16cm，而下底边的长度则是由包底的1/2长度加上1/2宽度，即15cm，因此得一个上宽为16cm，下宽为15cm的半侧梯形。

（4）由两脚处向里和向上分别截取6cm的厚度量，做出一个直角切角。

（5）修正切角的轮廓与侧缝线和底轮廓线相互垂直，故得到的切角应略小于直角。

（6）最后在周边加放0.8cm的缝份，同时做出中点和缉缝的剪口标记。

（7）同时在内里样板上向下6cm左右做出前插袋的位置，一般后挖袋链窗比前插袋略低1cm左右，同样需要标记中格袋的缝合位置（根据中格袋的高度来确定其缝合位置）。拉链长为14cm，宽为1.3cm。

4. 前内插袋及链窗贴皮的样板

（1）内插袋样板的制作：内插袋一般采用双层里料，样板的制作步骤如图4-40所示。

①先确定内插袋的尺寸，长为13cm，高为10cm左右。

②由于上边口为对折线，总高度为20cm。

③四周加放折边量1cm，折回里层的部分不用加放量，但边口处做出30°的倾斜角。

（2）链窗贴皮样板的制作：链窗贴皮在拉链窗的周边加放1.5cm的边量，四周修成圆角即可（图4-41）。

5. 上口内贴皮样板的制作

内贴皮样板的制作步骤如下（图4-42）：

（1）按照前后幅样板的上口处的形状截取高度为3cm的内贴皮即可。

（2）上边口处加放0.8cm的折边量，下边口加放1cm的拼接量，左右两边加放1cm的缝份。

（3）做出中点以及缉缝的剪口标记。

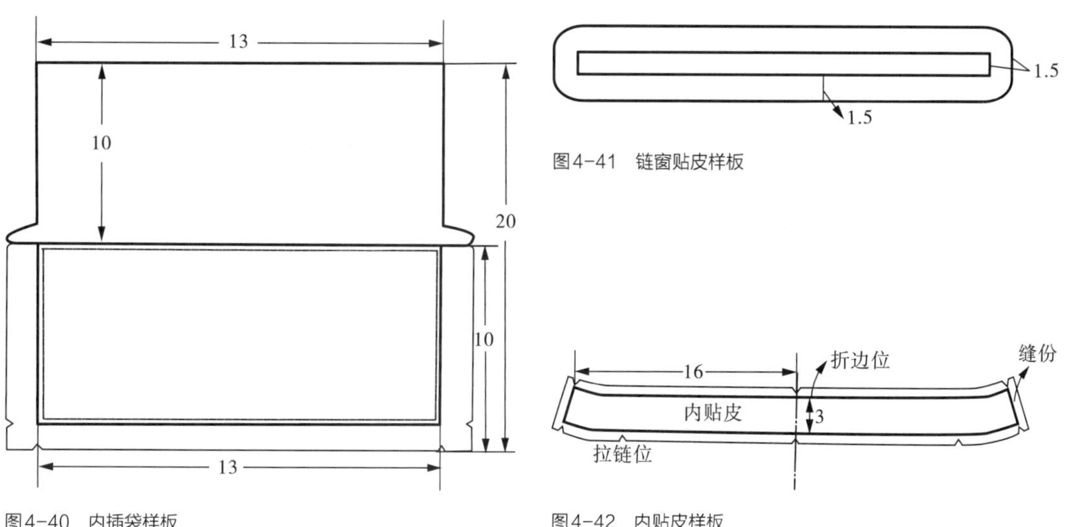

图4-40　内插袋样板

图4-41　链窗贴皮样板

图4-42　内贴皮样板

第六节　女翻翘式包底单肩包的结构设计与制板

在各种包体结构中，包底作为箱包结构中重要组成部分，其结构变化对于包袋的整体形态影响比较大。常见的形态变化主要有两个方面：一是包底的基本形状变化；二是包底与其他部件的结合形态变化。常见的包底形状大致可以分为三大类：长方形或是四周带圆角的长方形包底、椭圆形或圆形包底、从底部向两侧延伸的包底。包底形状的不同，其前后幅常用的工艺也有所不同。

此款包的包底与上一款包不同的是向两侧延伸了一定的高度（图4-43）。这种延伸变化打破了以往的拼接关系，使得包体结合形态与众不同。同时，原来延伸到侧面的前后幅现在被从底部延伸上来的包底所取代，故而在前后幅的制图中要去掉包底延伸的部分，剩下的部分才是前后幅真正的形态，前幅可以堆褶处理，也可以做成平面直接压缝处理。

图4-43　成品包图

一、包体结构分析

通过成品实物图片以及三视图对于包体的结构和部件组成从其结构类型、部件相接关系以及佩戴方式上进行分析，以此来掌握此类包的结构设计和样板制作的技术要领（图4-44、图4-45）。

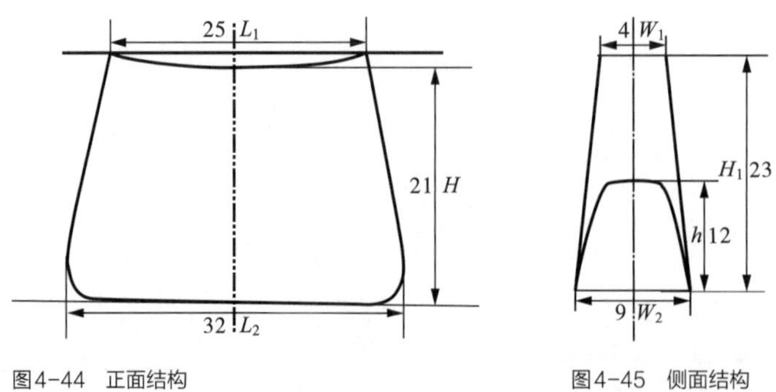

图4-44　正面结构

图4-45　侧面结构

1. 结构类型

此款包是由前后幅和包底构成的包体结构，其基础部件为包底，所以包底的形状和尺寸决定了包体的整体造型和尺寸大小。与上款不同的是包底向两侧延伸形成了包体侧面的一部分，侧面的上半部分仍由前后幅弯折至侧面组成。

2. 佩戴方式及开关方式

此款包的佩戴方式有斜挎和单肩背两种形式。由于包体小巧、轻盈、简洁大方；斜挎佩戴时也不会显得臃肿和累赘。

此包同样采用拉链的开关方式，一般在包体的上口部位设计有内贴条来与拉链结合。

3. 部件组成

此款包结构相对来说较为简单，外部部件由包底、前后幅以及上口的内贴条组成。前幅从中间断开，采用反缝工艺。后幅为一整片，并设计有后挖袋；内里前片有前内插袋，后片设计一个挖袋。同时，手挽在两端装上按扣，与耳仔结合时向外反折扣上，这样既可以起一定的装饰作用，同时也可以方便短带的摘卸。

二、包体尺寸规格的确定

包体尺寸的确定与佩戴方式和使用功能密切相关，同时包体的造型必须与包体的主题风格协调一致。

1. 包体基础尺寸

此款单肩包主要用于日常生活、工作、访客等场合。包体造型简洁大方，上口设计为弧形，成品包上部略显扁平，下部为长方形。包体尺寸表见表4–1。

表4–1　翻翘式包底女单肩包设计尺寸表　　单位：cm

上底长	下底长	中间高度	两侧高度	侧面上宽	侧面下宽	包带高度	向侧延伸高度
25	32	21	23	4	9	24	12

2. 各部件尺寸

此款包部件组成较为简单，其中外部部件主要有前后幅、包底以及上口内贴片构成，上口内贴片长度与包体上口一致，宽度通常为3cm。而内部部件主要由前内插袋、后挖袋和中格袋组成。其中前内插袋尺寸为长13cm，高8cm。后挖袋开链窗，长16cm，宽1.3cm，袋深为8cm左右。而中格袋则是由上口带拉链的双层袋组成，高16cm，长度与里布下部长度一致。中格袋主要用来盛放化妆包、私人用品等，可以与其他物品分开，拿取时比较方便。中格袋在缝合时只需夹在两片里布的中间即可。同时也要做链窗贴皮，其尺寸是在链窗的尺寸基础上四周加放2cm，四角修成圆角即可。

三、包体结构及部件设计

包体结构主要由前后幅和包底部分组成。内里结构前片有前插袋设计，后片有后挖袋设计，在两片内里之间夹缝一个中格袋。

1. 包体造型设计

此款包的设计风格偏休闲，前后幅采用了压缝工艺与椭圆形的包底相结合，造型简单大方，类似于梯形。包底略宽并加了硬衬，因此整个包体有一定的立体效果。在包体两侧设计耳仔，可以配长带和短带两种，配长带时斜挎使用，包体随意自然、富有休闲感；配短带时单肩背，包体小巧精致、优雅大方。同时配有流苏的挂坠，使整个包体显得活泼而时尚。

2. 前后幅的设计

前后幅设计较为简单，将前幅从中间进行分割，并采用压缝工艺，既降低了成本又弥补了整片部件的单调感。同时，包带及耳仔的设计也是前幅的亮点之一。为了增大包体的容积和休闲感，也可以在前后幅的下部设计褶皱，不宜过大、过多，褶深为1.5cm。此款包按照前幅为平面进行制图，如果加褶皱其处理手法与上款包类似，所以在此不再赘述。

3. 包底的形态设计

此款包的包底设计为向两侧延伸，同时为了缝合时平整圆顺，向两侧延伸的部分拐角设计为圆弧形，可以增加其休闲、精致感。

4. 夹层袋的设计

夹层袋设计在前后内里之间，低于包口12cm处，其上口采用拉链进行开合，一般在拉链两端留有2cm的包拉链皮，可以采用里布来制作。其作用是便于物品的分类和拿取。

5. 前内插袋设计及后内挖袋设计

此款包与前几款包体一样，前内里上设计前内插袋，距拉链位置向下8cm左右。后挖袋一般设计在后内里上，其位置根据包体的尺寸确定，此款包的后内挖袋距上口边7cm左右。

四、包体各部件样板的制作

此款包部件组成比较简单，主要由包底、前后幅以及上口内贴条组成，里部件主要有内里布、夹层袋、前内插袋以及后挖袋等组成。

1.包底样板的制作

此款包体包底为基础部件，根据包体尺寸要求进行制板，步骤如下（图4-46）：

（1）先用刻刀比着钢板尺在样板纸上画一条竖直印记，作为对称线。

（2）并作此对称线的垂线，作为包底制图的中心线。

（3）在中心线的水平方向分别截取包底长度的一半M_2N_2，即16cm，在垂直方向截取包底宽度的一半OM_2，即4.5cm，此时形成了一个长为32cm，宽为9cm的长方形。

（4）延长OO_1线至A点，使得O_1A=12cm，即包底向两侧延伸的高度。

（5）依据包体侧面包底延伸时的弧度来连接N_2A点，使得其形状与侧面的形状一致。

（6）同时在周边加放0.8cm的缝份，同时在中点处、N_2点处及拐角处做出剪口标记。

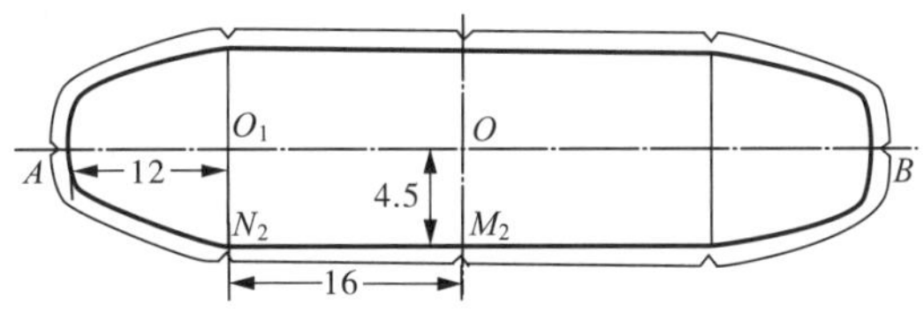

图4-46　包底样板

2. 前后幅样板的制作

前后幅是整个包体外部主要部件，其下部的尺寸根据包底的长度和延伸到侧面的形态来确定（图4-47），其具体的制图步骤如下：

（1）先用刻刀比着钢板尺在样板纸上画一条竖直印记，作为对称线。

（2）并在此对称线上垂直方向，截取M、M''为包体中间高度21cm。

（3）过M、M''点作中心对称线的垂线，分别为前后幅的上底边和下底边。上底边即在M''线上截取包体上底边长的一半$M''K$12.5cm。

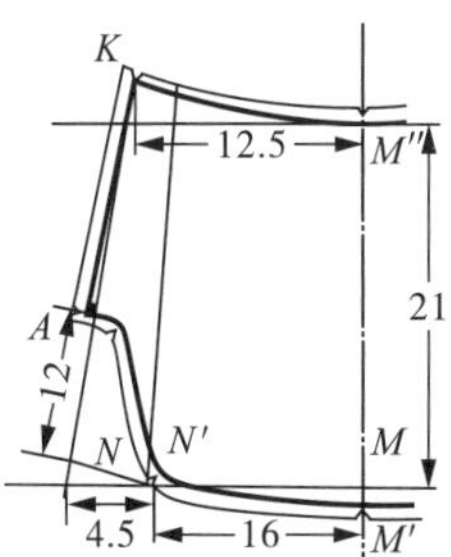

图4-47　前后幅样板

（4）在下底边M线上截取MN长度与包底制图上M_2N_2的长度一致，再沿着下底边线向前截取包底宽度的一半4.5cm定为N点，连接KN，并将N点向上修垂直定N'点。

（5）再沿着N'点向上截取$N'A$等于包底向侧面延伸的高度12cm，并将A点修垂直，比照着包底样板两端的弧线，连接AN'弧线。

（6）再将M点沿中心线向下放出抛位1cm左右，这样做可以使包体前后幅与包底缝合时过渡流畅，缝合效果平整，又能使包体中心高度增加，成品包前后幅下部自然向外凸出，形态自然美观。重新修整前后幅的下底边，使其两边都垂直，弧线饱满顺畅。

（7）将下底边的N'点附近修成与正视图一致的圆弧线，新的下底边为弧线$AN'M'$。

（8）同理将上底口边缘向上抬高使其达到侧面高度23cm定为K_1点，弧线连接K_1M''点使其与KN线垂直。

（9）最后，上底边加放1cm折边量，两侧与下底边加放0.8cm的缝份，并做出圆弧拐角、中点、缉缝的剪口标记。

3. 中格袋和内贴皮样板的制作

中格袋在边口处缝合衬料或双层里料设计以此达到硬挺的效果，中间有拉链位，两端各有2cm左右宽的拉链尾皮，将拉链平整地缝合在中格袋的中间位置。

（1）中格袋样板的制作：具体步骤如下（图4-48）：

①先确定中格袋的尺寸，长度为包体的长度32cm。

②由于上边口为双层里料，故总高度为18cm。

③除上口外，三周边均加放1cm左右的缝份，并在上口边做出拉链的缝合位置标记。

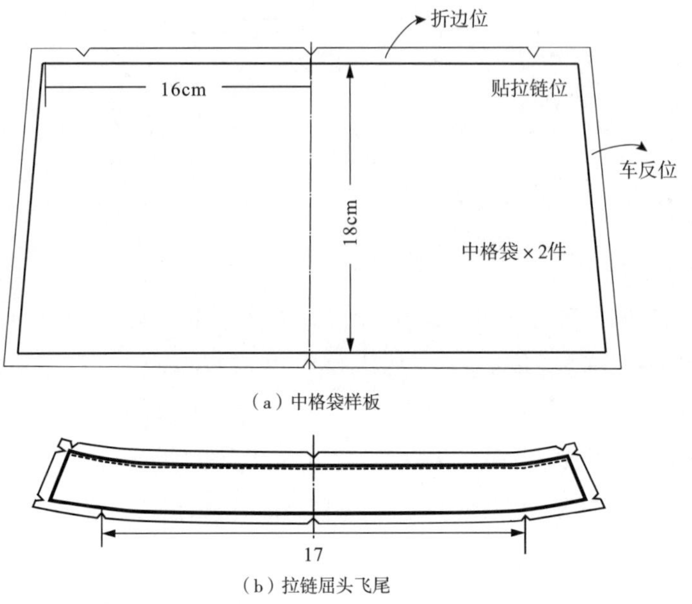

（a）中格袋样板

（b）拉链屈头飞尾

图4-48　中格袋和内贴皮样板

（2）内贴皮样板的制作步骤如下。

①按照前后幅样板的上口处的形状截取高为3cm的内贴皮即可。

②上边口处加放0.8cm的折边量，下边口加放1cm的拼接量，左右两边加放1cm的缝份。

③做出中点以及缉缝剪口标记。

4. 内里样板的制作

此款包的内里同样采用两片式，底部做打角处理。同样内里布比面板布大一些，其具体的制图步骤如下（图4–49）：

（1）先用刻刀比着钢板尺在样板纸上画一条竖直印记，作为对称线。

（2）截取高度为包体的高度加上包底宽度的一半尺寸，同时再减去上贴片的宽度，即23cm，并分别作对称线的垂线。

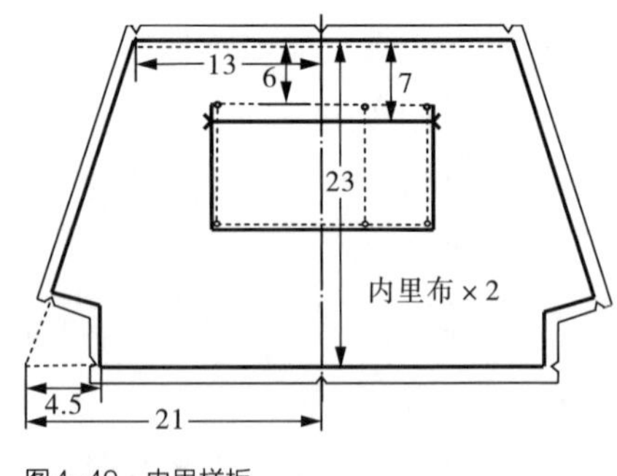

图4–49　内里样板

（3）同理，在上底边截取半侧长13cm，而下底边的长度则是由包底的半侧长度加上半侧宽度，即21cm，因此，得到一个上宽13cm、新的下宽21cm的半侧梯形。

（4）由两脚处向里和向上分别截取半侧宽度4.5cm的厚度量，做出一个直角切角。

（5）修正切角的轮廓与侧缝线和底轮廓线相互垂直，因此，得到的切角应略大于直角。

（6）最后在周边加放0.8cm的缝份，同时做出中点和缉缝的剪口标记。

（7）在内里样板上向下6cm左右做出前插袋的位置，一般后挖袋链窗比前插袋略低1cm左右，同样需要标记中格袋的缝合位置（根据中格袋的高度来确定其缝合位置）。

5.前内插袋及后挖袋里布样板的制作

（1）内插袋样板的制作：内插袋一般采用双层里料，样板的制作步骤如下（图4-50）：

①先确定内插袋的尺寸，长为13cm，高为10cm左右。

②由于上边口为对折线，总高度为20cm。

③四周加放折边量1cm，折回里层的部分不用加放量，但边口处做出30°的倾斜角。

（2）后挖袋里布样板的制作：后挖袋里布的样板如图4-51所示，后挖袋里布在拉链窗的基础上两端加放1.5cm的边量，袋深7cm，即可得到一个长为19cm，宽为7cm的长方形。由于采用双层划料，再加上1cm的缝份，故得到一个长为19cm、宽为16cm的长方形，并标记缝线位置。

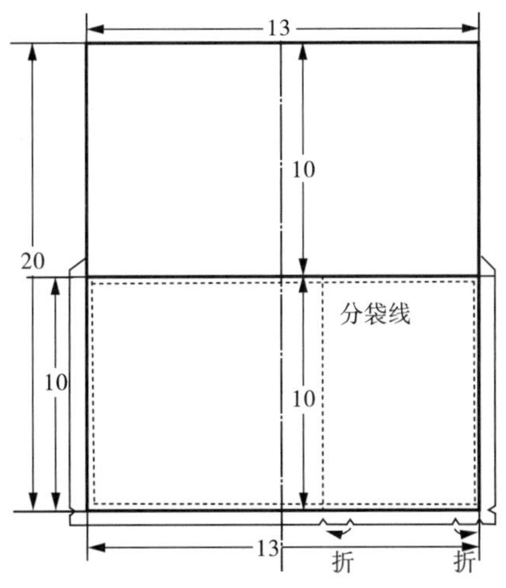

图4-50　内插袋样板

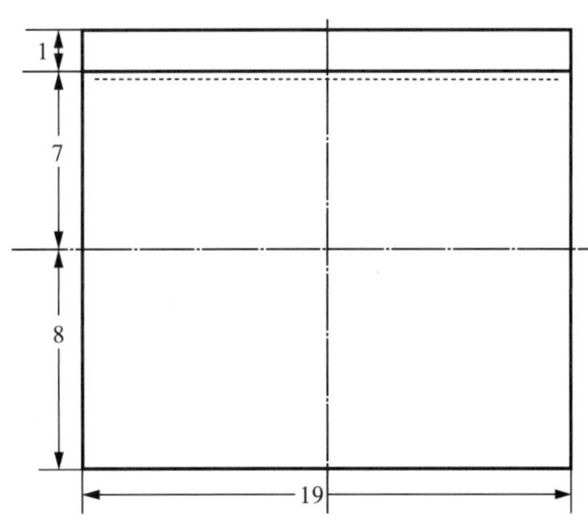

图4-51　后挖袋里布的样板

第七节　女凸出式堵头手拎包的结构设计与制板

堵头又称“横头”，指的是包体两侧的部件。堵头作为包体中起着重要作用的部件，其形态变化直接决定着包体造型和结构。在众多女包中，由前后幅和堵头构成的包体种类较多，结构变化十分丰富。这一类包体的结构特点是由前后幅构成了整体的大身，其大身围绕堵头进行缝合而成。所以，堵头的造型变化直接决定着整个包体的造型及体积容量。包体的宽度是由堵头下底的宽度所决定的，因此，堵头式包体要比两片式包体的容积更大一些。毋庸置疑，堵头是该结构的基础部件，也是最重要的部件。在制板时，首先应确定堵头的样板，再根据堵头样板确定前后幅及其他部件的尺寸。

堵头的形式较为丰富，分类也多种多样，常见的主要有以下为三种类型，其中按款式造型分为U形、矩形、椭圆形、梯形、不规则形体等；按形态结构来分为嵌入式、平板式、凸出式等；按层次分有单层式、多层式等（图4-52）。将包体的前、后幅和堵头进行分别设计，形成相对独立的包体部件。“U”形的造型多与扇形前后幅相结合，而矩形的堵头则相对正式大方，椭圆形及不规则的造型则相对活泼，比较适合时装包的特点进行设计。

（a）“U”形堵头

（b）嵌入式堵头

（c）多层式堵头

图4-52　堵头式包

一、包体结构分析

此款包主要采用延长拉链的结合位置直到堵头部件，以此来增加包体开口宽度，同时实现包体堵头向外凸出的造型变化。这样既增大了包体的开口宽度，又丰富了包体的造型变化，形成了凸出的堵头设计（图4-53、图4-54）。

通过对实物图片再重点从其结构类型、部件相接关系以及佩戴方式上进行分析，以此来掌握此类包的结构设计和样板制作时的注意事项。

1. 结构类型

此款包是由前后幅和堵头构成的包体结构。基础部件为堵头，所以堵头的形状和尺寸决定了包体的整体造型和尺寸。堵头的凸出造型中间缝合拉链的弧度有直接关系，弧度越大，其堵头凸出越明显。同时还要注意与前后幅在拉链缝合处进行圆顺连接，避免造成拉链在开启过程中不够流畅而影响包体的使用功能（图4-55）。

图4-53　凸出式堵头成品包

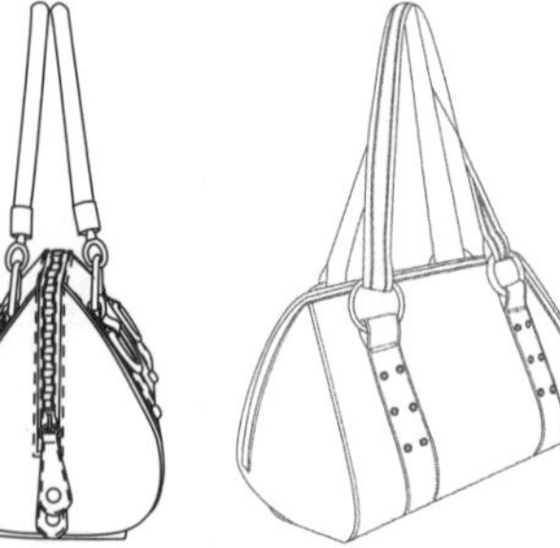

图4-54　包体的侧视图

图4-55　结构图

2. 佩戴方式及开关方式

此款包适合手拎或单肩佩戴，配以漆皮材质，手拎时简洁大方，时尚大气。单肩佩戴时也显得精明干练，时尚感十足。

其开关方式采用拉链式，既方便、严密又可以在拉链头上配以金属拉牌，以此提高整体的时尚感。

3. **部件组成**

此款包结构简单，主要由上口为弧形的堵头、梯形的前后幅以及长方形的包底组成，前幅采用镶有金属泡钉的条带作为装饰。后幅在相同的位置直接做一个耳仔即可，并设计有后挖袋。前后幅既可以设计为两片，在底部中缝处合缝即可；也可以设计为一个整体大扇，这样可以简化制作过程，做好包底部件的缝合位置标记即可。内里采用与面样板一致的分割形式，将面部和内里先缝合为一整体，在缝合拉链时实现面里的结合。内里前片设计前内插袋，后片设计挖袋。同时，手挽与条带耳仔采用金属圆环连接，起到一定的装饰作用，提高包袋的时尚感和档次。

二、包体尺寸规格的确定

确定包体的尺寸主要从包体的功能、使用场合以及佩戴方式考虑，同时必须考虑包体的整体造型与主题风格相协调一致，以此来更好地满足消费者实用和审美的需求。

1. **包体基础尺寸**

此款包属于半定型包结构，以亮色漆皮为主要材质，包体底部采用较厚的皮糠作为衬料，整体显得非常有型。设计为类似于半圆形的造型，成品包上部饱满圆润，底部为长方形。其中包体上口长24cm，下底长30cm，包体中间高度28cm，包体侧面下宽为16cm，包体侧面上宽约为拉链的宽度，可以忽略不计。拉链的两端在堵头的宽度中线上，距堵头底部为7cm，堵头向外凸出约7cm。在包体底部做包底结构，其中长30cm，宽12cm。装饰条长16cm，宽3cm，手挽的长度50cm左右，该款设计尺寸见表4-2。

表4-2　凸出式堵头女手拎包设计尺寸表

单位：cm

上口长	下底长	包体高	侧面下宽	包底长／宽	包带长／宽	堵头凸出宽	装饰条长/宽
24	30	18	16	30／12	50／2.5	7	16/3

2. **各部件尺寸**

此款包部件组成较为简单，主要由前后幅、堵头以及包底构成，堵头与拉链相接处采用弧线分割，使得闭合拉链后，弧度自然流畅。堵头由于上部宽度收紧为拉链的宽度而向外凸起。内部部件主要由前内插袋和后挖袋组成。其中前内插袋长13cm，高8cm。后挖袋开链窗，长16cm，宽1.3cm，袋深8cm。同时也要做链窗贴皮，其尺寸是在链窗的尺寸基础上四周加放2cm，四角修成圆角即可。

三、包体结构及部件设计

1. 包体造型设计

此款包属于半定型包，半硬结构，其设计风格偏正式一些，以亮色漆皮为主要材质，包底采用较厚的皮糠衬料，造型简单大方，类似于半圆形。主要用于职场活动、工作、访客等较为正式的场合。包底在整个结构中起支撑作用，故而整个包体有一定的立体效果。在包体堵头设计时，采用拉链将其变成下宽上窄，自然的弧度将其收紧为圆润凸出的结构，这种变化既丰富了包体的造型变化，又让整个包体看起来简洁而不失时尚。

2. 前后幅的设计

前后幅的设计决定了包体风格特点，简单大方。将连接手挽的耳仔与前幅的装饰设计为整体，既起到装饰美化的作用，又巧妙地连接作用，让包带及耳仔成为前幅的亮点之一。同时采用具有造型变化的金属耳仔作为装饰，漆皮材质配上金属的耳仔，再配以立体感极强的编织手挽，让整个包都显得时尚精致、高贵脱俗。

3. 堵头的形态设计

在以堵头为主要部件的包体结构中，堵头的形状和尺寸决定着包体外部造型和尺寸。所以应根据包体的风格特点和造型变化来设计堵头的形状以及尺寸。此款包的堵头设计为上部凸出的形态，并与前后幅形成流畅圆润的半圆形结构，使整个包体造型显得新颖独特。

4. 包底部件设计

包底部件作为此款包的次要部件，主要起到定型、支撑的作用。其形态和尺寸主要由扇面和堵头的宽度决定，采用常规的长方形包底即可。

5. 前内插袋设计及后内挖袋设计

通常大多数包款在前内里上都设计前内插袋，其位置在前内里的中心线向下7cm，通常采用双层里料结构。后挖袋一般设计在后内里上，其位置在后片的中心线上距上口边6cm。

四、包体各部件样板的制作

此款包的部件组成由堵头、前后幅以及上口内贴条组成，里部件由内里布、前内插袋以及后挖袋等组成。堵头的制板相对比较复杂，需要采用不织布不断地进行试板、修改，选择堵头上部与拉链相接处合适的弧度，才能保证堵头向外凸出的程度和位置。以此来达到与前后幅形状协调形成饱满圆润的半圆形造型。

1. 堵头样板的制作

此款包体堵头为基础部件，所以首先要调整试制好堵头的形状，根据包体尺寸要求进行制图，步骤如下（图4–56）：

（1）先用刻刀比着钢板尺在样板纸上画一条竖直线的印记，作为对称线。

（2）并作此对称线的垂线，作为堵头制图的中心线，中心点为O点。

（3）在中心线的水平方向截取堵头的半侧宽度为8cm，定为L点，并过L点作中心线的平行线。

（4）在此平行线上，向上截取堵头的高度等于包体的高度18cm，定为M点，并连接成长方形。再将长方形底部的两角修改成半径为2cm的圆弧。

（5）同时，在中心线上向上截取堵头拉链位置高度7cm，并与长方形的上顶点弧线连接，其弧度根据经验要求圆润饱满，与顶点相接处尽量平缓一些，这样便于与前后幅过渡圆顺。

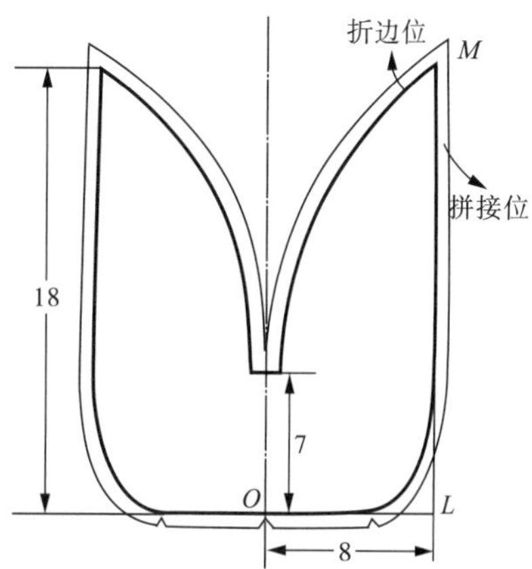

图4-56　堵头的样板

（6）按照要求与拉链相接处（弧线位置）需加放1cm折边量，堵头周边与前后幅相接处加放0.8cm的拼接量，并根据包底的宽度做出包底位置、中点的剪口标记即可。

2. 前后幅样板的制作

前后幅为梯形结构，其中前后幅的下底长度由包体的长度来决定，梯形前后幅的斜边长度都由堵头的周边长度来决定，也就是说前后幅的梯形斜度主要根据堵头的形状和尺寸来设定。在制图过程中，我们可以直接量取堵头的周边长度用于前幅的制图中，以此来保证部件之间完美地相接。其主要的制图步骤如下（图4-57）：

（1）先用刻刀比着钢板尺在样板纸上画一条竖直线的印记，作为对称线。

（2）并作此对称线的垂线，作为前幅制图的中心线，其中点定为O点。

（3）在中心线的水平方向截取前后幅的半侧长度为15cm，定为L点；过L点作中心线的平行线，向上截取包底的半侧宽度为6cm，定为M点，沿中心线O点向上6cm定O_1点。此款包前后幅在底中线上合缝，再将包底直接贴缝在上面。所以，在前后幅的制图时，也包括了包底的部分。

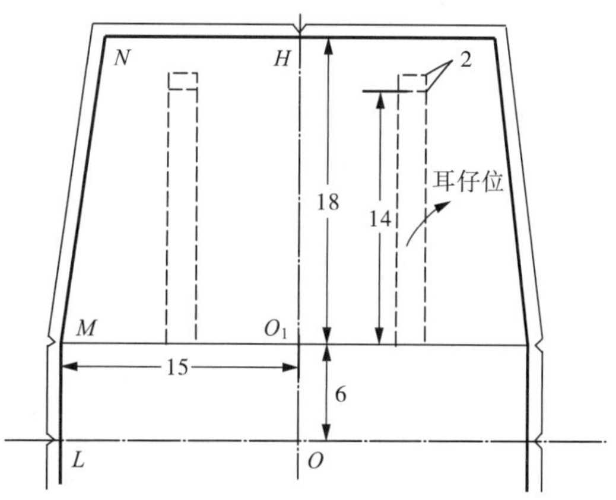

图4-57　前后幅样板

（4）在中心线上，O点向上截取前幅的总高度为包底的半侧宽度与包体高度之和，一共为24cm，定为H点，同时，过H点作中心线的垂线。

（5）过L点向上截取LMN的总长度与堵头半侧周长一致，保证N点正好落在H点的垂线上，即保证HN线与中心线垂直。这样既可以找到N点的位置，又能保证LMN线的长度与堵头长度一致。确定了N点才能确定包体上口的长度（注意切勿先确定包体上口的长度，再确定N点，这样很难保证前后幅与堵头的长度一致，导致包体缝合扭曲影响外观）。

（6）在O_1M线的1/2位置处确定装饰条的位置，装饰条宽2.5cm，高14cm，直接与耳仔连为一体，耳仔长2cm，这样便于后幅耳仔位置的确定。

（7）前幅上口边缘和两侧边缘都加放1cm折边量，同时做出包底位置、中点以及耳仔位置标记即可。

3.装饰条及耳仔样板的制作

（1）装饰条的样板的制作步骤如下（图4–58）：

①根据其尺寸要求，作一长14cm，宽2.5cm的长方形，在长度方向延长5cm，作为耳仔部分。

②长度方向加放1cm的搭接量，两端加放0.8cm的折边量，并做出耳仔处的折回标记。

（2）耳仔样板的制作：后幅的耳仔要求单独做出样板，长为10cm，宽为2.5cm，两端加放1cm的折边量。缝合时距上端留有2cm的活动量，其余部分用铆钉固定即可。

4.内里样板的制作

此款包的内里样板与面样板基本一致，设计有前内插袋和后挖袋。其样板制作步骤如下（图4–59）：

（1）复制前幅的净样板，在前内里上距上口7cm处设计前内插袋，长15cm，宽10cm。

（2）后内里样板上距上口8cm设计后挖袋，长14cm，宽1.3cm。

（3）上口边缘加放1cm的折边量，其余边缘加放1cm的缝份。

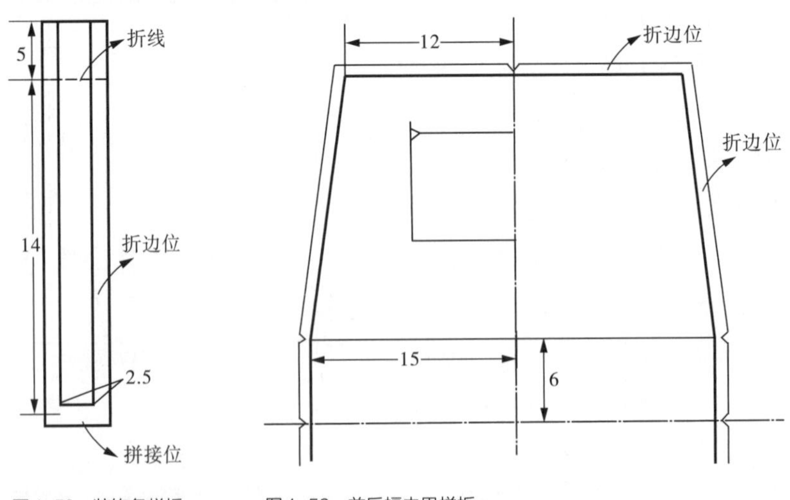

图4–58　装饰条样板　　图4–59　前后幅内里样板

5.堵头内里布样板的制作

在这一款包由于拉链位置直接连接着堵头和前后幅两个部件，所以，里布的分割就必须与面样板一致，前后幅和堵头都有各自独立的里布，但在工艺制作时，面部件和里部件各自缝合成一个完整的包体，在连接拉链时，同时将面里结合在一起。

所以，堵头的内里样板同面样板一致，弧线处加放1cm的折边量，其余周边加放1cm的缝份即可。

6.前内插袋及后挖袋里布样板的制作

（1）内插袋样板的制作：内插袋一般采用双层里料，样板的制作步骤如下（图4-60）：

①先确定内插袋的尺寸，长13cm，高10cm左右。

②由于上边口为对折线，故总高度为20cm。

③四周加放折边量1cm，折回里层的部分不用加放量，但边口处做出30°的倾角。

（2）后挖袋里布样板的制作：后挖袋里布在拉链窗的基础上两端各加放1.5cm的缝边量，袋深为7cm，制作步骤如下（图4-61）：

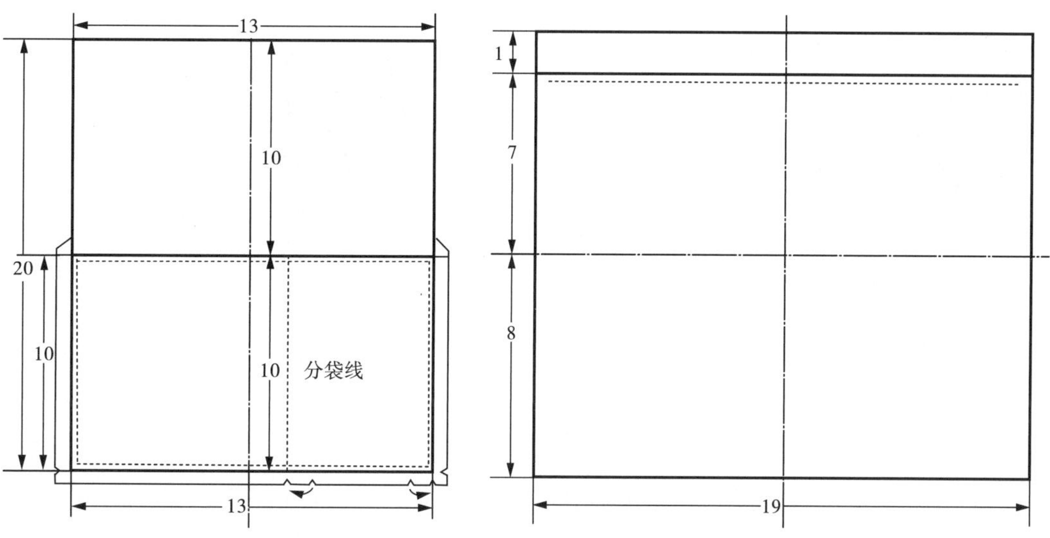

图4-60　内插袋样板

图4-61　后挖袋里布样板

第八节　女底围式斜挎包的结构设计与制板

底围又称为墙子，指的是从底部环绕一周的部件，它可以组成包体的底部、侧面以及上面部分。根据其所组成部分的不同大致可以分为三种类型：

侧围（上部墙子）——围绕前后幅，同时形成包体的侧面和上部的部件（图4-62）。

底围（下部墙子）——围绕前后幅，同时形成了包体的侧面和底部的部件（图4-63）。

大身围（环形墙子）——围绕前后幅一周，形成了包体的上部、侧面和底部（图4-64）。

这些部件可以是一个整体，但更多的时候由于所在位置的不同而进行分割，由两到三个部件组成。而在工艺缝制时，先将其结合成一体，再统一与前后幅相结合。

图4-62 侧围成品包

这一类包体是由前后幅和底围构成的包体结构。这种结构在男式公文包、职业包、旅行包、休闲包中运用较为普遍。由于底围在缝合时要围绕前后幅一周，所以这类包体的前后幅拐角多呈圆弧形，这样既方便工艺操作，又可以丰富包体的形态。

图4-63 底围成品包

图4-64 大身围成品包

此类型包体的造型主要取决于前后幅的形状和尺寸，所以前后幅为基础部件。在样板制图过程中，首先进行前后幅的制图，确定其形状和规格，再根据其尺寸进行底围的制图。前后幅的周边尺寸直接确定了底围的总体长度。

包体的造型由前后幅的形状和规格来决定，其前后幅的形态主要从以下几个方面进行考虑：一是前后幅的形状变化；二是前后幅的组合变化，如形状的组合、前后幅规格的变化；三是前后幅与其他部件的组合，如前后幅与包盖的组合、前后幅和包底的组合等；四是前后幅层次及结构线的变化，如通过分割、拉伸、起皱等形式来丰富前后幅的结构变化。常见的前后幅形状有长方形、梯形、类三角形、圆形及半圆形，还有各种圆角的弧线变形等形式。

包体风格特点的不同，前后幅的变化形式也不同。例如，由前后幅和底围构成的箱包中，由于其使用场合和主题风格的限制，所以这一类包的前后幅形状为长方形、半圆形或者椭圆形等，组合形式上与包盖进行组合搭配。而男式公文包虽然形式上也属于由前后幅和底围所构成的包体结构，但其前后幅主要是长方形加圆角的形式。组合形式多为带盖式包体，根据包盖的长短可以分为长盖式、中盖式、短盖式三种类型。由于其使用功能的不同，公文包主要在于内部结构的变化，常见的公文包大致有3~4层结构，如前插袋、后插袋、插卡袋以及笔记本隔层等。环形底围式是旅行包最常采用的结构形式之一，由于它造型美观、盛物性能好以及便于携带等特点，一直深受消费者的青睐。环形底围的结构使得包体开启方便，能够盛放更多的物品，便于携带出行，所以大多数的旅行包和较大的公文包多采用这种结构类型。

本节以前后幅和底围构成的手拎包为例，重点讲解前后幅及底围的造型变化以及样板制图的技巧和方法。

一、包体结构分析

1. 结构类型

此款包是由前后幅和底围构成的包体结构。其基础部件为前后幅，其形状和尺寸直接决定了包体的整体造型和尺寸。底围的宽度只是影响包体的侧面宽度，底围的长度则是由前后幅的尺寸来决定的。所以在包体制图时，应首先制作前后幅的样板，再根据其尺寸制作底围的样板，上口贴条根据包体的造型需要和比例确定其宽度即可（图4-65）。

图4-65　包体正视图、侧视图

2. 佩戴方式

此款包结构简单大方，是通勤、逛街、会议等场合上乘之选，整体结构简洁而不失优雅。可以选择斜挎和单肩背两种方式，单肩背时包体轻盈，简洁大方，斜挎佩戴时也不会显得臃肿。

3. 开关方式

此款包采用拉链作为其开关方式，既方便又严密，同时拉牌的设计也可以作为包体很好的装饰。拉链直接设计在包体的最上面，其两端距离包体顶端约为3cm的位置，采用屈头飞尾的形式，这样可以确保包体的开口宽度，使用更加方便。

4. 部件组成

此款包结构并不复杂，外部部件主要由前后幅和底围以及上口贴条组成，前幅采用菱形装饰线作为设计亮点，后幅为一整片，并设计后挖袋。内里基本由前片、后片和夹层袋组成，前片有前内插袋，后片设计一个挖袋，夹层袋上面设计拉链。同时，包带设计有长带和短带两种，方便选择不同的佩戴方式。

二、包体尺寸规格的确定

包体尺寸的确定与包体的佩戴方式和使用功能密切相关，同时包体的造型必须与包体的主题风格相协调一致。

1. 包体基础尺寸

此款女式单肩包，主要用于通勤、访客、会议等较为正式的场合。包体结构简洁，造型精致小巧，风格偏中性，成品包呈方形，同时盛物功能性强。其中包体前后幅上口长22cm，下口长29cm，包体高29cm，侧面下部宽13cm，上部宽6cm，其中包体底部为宽13cm的长方形包底。上贴条宽5cm，长度相当于前后幅上口长度加上侧面上部的宽度，即28cm。

2. 各部件尺寸

此款包主要由前后幅、包底以及上贴片构成，上贴片长度为包体前幅上口长度再加上侧面上口的长度，宽5cm左右。而内部部件主要由前内插袋、后挖袋和夹层袋组成。其中前内插袋尺寸长13cm，高8cm。后挖袋开链窗，长16cm，宽1.3cm，袋深8cm（图4–66）。而夹层袋则是由上口带拉链的双层袋组成，直接贴缝在内里后片上，袋深14cm，与后片的挖袋基本平齐，长度比挖袋两端各长2cm，即20cm。夹层袋主要用来盛放票据、重要物品等，可以与其他物品分开，拿取时非常方便。而夹层袋与后片贴缝形成的较大的贴袋，正好能放钱夹、卡包等物品。在缝合时按照位置贴缝在后片里布上即可。同时要做链窗贴皮和前插袋袋口嵌皮，其尺寸与前面包款相似（图4–67）。

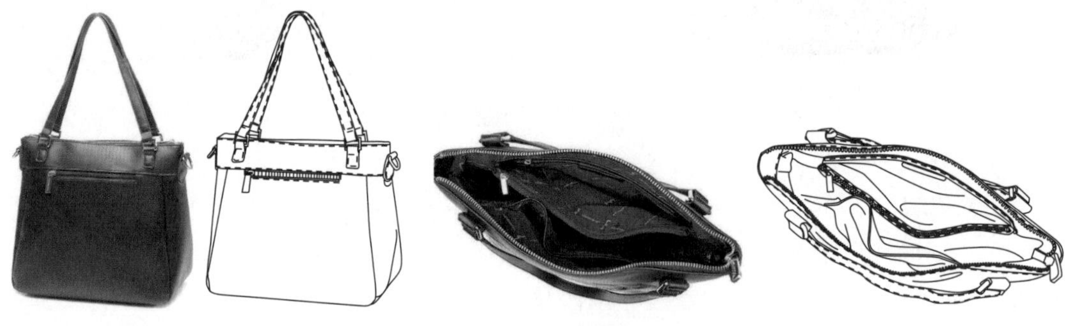

图4–66　后幅拉链袋设计

图4–67　内里结构图

三、包体结构及部件设计

1. 包体造型设计

此款包的设计风格偏中性，前后幅属于梯形结构，只是四周略带圆角，整体造型简单大方。另外包底并加了硬衬，因此整个包体有一定的立体效果。在包体两侧设计耳仔，配长带时斜挎使用。包体小巧精致，优雅大方。同时前幅的菱形方格的装饰设计，使整个包体显得新颖活泼，简洁时尚。

2. **前后幅及包底的形态设计**

前后幅设计较为简单，为了搭配菱形方格的装饰线迹，在前幅上部进行了装饰贴条的分割，配合菱形方格显得富有变化，给人整体感觉精致中透出优雅、沉稳。菱格图案一直都是浪漫、休闲的典型代表，无论是外出会客、逛街还是休闲娱乐都给人一种随心所欲的惬意，为佩戴者增添不一样的气质。

在包体的底部单独分割出包底结构，并装有防止包体磨损的泡钉，使整个包显得精致而时尚。

3. **夹层袋的设计**

夹层袋直接贴缝在后内里的挖袋处，比挖袋略大一些，主要盛放皮夹、钱包等，其作用主要是便于物品的分类放置。其上口采用拉链开闭，一般在拉链两端留有2cm的包拉链皮，可以采用里布来制作。

4. **前内插袋设计及后内挖袋设计**

此款包前内里设计前内插袋，距拉链位置向下6cm左右，通常采用双层里料做成手机袋和证件袋一体的结构。后挖袋设计在后内里上，其位置根据包体的尺寸来定，此款包的后内挖袋距上口边7cm左右。

四、包体各部件样板的制作

1. **前后幅样板的制作**

前后幅作为包体的基础部件直接决定着包体的形态和尺寸，其样板制作步骤如下（图4–68）：

（1）先用刻刀比着钢板尺在样板纸上画一条竖直线的印记，作为对称线。

（2）在对称线上截取前幅的高度为包体的高度减去包体上贴条的宽度，故前幅的高度为24cm，定为M、N点。同时过M、N点作对称线的垂线。

（3）在M线上（前幅下底线）向两端分别截取ML_1等于前幅下底一半的长度为14.5cm，定L_1点。

（4）同理，在N线上（前幅上口线）截取NL_0=11cm，定为L_0点，连接L_0L_1点，形成前幅的梯形形状。

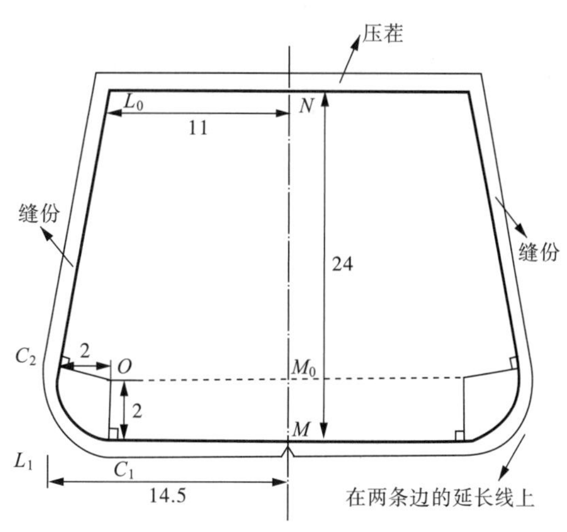

图4–68　前后幅样板

（5）在对称线上从M点向上截取MM_0等于上面圆角的半径2cm，并作前幅下底的平行线，同时从此线与梯形斜边的交点向里量取2cm定为圆弧的圆心O点。

（6）再以O为圆心，以2cm为半径画弧，与梯形的斜边和下底边交于C_1、C_2两点。弧C_1C_2即为前幅的圆角弧线。

（7）图形$MC_1C_2L_0N$即为前幅的半侧制图，在根据对称线画出完整的前幅样板。

（8）最后在周边加放0.8cm的缝份，上口边加放0.8cm的压茬量，同时做出中点、圆角处以及缉缝的剪口标记。

2. 底围样板的制作

底围同样是此款包体的主要部件之一，其宽度直接影响到包体的侧面宽度和容积。底围的长度主要由前后幅的周长来决定的。其样板制作步骤如下（图4-69）：

（1）首先在样板纸上作一条相互垂直的线段作为样板的中心线，其交点为O点。

（2）在垂直方向上截取O_1O_2等于包体的侧面宽度13cm，定O_1、O_2点，同时过O_1、O_2分别作横向中心线的平行线。

（3）其次，在O_1线上截取O_1C_1与前幅制图上的MC_1长度一致，再向前截取C_1C_2与前幅圆角弧度C_1C_2弧长一致；或是用做好的前幅净样板沿着O_1线滚动，直到L_0点，同时标记出C_1、C_2以及底围的端点D点。

（4）再过端点D点作横向中心线的垂线，交点为K点，再以K点为中心，向上下各截取底围上部宽度的一半3cm，定为D、E点。

（5）连接C_2E，图形$OO_1C_1C_2EK$即为底围样板的下半部分，以OK线为对称作出另一半即可。

（6）最后在周边加放0.8cm的缝份，两端加放0.8cm的压茬量，同时做出中点、圆角对接以及缉缝的剪口标记。

3. 上贴条样板的制作

上贴条主要是用于包口部分的装饰，同时也要做出上贴条的衬料样板，以此来保证包口部分的挺括性。其样板制作较为简单，步骤如下（图4-70）：

（1）根据包体的尺寸先计算出上贴条的长度为前后幅上口长度与侧面上部宽度之和，共计28cm，宽度设计为5cm。

（2）在样板纸上作一条相互垂直的线段作为样板的中心线，其交点为O点。

（3）以O点为中心作一个长28cm，宽5cm的长方形。

（4）在长度方向的两边加放1cm的折边量，两端加放0.8cm的缝份，并作出中点标记。

（5）上贴条的衬料样板即为上贴条净样板，不用加放其他加工量。

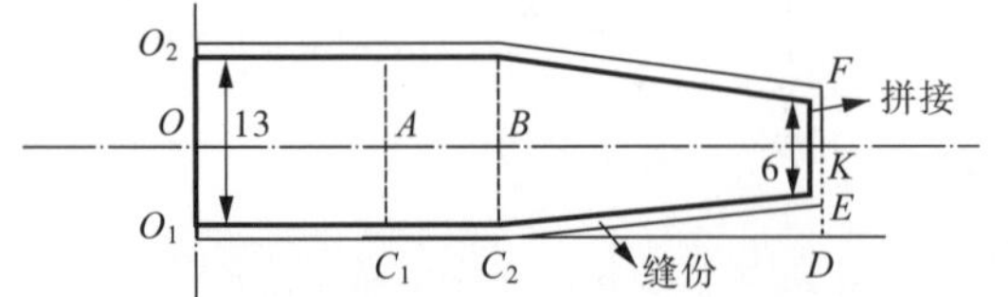

图4-69 底围样板

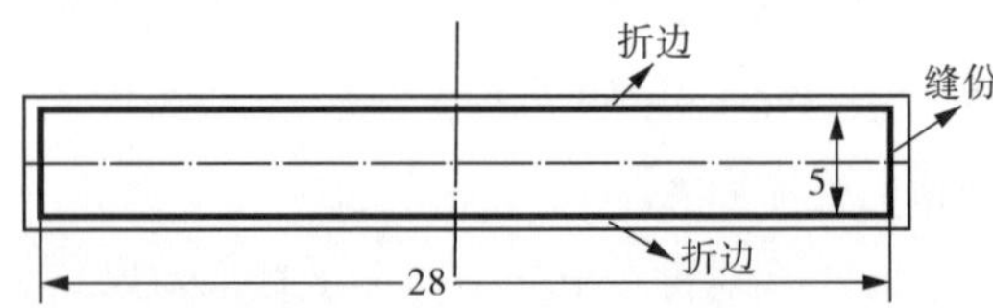

图4-70 上贴条样板

4.内里样板的制作

通常情况下，内里样板是在面样板的基础上变化而来，在面样板上重新进行分割，大多情况下为两片式，底部做打角处理。还应注意的是内里布通常比面样板较大，这样避免承重时包体因里布小而产生变形。具体的制图步骤如下（图4–71）：

（1）先用刻刀比着钢板尺在样板纸上竖着画一条印记，作为对称线。

（2）截取高度为包体的高度29cm，再加上包底1/2宽度3cm，共计32cm，并分别作对称线的垂线。

（3）同理在上底边截取半侧长为11cm，而下底边的长度为前后幅下口长度的1/2，即14.5cm，再加上半侧宽度3cm，即17.5cm，故而得一个上宽11cm，下宽为17.5cm的半侧梯形。

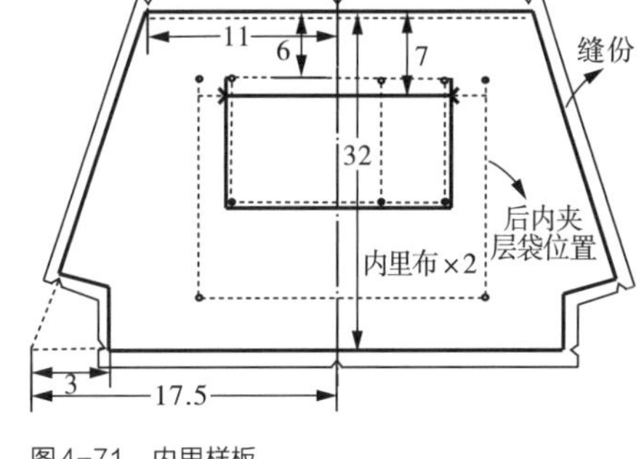

图4–71　内里样板

（4）由两脚处向里和向上分别截取3cm的厚度量，作出切角。

（5）修正切角的轮廓与侧缝线和底轮廓线相互垂直，故得到的切角应略大于直角。

（6）最后在周边加放0.8cm的缝份，同时做出中点和缉缝的剪口标记。

（7）在内里样板上向下6cm左右做出前插袋的位置，一般后挖袋链窗比前插袋略低1cm。

（8）同样需要后内里上标记夹层袋的缝合位置（一般与后挖袋高度平齐，两端各长出2cm即可）。

5.前内插袋及后挖袋里布样板的制作

（1）内插袋里料样板的制作：内插袋一般采用双层里料，样板的制作步骤如下（图4–72）：

①先确定内插袋的尺寸，长为16cm，高为10cm左右。

②由于上边口为对折线，总高度为20cm。

③四周加放折边量1cm，折回里层的部分不用加放量，但边口处作出30°的倾斜角。

（2）后挖袋里布样板的制作（图4–73）：后挖袋里布在拉链窗的基础上两端加放1.5cm的边量，袋深做8cm即可。

（3）链窗贴皮的样板的制作（图4–74）：链窗贴皮在拉链窗的周边加放1.5cm的边量，四周修成圆角即可。

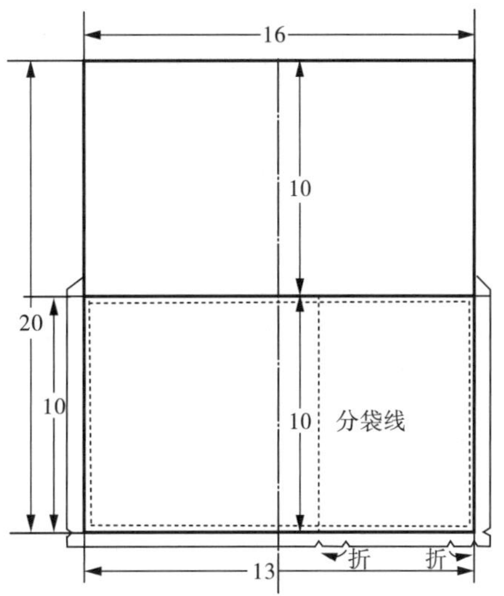

图4–72　内插袋样板

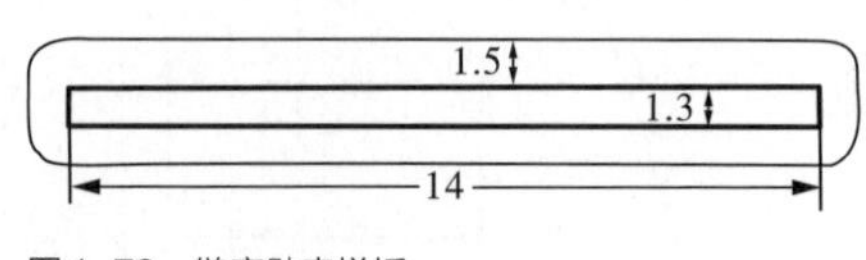

图4-73　链窗贴皮样板

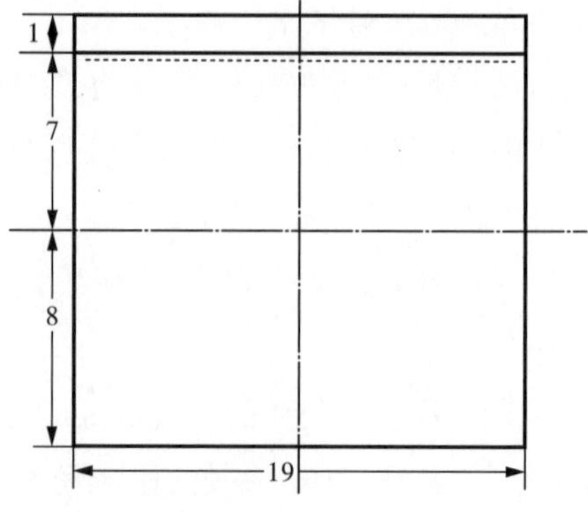

图4-74　后挖袋里布样板

本章小结

- 包体基本结构是构成各类箱包结构的基础。
- 箱包结构设计是按照一定的流程和步骤来完成的过程。
- 箱包结构设计流程具体流程如下：首先根据箱包的设计效果图确定包体的基本结构；然后确定包体的基本尺寸、绘制包体三视图；最后进行各个部件的制图和取板。
- 常见的制板工具有：钢尺、刻刀、切割垫板、铅笔及橡皮、点线器、软尺、锥子、样板纸等。
- 由前后幅构成的打角式和吊角式女包的结构设计及样板制作步骤。
- 起皱式和翻翘式包底斜挎包的结构设计及样板制作过程。
- 凸出式横头手拎包的结构设计及样板制作步骤。
- 根据其所组成部分的不同，底围大致可以分为三种类型：侧围（上部墙子）——围绕前后幅，同时形成包体的侧面和上部的部件；底围（下部墙子）——围绕前后幅，同时形成了包体的侧面和底部的部件；大身围（环形墙子）——围绕前后幅一周，形成了包体的上部、侧面和底部。
- 由前后幅和底围构成的女包的结构设计及样板制作。

思考与练习

1. 根据包体外部组成部件的不同，包体大致可以分为哪几种类型？
2. 箱包结构设计的具体流程分为哪几个关键环节？
3. 由前后幅和底围组成的包体可以分为哪几类？分别是什么？

4．参照样品包，简要阐述其包体结构和组成部件。

5．在根据样品包进行样板制作时，应考虑哪些问题？怎样根据客户的要求制作与样品包尽可能相似的产品？

6．结合市场上常见的女包，阐述女包的包体结构有哪些？选其中你最喜欢的一款进行结构设计和样板的制作。

第五章

常见钱包及男包的结构设计与制板

课题内容：常见零钱包的结构设计与制板，短款钱包的结构设计与制板，双拉式手抓包的结构设计与制板，男式竖版单肩包的结构设计与制板，男式横版公文包的结构设计及制板。

课题时间：20课时

教学目的：培养学生各类钱包及男包的结构设计与制板的能力。

教学方式：以结构设计和样板制作方法为基础，以不同款式的钱包和男包为载体，采用边讲边练，讲练结合的教学方式。

教学要求：1. 了解并掌握常见零钱包、钱包和手抓包的基本结构、部件组成以及尺寸规格。

2. 掌握钱包、手抓包结构设计的方法和样板制作的步骤。

3. 掌握男式竖版单肩包和男式横版公文包的基本结构和部件设计的方法。

4. 能够运用相关知识，进行钱包、手抓包及公文包结构与部件设计的能力及制板能力。

课前准备：1. 垫板、刻刀、钢尺、卷尺、锥子、剪刀等制板工具

2. 白板纸、无纺布、拷贝纸等制板材料

随着社会多元化及差异化的发展，箱包的结构设计也越来越丰富多样。女包比较注重结构造型的变化和装饰工艺的应用，男包则更多的注重其内部功能设计；钱包作为一种特殊功能的手包，也有自己独特的结构类型和内部结构。本章主要以常见的钱包及男包为例，重点介绍各种钱包和男包的结构设计及样板制作技巧。

第一节　常见零钱包的结构设计与制板

零钱包主要用于盛放钥匙、手机、卡片或硬币等体积较小的物品。其外部形态多为一些简单的造型，如几何形、字母形、动物形等（图5-1、图5-2），其开闭方式多采用拉链式、半敞口或五金铰等（图5-3）。外部部件一般由整片大身面组成，或是由前后大身、侧围以及装饰配件组成，也可以将大身面皮进行随机分割，再由不同的色块或材质拼接而成，以此创造出独特的视觉效果。

图5-1　几何形零钱包

图5-2　动物型零钱包

图5-3　零钱包的开关方式

零钱包的佩戴方式常采用提带式、手抓式、腕带式或是直接放置在包袋中。其中提带式较为常见，提带通常设计在拉链端头的缝合处，可以在外出、散步时使用。手抓式则多用于男包，体积相对较大，在包体的反面设计有一字带，佩戴时可以将手掌穿过握住，这样既方便又安全。其中腕带佩戴方式是利用包体反面的松紧带将其佩戴在手腕处，方便、实用，既可以将佩戴者的双手解放出来，又能保证手包的安全性。

零钱包的内部结构与其内部功能密不可分，通常设计有钥匙包、隔层袋、插卡袋及后挖袋等（图5–4），使物品能够分类存放并方便拿取。为了扩充其内部空间，经常设计为双拉式或三拉式，即2~3个拉链隔层，这样便于物品的隔开分类放置。

零钱包一般来说尺寸较小，其长度一般不超过20cm，厚度根据隔层的数量而定，单拉式大多为1~2cm，而三拉式其厚度可以达到5~6cm（图5–5）。

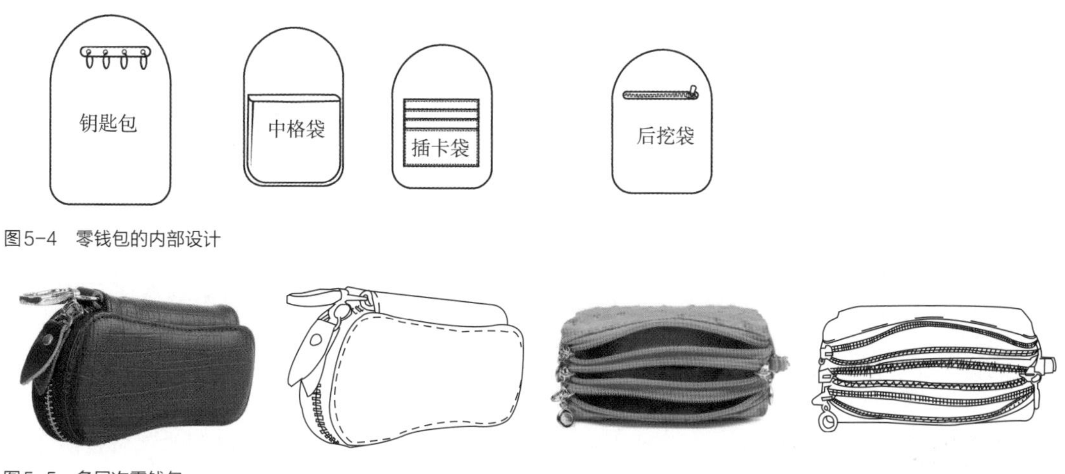

图5–4　零钱包的内部设计

图5–5　多层次零钱包

一、包体结构分析

零钱包的内部功能不同，其结构也不尽相同。根据包体的隔层数量来分类，有单层结构、双层结构和多层结构。根据组成部件的不同，可以分为整体大面、两片面皮以及大面和底围组成的形式。本节以三拉式手提零钱包为例，介绍这一类多隔层零钱包的外部及内部结构设计和样板制作。

1. 大面皮的设计

大面皮的造型直接决定了整个包体的外部造型，所以大面皮的设计就显得至关重要。常见的大面皮有长方形、心形、半圆形以及其他不规则形等。通常大面皮为一个整体部件，直接包裹组成了包体的前幅、侧面以及后幅，其他的侧面都是由三层的拉链布构成。

2. 隔层的设计

零钱包的隔层设计主要是为了增加其功能性，便于物品的分类放置（图5–6）。盛放的物品主要有钥匙、硬币、卡片以及小面额的纸币等。所以隔层的设计主要围绕功能展开，三层

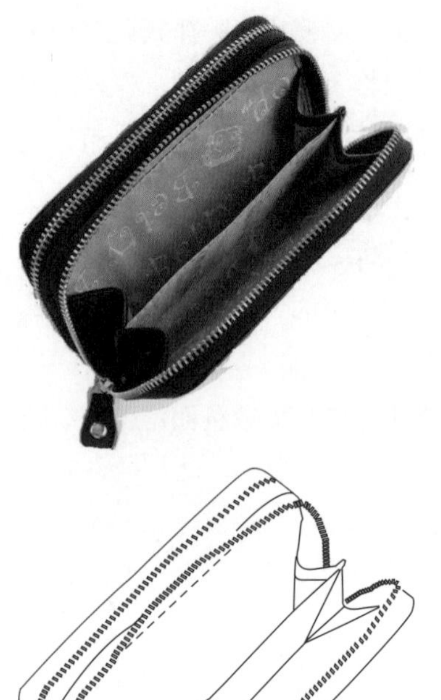

图5-6　隔层设计

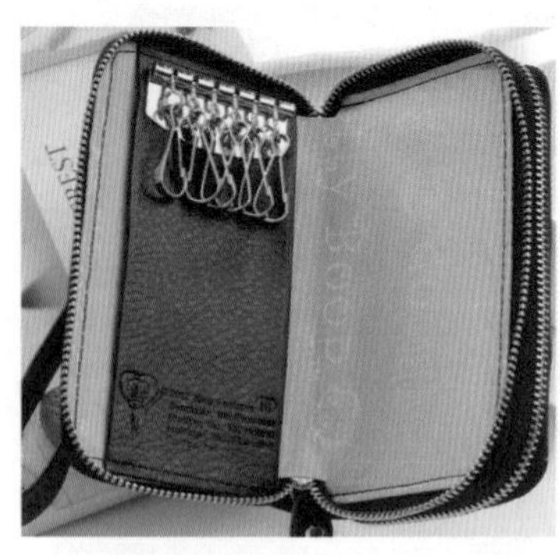

图5-7　钥匙位设计

结构被划分为不同的区域，最外一层设计有钥匙扣，放置各种钥匙、小工具等；中间层用中格隔开分为两个区域，主要存放一些票据和纸币等；最底层一面设计有插卡袋，共两个卡位；另一面设计有拉链袋，主要存放硬币等。此零钱包虽外观简单，但其内部功能强大，非常适合外出散步、访客、购物等场合使用，盛放私人小物品，方便又安全。

3. 整体内里的设计

零钱包不同于其他包袋，它是以实际功能来展开内部设计的，所以，零钱包的内部部件一般都由里布制作完成。其中里布的设计主要起到分割空间、完善功能的作用。整个包体的里布由三个相同的基础内里组成，每一层的内里都是一个包括了左右两个面和一定厚度量的整体里布。在其基础内里上，再根据各自不同的功能添加不同的里布结构，如插卡里、隔层里、风琴里、挖袋里等。

4. 插卡位及钥匙位的设计

零钱包的内插袋和钱包一样，主要用来放置各种卡片的，常见的有横插和直插两种形式。当卡片横插时，一般宽为10cm左右，比卡片的宽度多1.5cm，深度一般为5cm。当卡片直插时，即竖着放置卡片，一般深为7.5cm，宽为6.5cm。边口可以采用折边工艺、包折工艺、包边工艺以及散口油边工艺等方式处理，工艺不同边口放量。一般情况下，折边工艺边口加放0.6cm，包折加放0.8cm。如果采用包边或油边工艺，边口不用加量，包边工艺只需准备宽度为1.2cm的包边条即可。

钥匙位设计在零钱包隔层内专门放置钥匙挂钩的位置（图5-7）。一般放置在零钱包最外面的隔层内，距离上边口约2cm的位置，并排设计4~5个钥匙位。有的在钥匙位的对面中间位置设计一个大钥匙位，主要用于放置如车钥匙等较大尺寸的钥匙。

二、包体尺寸的确定

1. 包体基础尺寸

包体整体为类似于长方形的形状，其中一边略呈双峰型弧度。大体尺寸如下：长约13cm，上边缘的弧度处约13.5cm；宽7cm，双峰处宽7.5cm；厚4cm。其厚度为三层拉链的厚度，一般拉链宽1.3cm，三层叠加在一起约4cm。

2. 内里尺寸的确定

此款包的内里部件包括：整体内里布、隔层里布和风琴里等。其中整体内里长13cm，宽7.5cm，形状与面样板一致。隔层内里设计在中间隔层处，主要将其分为两个部分，中间用隔层里分开。其中隔层里布长11cm，宽5cm的长方形。风琴里为一类似于扇形的形状，下边长5cm，上边长7.5cm，其中，中间高5cm，两边高4.5cm。

3. 插卡里尺寸的确定

插卡袋为两层，共设计两个卡位，插卡里布一般为双层里布，长10cm、宽4.5cm的长方形即可。

三、包体各部件样板的制作

零钱包和钱包一样。样板多以直线为主，但其精度要求比较高，在样板制作过程中，其尺寸、形状都不能有丝毫的差错，细微的差错可能导致各部件在拼接时出现问题，如里布接缝不上、出现面料堆积或做工不平整等。

此款包的大面皮以及手提带都采用面料制作，其余部件如隔层、风琴皮、插卡袋等均由里料制作完成。主要样板有大面皮、手提带、整体里布、风琴皮、中格里布、插卡里以及里布衬料和中格衬料等。

1. 大面皮样板的制作

大面皮作为包体的主要外部部件直接决定着零钱包的形态和尺寸，其样板制作步骤如下（图5-8）：

（1）先用刻刀比着钢板尺在样板纸上划一条竖直线印记，作为对称线。

（2）作此对称线的垂线作为样板的中心线，交点定为O点。

（3）在垂直方向上截取OH为包体厚度的一半，OH=2cm，过H点作水平线。

（4）在H线上两端分别截取MH、HN，分别为包体长度的一半，约为6.5cm。

（5）同时，在M线和N线上分别向上截取M_1、N_1为包体的宽度7.5cm，形成长方形MNM_1N_1。

（6）在M_1N_1两点处设计圆弧形状，外侧长度可以适当加长一点，使包体的圆角显得圆润饱满。

（7）同时在中间位置宽度可以低于长方形边缘0.5cm，即H_1H_2=0.5cm，这样就可以形

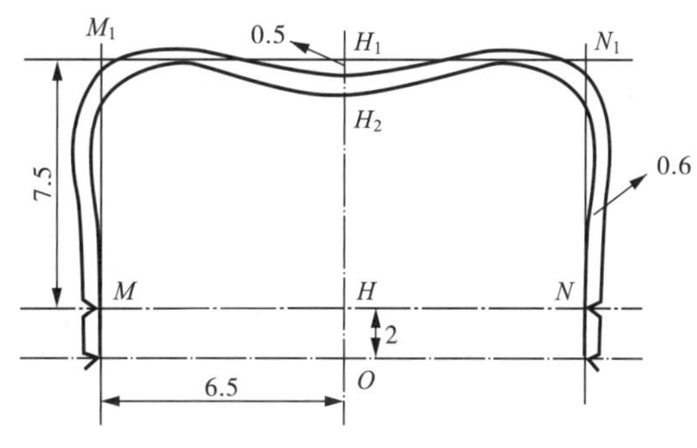

图5-8 大面皮样板

成双峰式的弧线结构。

（8）根据对称原理制作其他部分样板，同时四周加放0.6cm的折边量。

2. 整体里布样板的制作

包体的每一个隔层都有各自独立的整体里布，包含了左右两个侧面和一个隔层厚度。此款包共有三层结构，故而有三套整体里布，其尺寸结构均一致。其样板的制作步骤如下（图5-9）：

（1）由于其面里结合时采用平齐缝合工艺，故而里布样板在包体前、后幅部分与面样板一致。

（2）作相互垂直的两条线段作为样板的中心线，其交点为O点。

（3）在O点的垂直方向上，分别向上下各截取$OO_1=OO_2$为隔层的厚度量0.8cm。

（4）同时，在O_1、O_2水平线上向左截取$O_1M_1=O_2M_2=6$cm，此处里布比面样板在中线上缩进0.5cm，$O_1H_1=7$cm这样避免里布在两端堆积，造成拉链使用不顺畅。

（5）里布上面部分弧度和形状与面样板一致，可以按照面样板直接拓下来即可。

（6）对称做出里布的另一半部分，并在四周加放0.8cm的折边量，此处要求包折衬料，一般采用较薄塑胶板作为衬料。

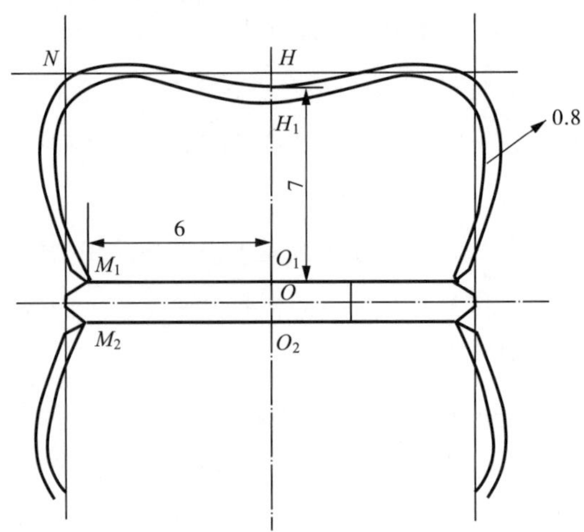

图5-9　整体里布样板

3. 隔层内里及风琴皮样板的制作

（1）隔层内里样板的制作：隔层内里一般采用双层里料，样板的制作步骤如下（图5-10）：

①先确定中格袋的尺寸，长11cm，宽5cm左右，作长方形。

②由于上边口为对折线，总高度为10cm。

③四周加放折边量0.8cm，折回里层的部分不用加放折边量，边口处以及两角作出30°的倾斜角即可。

（2）风琴皮样板的制作：风琴皮一般没有特殊要求时，尽量采用现有的尺寸模板，以减少刀模的制作。其制作步骤具体如下（图5-11）：

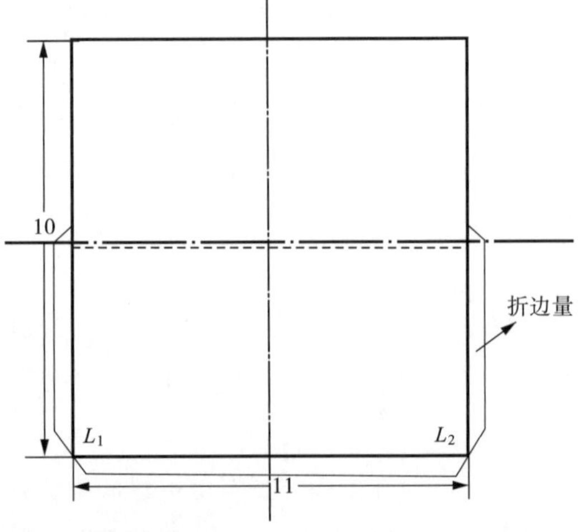

图5-10　隔层内里样板

①确定风琴皮的尺寸，中间高5cm，两端比中间略低，约4.5cm，其中上端宽7.5cm，下端宽5cm。

②风琴皮为类似于前后幅的形状，其中下底边平齐，上边口为尖角状。

③根据其折回的深度确定两侧的对折线，除了下底边，其他三边加放0.8cm折边量即可。

4. 插卡里样板的制作

插卡里设计为两个卡位的两层里布，均采用双层里料。因其变化甚小，一般采用现有的标准样板。其样板的制作过程如下（图5-12）：

（1）根据卡片的尺寸，采用横插的形式，插卡位长度L_1L_2=10cm，宽度OH=4.5cm左右。

（2）四周加放折边量0.8cm，折回里层的部分不用加放折边量，边口处以及两角处均作30° 的倾斜角即可。

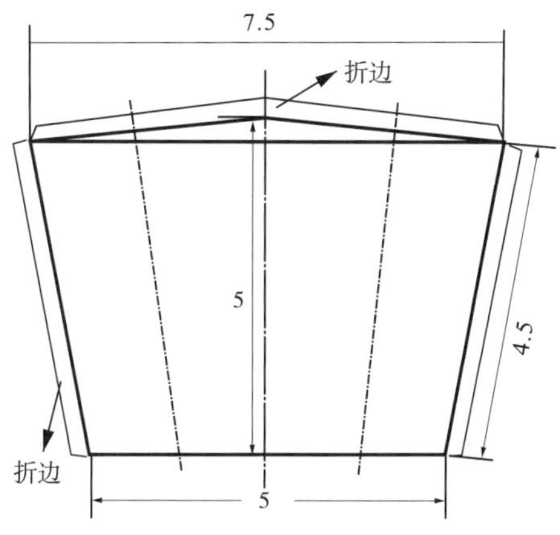

图5-11　风琴皮样板

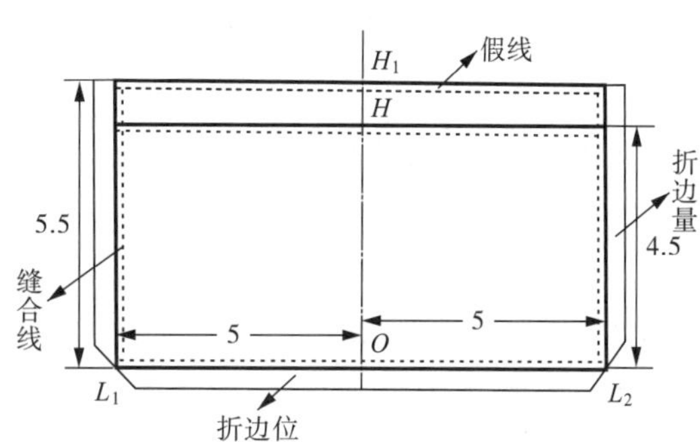

图5-12　插卡里样板

5. 整体里布衬料及中格衬料样板的制作

里布和中格的衬料均采用塑片衬料，其样板也是在面样板的基础上去掉折边量即可。

里布衬料截取整体里布的上半部分，类似于双峰状的弧线结构（图5-13）。而中格衬料则是根据中格的具体尺寸而设计的。长11cm，宽5cm的长方形结构（图5-13）。

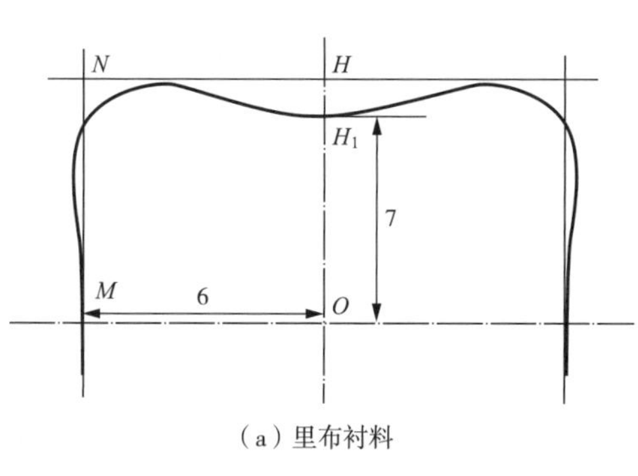

（a）里布衬料

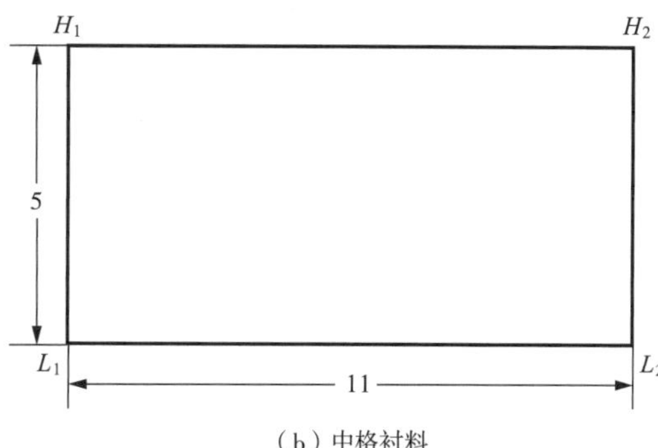

（b）中格衬料

图5-13　里布、中格衬料

6. 手提带样板的制作

手提带的样板制作更为简单，其步骤如下（图5-14）：

（1）确定手提带的尺寸，长30cm，宽1.2cm，作长方形。

（2）其中在距离两端3cm的位置作手提带的钉扣标记。此标记为表明手提带伸进包体内约为3cm的位置。

（3）手提带长度方向上加放0.6cm的折边量，两端作出折边标记即可。

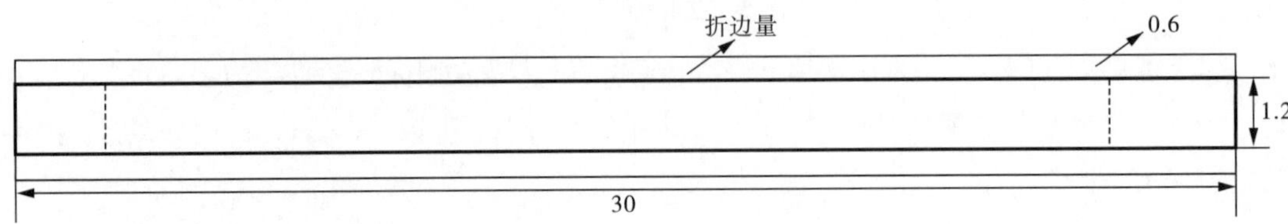

图5-14　手提带样板

7. 拉链布样板的制作

拉链布的样板制作也很简单，其步骤如下（图5-15）：

（1）确定拉链布的尺寸，长度为包体三周长度之和，约22cm，宽1.2cm，作长方形。

（2）其中在距离两端3cm的位置作标记，即拉链布伸进包体内3cm左右。

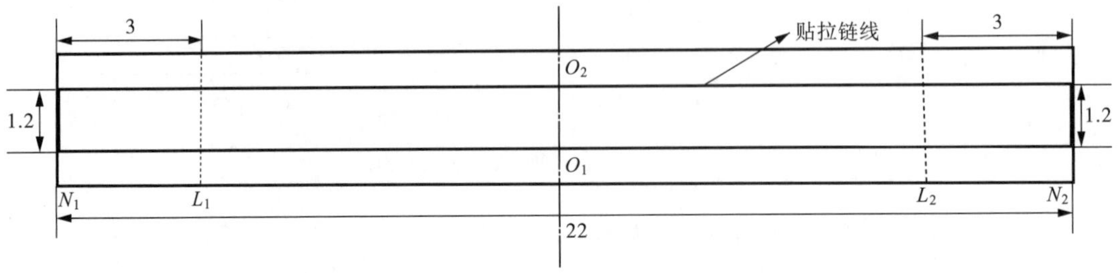

图5-15　拉链布样板

第二节　短款钱包的结构设计与制板

钱包又叫皮夹、银包等，主要用于盛放纸币、硬币以及各种卡片、证件等。其分类方式有很多种，根据钱包的规格及结构可分为短款式、长款式、两折式及多折式等；根据使用性别来分，有女士钱包和男士钱包；根据开关方式，又可分为折叠式、拉链式、五金铰式以及带盖式等。

钱包的结构设计与其使用功能密不可分，通常情况下，钱包设计有大钞位、卡位、证件位以及拉链袋等。随着人们生活需求的不断增长，钱包的功能也越来越强大，一般都设计2~3

个纸币位（大钞位），3~5个卡位，1~2个证件位等，有的甚至设计大拉链袋或手机卡位，可以盛放手机、钥匙、票据、手机卡等重要物品。由于其独特的功能性，钱包一般体积较小，其规格和尺寸主要以大钞的尺寸为依据来确定，而内部部件的尺寸通常根据卡片、证件、票据等尺寸来进行设置（图5-16）。

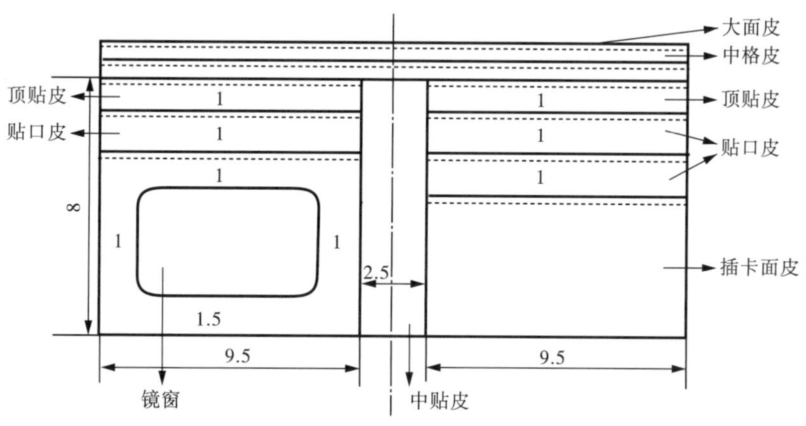

图5-16　钱包的部件

钱包的面部件通常由大面皮、中格皮、顶贴皮、中贴皮、贴口皮、插卡皮、镜窗皮等部件组成，有的钱包设计为活页结构或带盖结构。除了上述部件外，还有盖面皮、盖底皮、内盖面皮、拉链袋面皮等。其结构不同外部部件的组成略有区别，而内部结构都大同小异。钱包的里布部件依据面部件和内部功能来决定，通常有大面整体里布、中格里、插卡里、插袋里、吊里等。除了面料和里布之外，为了增加钱包的定型性和平整度，在大面皮或局部加有不织布或皮糠衬料等。

一、包体结构及部件设计

钱包的内部功能不同，其结构也不尽相同。本节以短款男式钱包为例，介绍这一类短款钱包的外部及内部结构设计和样板制取。

1. 部件结构分析及名称

短款钱包通常由大面皮、中格和整体内格组成，整体内格是由插卡袋、镜窗皮以及中贴皮和各自的内里组成的一个整体部件。在设计时，插卡位、镜窗各种零部件的位置安排和规格尺寸都在整体内格上要反映出来。所以，在样板制作时也应先确定整体内格的样板，再根据其他部件的具体位置和尺寸将样板取出来，并加放相应的加工余量即可。此款钱包的结构和部件组成如图5-17所示。

图5-17　钱包的结构图

2. **大面皮的设计**

短款钱包大面皮的规格尺寸主要参照大额纸币的尺寸来确定。根据其中卡位的设计可分为横款和竖款两种类型，横款的插卡位设计为横插式，竖款的插卡位则设计为直插式，所以其尺寸规格也略有变化。通常横款钱包的宽度为9.6~10cm，长度为11.5cm；而竖款钱包的长度比宽度略小一些，整体呈竖长方形，长度为10.2~10.5cm，宽度则为12cm。大面皮一般较中格皮尺寸略长一些，这样便于留出纸币的厚度量，使其在放置大量纸币时仍能保持平整而不会翻翘。

一般大面皮无须过多的装饰，通常设计有商标位或装饰线等，以此来体现休闲、粗犷的特点。有的钱包为带盖按扣设计，在大面皮上要设计出按扣的位置（图5-18）。本款钱包的大面皮设计较为简单，只在右下角设计有商标位，也被称为唛位。其半侧长度约11.5cm，展开后为总长23cm、宽10cm的长方形结构。

3. **插卡袋的设计**

插卡袋是钱包必不可少的组成部分之一，由于其强大的功能性，插卡袋越来越多，少则3~5个，多则9~12个。插卡袋同样分为横插和直插两种类型，其规格尺寸也不尽相同。一般在设计插卡袋时，可以是由顶贴皮和贴口皮组成竖排结构（图5-19），也可以是一整块插卡面皮中间刻空，再缝合上各自的里布而形成插卡位（图5-20）。本款的插卡袋共设计有三个卡位，分别由一个顶贴皮、两个贴口皮和一个插卡皮组成。

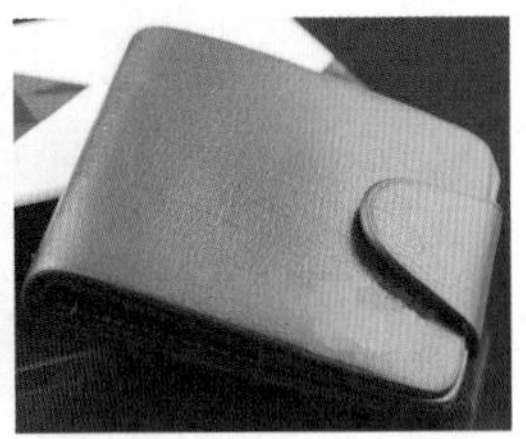

图5-18　大面皮表面结构设计

图5-19　单独的插卡位

图5-20　整体插卡位

4. **中格的设计**

中格袋指的是在大面皮和插卡袋之间设计的大钞位隔档，通常由中格贴皮和中格里布组成，可以增加大钞位的数量。中格的规格也依据大额纸币的尺寸来确定，其宽度比大面皮略小0.5cm，这样可以使大钞错落有致地放置；而长度上因大钞的厚度故而比大面皮短0.8~1cm，使整个钱包容量增大，并能保持平整。

5. **镜窗皮的设计**

镜窗皮用来放置各种证件、照片等物品，它一般是由透明胶片组成，这样既方便显示又能保证其安全性。镜窗皮的尺寸由证件的大小来决定，通常情况下，设计为9.5cm，宽为7cm的长方形，中间距四周边缘1cm，距下底边1.5cm处掏空，形成镂空位置，确保证件的主要信息能显露出来。

二、包体尺寸规格的确定

钱包的尺寸规格与其使用功能密切相关，由于其功能大同小异，所以钱包的尺寸一般都比较统一。根据其结构形式的不同，常见的有短款和长款两大类别，而短款钱包根据插卡形式的不同又可以分为横款和竖款两种类型。无论哪种类型，其尺寸规格都有其固定的标准。在设计时常用的、尺寸没有太大变化的部件都可以制作成固定的模板，直接进行套板应用。

1. 大面皮的尺寸确定

大面皮的尺寸规格依据大钞的尺寸来确定，在大钞的长度上加上相应的宽松量即可。设计长23cm，宽10cm的长方形。加工余量根据其具体的缝合形式来决定，一般包折量较多一些，折边量同一般包体一致，包边工艺可以不用加放任何余量，直接用包边条进行包边，如果采用油边工艺一般也不用加量，直接进行油边，再与中格、内格结合即可。

2. 中格的尺寸

中格设计在内格和大面皮之间，主要用于存放大额钞票，由中格隔开就可以拥有两个大钞位，所以一般的钱包都设计中格。中格部件由于处于两层之间，又要放入大量纸币，所以中格在长度上大于整体内格而小于大面皮的尺寸。其宽度也略低于大面皮，这样可以保证纸币取放时的方便性。中格部件长22.3cm，宽9.3cm左右。

3. 整体内格的尺寸

整体内格指的是钱包内部展开时看到的所有部件组成的整体，他们都借助于整体内格的里布而组合在一起的。它既是钱包设计的主体部分，也是最关键的部分。由于其处于钱包的最内层，所以其长度和宽度尺寸均小于中格和大面皮。整体内格长21.5cm，宽9cm。大面皮、中格与整体内格之间长度尺寸属于逐步递减的变化，相差约0.8cm，这就形成了钱包自然折回的状态。

4. 各种零部件的尺寸

钱包的零部件相对来说较为繁多，但其尺寸规格都比较固定。常见的有中贴皮、顶贴皮、贴口皮、插卡皮、窗皮等。其中中贴皮指的是贴在镜窗皮和插卡袋中间的部分，即钱包中间折回处的部件，长2.5cm，宽度与整体内格一致，约9.5cm。插卡袋一般设计在右侧，由顶贴皮、贴口皮和插卡皮组成。一般情况下顶贴皮和贴口皮基本一致，如果插卡袋侧面的缝合工艺为包边工艺时，它们的加放量略有不同，其长9.5cm，宽1cm左右。插卡袋的最下边部分为插卡皮，其长9.5cm，宽5cm。镜窗皮设计在左侧，由一个插卡位和镜窗共同组成，其整体的尺寸与右侧完全一致。镜窗皮一般长9.5cm，宽7cm，镜窗内尺寸长约7cm，宽5cm。

三、包体各部件样板的制作

钱包各部件的样板直线较多，结构比较简单，但其精度要求很高，尤其是要注意重叠部件厚度的处理，避免钱包显得过于臃肿而影响其使用功能，在制作样板时，应优先制作整体内格的样板，这样能很好地把握各部件的位置关系和尺寸比例。

1. **整体内格样板的制作**

整体内格类似于样板制作中的模板，它直接反映出钱包内部各部件之间的镶接关系和尺寸比例。其他样板可以按照整体内格上的镶接工艺来加放量即可。整体内格样板的制作重点在于清晰地反映出各部件的位置和尺寸。其制作过程如下（图5-21）：

（1）首先，作两条相互垂直的线段作为样板的中心线，其交点为O点。

（2）以O点为长度向中点，作一长21.5cm，宽9cm的长方形为内格的基本板。

（3）在中点O点的左右两侧分别截取1.25cm，定为L_1、L_2点，并作长度向的垂线，形成中间的中贴皮位置。

（4）在中贴皮的左侧距上边缘1cm的位置依次向下作出顶贴皮和贴口皮的位置。

（5）左侧剩余的部分即为镜窗皮的位置，距离镜窗皮上边缘、左边缘、右边缘各1cm的位置以及距下边缘1.5cm处设计镜窗挖空的位置。

（6）中贴皮右侧部分为插卡袋的位置，从距上边缘1cm处依次向下做出1个顶贴皮位置、2个贴口皮的位置，其余部分为插卡皮的位置。

2. **插卡袋样板的制作**

钱包右侧的插卡袋部分由于是由4块小面积部件组合而成，为了防止在制作过程中误差的累积导致做工不够精细，因此，插卡袋部分必须制作修正格。其主要作用是便于在制作过程中进行比对样板，使插卡袋能整体精细、统一。其样板制作步骤如下（图5-22）：

（1）插卡袋是在整体内格的基础上，将整体内格上的插卡袋按照原尺寸拷贝下来。

（2）先修正里侧与中贴皮相接的边缘，因其采用包边工艺，因此不用加放修正量。

（3）其余三边即上边缘、下边缘以及外侧边均加放0.3cm的修正量。便于在加工过程中进行尺寸的校正，达到精确无误的操作要求。

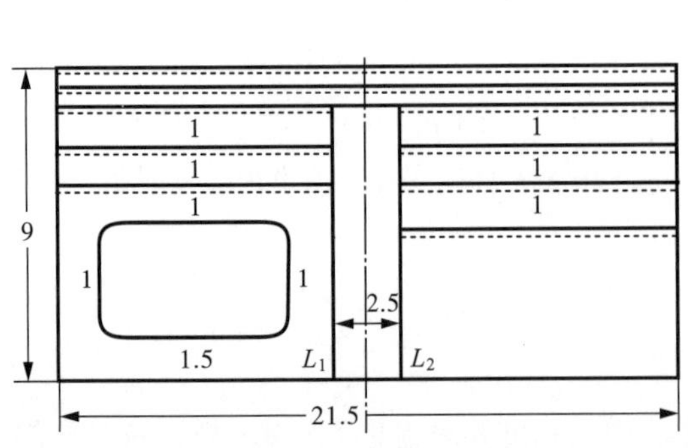

图5-21　整体内格样板

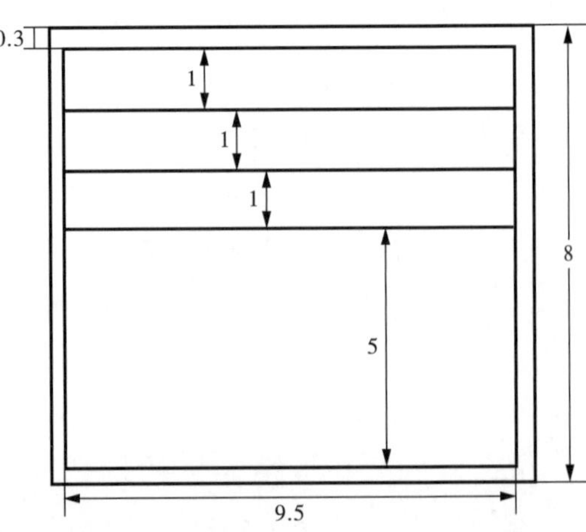

图5-22　插卡袋样板

3. 袋底里布样板的制作

袋底里布由插卡袋和镜窗皮里布组成。因为插卡袋和镜窗皮对称分布在中贴皮的两侧，故而其里布的尺寸规格应完全一致，所以其样板可以共用，下料时只需划裁两件即可。其样板的制作步骤如下（图5-23）：

（1）插卡袋里布在插卡袋的实际尺寸上周边加放0.3cm的里布修剪量即可。

（2）首先在整体内格上将插卡袋尺寸复制下来，此时得到一个长9.5cm，宽8cm的长方形。

（3）在长方形的四周加放0.3cm的里布修剪量，即得到袋底里布的样板。应裁出两件，一件为插卡袋里布，另一件为镜窗皮的里布。

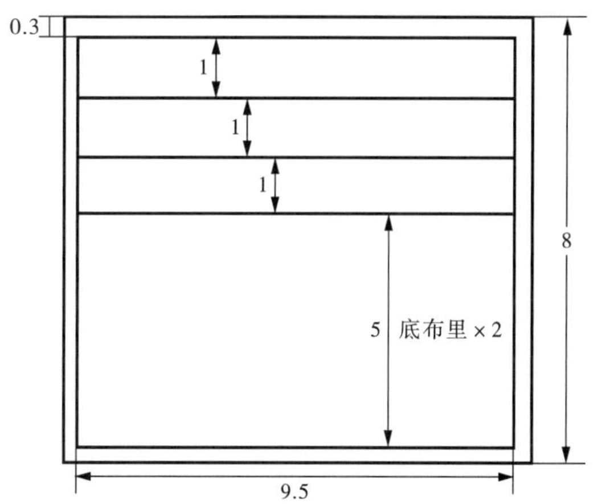

图5-23　袋底里布样板

4. 插卡皮及里布样板的制作

插卡袋是由顶贴皮、贴口皮和插卡皮三部分共五个零部件组成。插卡皮指的是插卡袋最下面较大块的卡片袋。其面部件可以直接在整体内格上按照尺寸复制下来，加放加工余量即可。其里布与面样板尺寸基本一致。

插卡皮面样板和里布样板的制作过程如下（图5-24）：

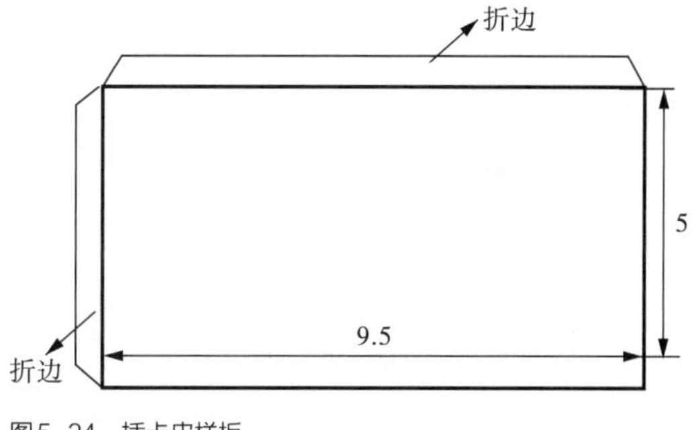

图5-24　插卡皮样板

（1）首先在整体内格上将插卡皮的尺寸复制下来，此时得到一个长为9.5cm，宽为5cm的长方形。

（2）在其上边缘和左边缘各加放0.8cm的折边量。

（3）里布样板在面样板的基础上，去掉上边缘和左边缘的包折量，同时加放0.3mm的修建量。

5. 整体里布及中贴皮样板的制作

中贴皮指的是在整体内格的中间位置的部件，它先与整体里布组合，再与镜窗皮和插卡袋共同形成两侧的插袋。其高度为整体里布的高度，长度直接将整体内格的中间尺寸复制下来即可。整体里布的尺寸即在整体内格的基础上，四周加放0.3cm的里布修剪量。其样板制作步骤如下（图5-25、图5-26）：

（1）按照整体内格的尺寸复制下来，得到一个长21.5cm，宽9cm的长方形。

（2）在其基础上，四周加放0.3cm的里布修剪量即为整体里布的样板。

（3）其次在整体内格上将中帖皮的尺寸复制下来，得到一个长9cm，宽2.5cm的长方形。

（4）在长度边上加放0.8cm的搭茬量，两端修剪成30°倾角，以此来减少边口的厚度量。

（5）同时在加放0.8cm的包折量，呈向外的倾角，保证包边的平整度。

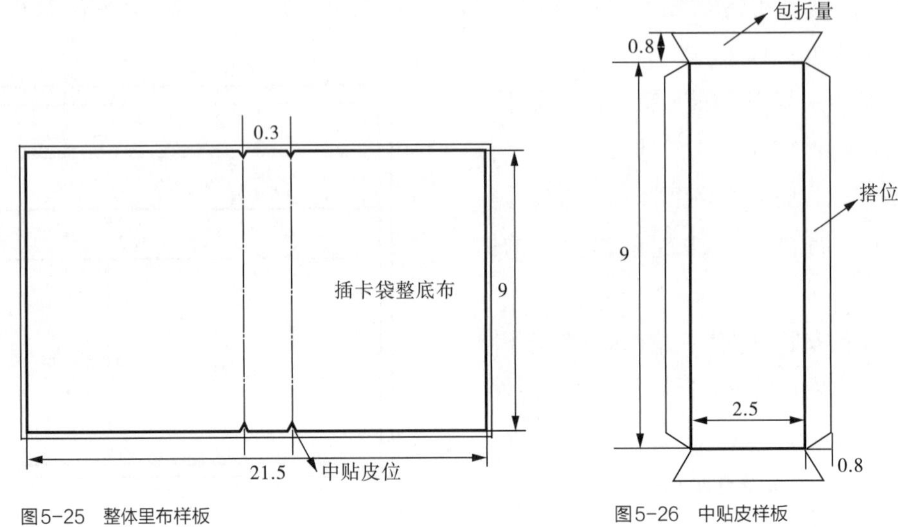

图5-25　整体里布样板

图5-26　中贴皮样板

6. 镜窗皮及胶片样板的制作

镜窗皮指的是整体内格左侧除去顶贴皮剩余的部分，它是由一个掏空的面皮和透明胶片组成。其样板制作步骤如下（图5-27、图5-28）：

（1）首先在整体内格上将镜窗皮的尺寸复制下来，得到一个长9.5cm，宽7cm的长方形。

（2）上边缘加放0.8cm的包折量，呈向外的倾角，保证包边的平整度。

（3）其余的三边加放0.3cm的修正量，便于在制作过程中修正部件轮廓。

（4）在其中间位置距下边缘1.5cm，距其余三边各1cm处挖空，得到镜窗皮的尺寸。

（5）在上边缘和右边缘分别加放0.8cm的折边量。

（6）透明胶片的样板即在镜窗被掏空的部位量取尺寸，并周边加放0.5cm的缝量即可。

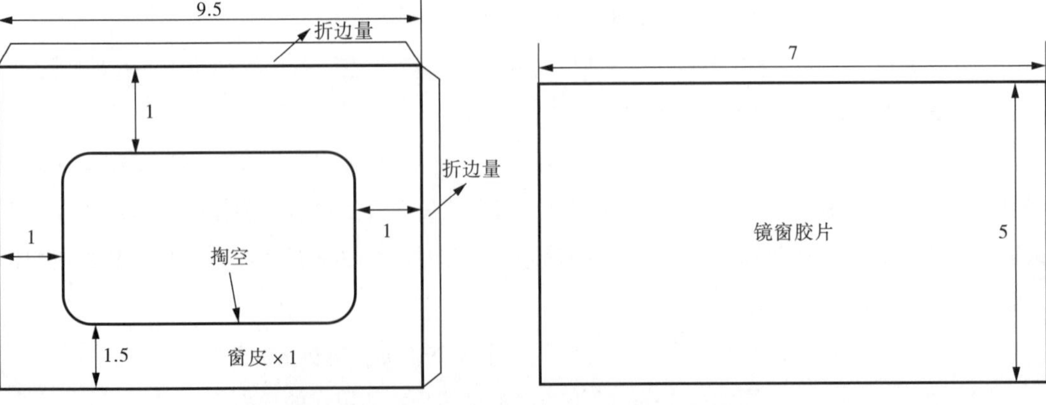

图5-27　镜窗皮样板

图5-28　透明胶皮样板

7. 贴口皮及顶贴皮样板的制作

贴口皮与顶贴皮的样板基本一致，只是边口处理时加放量不同而已。通常情况下，如果整体内格的上边缘采用包边工艺时，顶贴皮的上边缘不用加放其他加工量，而贴口皮用在插卡袋的边缘，其上边口必须加放折边量。其样板略有不同而已。如果上边缘采用折边工艺，顶贴皮和贴口皮的样板上边缘都需要加放折边量，样板之间也就没有什么不同之处。其样板制作步骤如下（图5-29）：

（1）贴口皮的样板在整体内格上将其贴口宽度复制下来，即为一个长9.5cm，宽1cm的长方形。

（2）在其基础上两端各加放0.3cm的修剪量，同时上口边缘加放0.8cm的折边量，下口边缘加放0.8cm的搭茬量。

（3）顶贴皮的样板也是在整体内格的基础上将顶贴皮复制下来，两端及上口边缘加放0.3cm的修剪量。

（4）同时在下边缘加放0.8cm的搭茬量即可。

8. 贴口里样板的制作

贴口里指的是卡片袋上与贴口皮相接的里布，卡片袋一层一层地放置卡片，每一层卡片露出的部分高度一致，所以其里布的样板应基本一致。贴口里常见的有两种类型，一种是贴口里与贴口皮在搭茬位上进行缝合，再沿着缉缝线与下一层里布缝合在一起，这样就形成了插卡时相同的深度。另一种是吊里，适合整片的插卡皮，其插卡部位被切割开进行卡片的放置，这一类插卡里布通常制作整体的吊里。本款只需制作第一种贴口里即可，其样板制作的步骤如下（图5-30）：

（1）根据卡片横插的深度来确定贴口里的深度5cm左右。

（2）其长度为贴口皮的边口长度，即9.5cm。为了减少插卡袋的厚度，贴口里在上口1cm以下部分两边向里各缩减0.5cm，避免边口层次过多，导致厚度太厚。

（3）在原有深度上再向下加放0.6cm的缝份，便于与下一层里布的缝合。

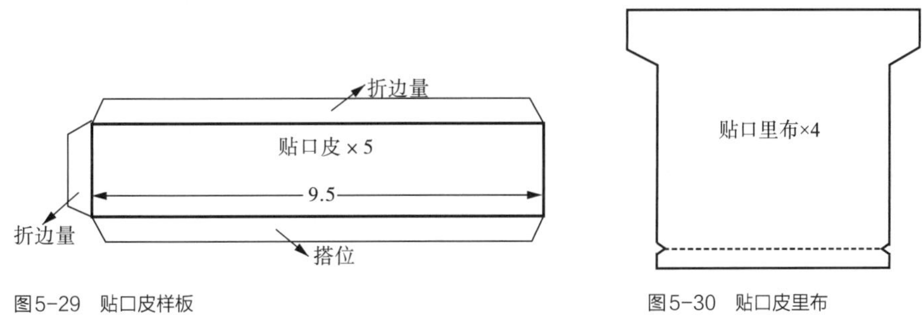

图5-29　贴口皮样板　　图5-30　贴口皮里布

9. 中格贴口皮及中格里布样板的制作

中格贴口皮与中格里布贴合在一起共同组成了钱包的中格部分，主要用于盛放纸币、票据等物品。中格在制作时比大面皮长度略短一些，比整体内格长度略大一些，这样形成的空间便于纸币的放置和钱包的弯折。

在制作样板时，应先确定里布的长度和宽度，再分割出中格贴口皮的样板，其样板的制作步骤如下（图5-31、图5-32）：

（1）首先，中格里布在整体内格的基础上，长度再加0.8cm左右，作为长度的差值。其总体长度为22.3cm左右。

（2）其高度只需在下边缘加出0.3cm的里布修剪量即可。形成了长22.3cm，宽9.3cm的长方形。

（3）其次在中贴皮的位置作出切口标记，深度一般为0.8cm，切口部分制作时向上折回即可。

（4）中格贴口皮长度与中格里布长度一致，一般宽度为1.2cm左右。

（5）最后在上口边缘加放0.8cm的折边量，同时，将其两端修成30°的倾角以此来减少厚度量。

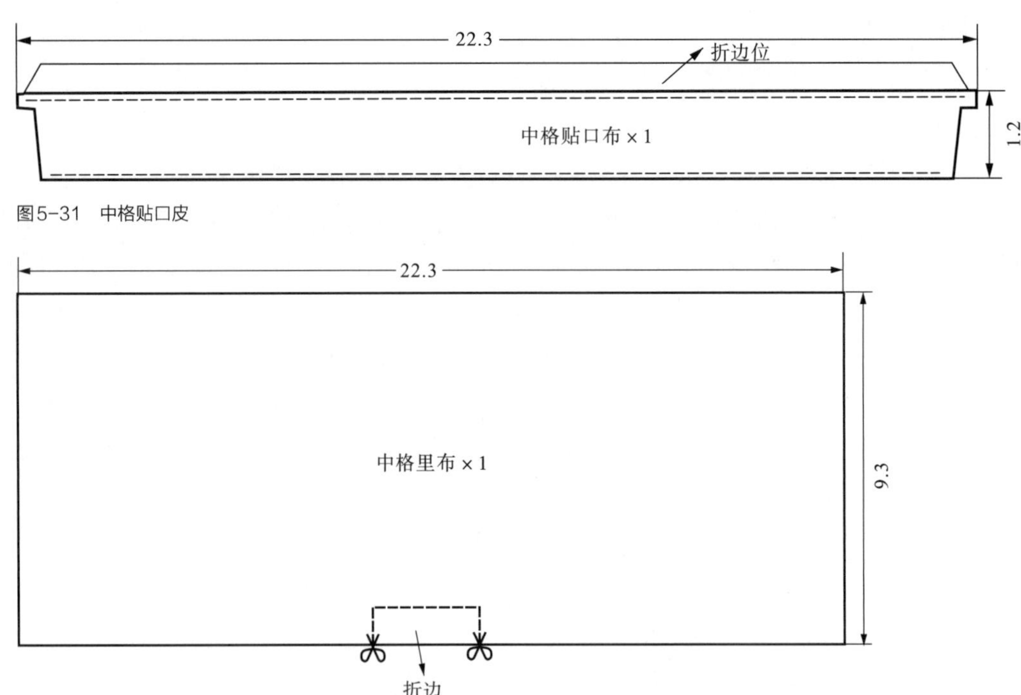

图5-31　中格贴口皮

图5-32　中格里布

10. *大面皮及里布样板的制作*

大面皮指的是钱包最外层包裹的面料。在制作样板时，先作出里布样板，再做出衬料样板，最后再根据衬料样板做出大面皮的样板。其样板制作步骤如下（图5-33、图5-34）：

（1）大面里布在中格里布长度上加0.8cm，共计长23cm左右，整个钱包的大钞位共有两个，其长度差值均为0.8cm左右。

（2）大面皮一般比中格高0.5cm。因此，大面里布高度在中格里布的基础上加放0.5cm的高度差值。

（3）进而得到长23cm，宽9.5cm的长方形，即大面里布的样板。

（4）大面皮一般要黏合无纺衬，其衬料样板在大面里布的周边缩减0.3cm即可。

（5）大面皮的样板在其里布样板的基础上四周加放0.8cm的包折量，长度与里布一致，四角均修成30°的倾角。

（6）同时，下边缘在中贴皮的位置上做切口，深度与包折量一致，切口处单独向上折回即可。

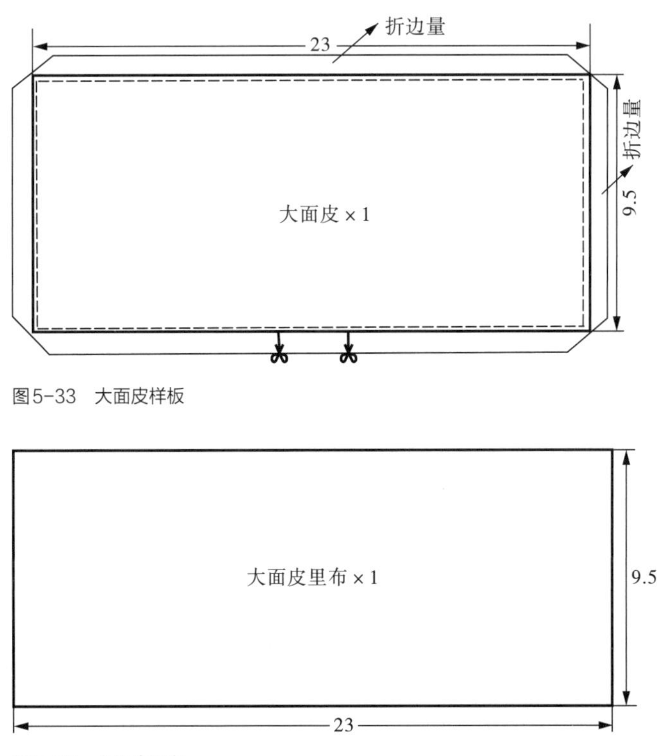

图5-33　大面皮样板

图5-34　大面皮里布

第三节　双拉式手抓包的结构设计与制板

手抓包作为男包中常见的一类包体，因其携带方便、功能强大而深受男性消费者的青睐。无论是上班、访客还是商务活动等场合都非常实用，主要用于盛放大量纸币、各种票据、手机、钥匙、名片、香烟、打火机等男士随身物品。市面上常见的有单拉式、双拉式、多拉式或单层式和多层式等结构，其层次较多，这样便于物品的分类放置。其开关方式也有多种，常见的有拉链式、磁扣式、带盖式以及襻扣式等。其中最为多见的是拉链式，尤其是近几年流行的双拉式、三拉式手抓包，几乎成为男士必不可少的物品之一。其使用功能特别强大，几乎能容纳所有的随身用品，同时相互独立的拉链袋也很方便实用，既能保证物品的安全，又能在拿取时互不干扰，可以最大限度地保护个人隐私。手抓包可以单独使用，也可以放置在单肩包或公文包内使用。

手抓包强大的功能性决定了其结构设计相对复杂。其外部结构一般由大面皮、手腕带和拉链布组成，而内部结构主要由手机袋、拉链袋、中格袋、插卡袋等部件组成。而这些部件又由很多的零部件组成，故而形成了功能强大的双拉式手抓包。

手抓包的佩戴方式主要以手拿为主，后面的腕带及奶嘴钉的设计有一定的伸缩性，这样既保障了手抓佩戴的方便性，又能保证手包的安全性。直接佩戴时小巧精致，不但功能强大，而且做工精良考究，是身份地位的象征和生活品位的体现。

本节主要以较为常见的双拉式手抓包为例，深入浅出地介绍此类包的结构设计特点、部件组成设计以及各个部件的样板制作过程及处理技巧。

一、包体结构及部件设计

手抓包主要以其强大的内部功能而受到男士消费者的青睐。从结构设计上来看，手抓包主要以手拿和放置包内使用为主，故而其尺寸规格不会太大，主要风格特点为小巧精致、做工考究。

1. 部件结构分析及名称

在有限的尺寸下，手抓包可以通过增加其层次来提升整体的使用空间。一般情况下，手抓包都有两层或三层结构，主要由手机袋、卡片袋、隔层袋以及钞票袋等部组成。根据其功能的需要，有时还另外设计有钥匙位、封闭的拉链袋或手机卡位等。本款为双拉式手抓包，主要由相互独立的两个拉链隔层组成。其中一个隔层主要由手机袋、活页夹组成，另一个隔层则由插卡袋、中格袋、风琴皮组成。

2. 大面皮及后腕带的设计

手抓包的大面皮以简洁大方的风格为主，可以设计简单的分割、拼接、装饰线迹、激光雕刻等（图5-35）。大多数手抓包的大面皮经常以各种装饰手法来设计商标形式，可以采用压印商标、金属商标牌以及激光商标等。不仅起到标识设计的作用，同时还有很好的装饰效果。

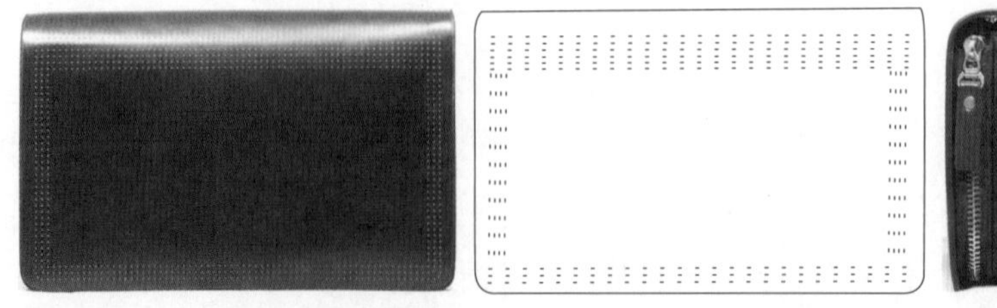

图5-35　手抓包结构图

此款包的大面皮采用激光压印的方式作为装饰，简洁美观，同时能很好地提升设计品位。在大面皮的正下方设计商标位，均可采用压印、粘贴或镶接等方式来完成。

腕带通常设计在包体后幅上方位置，右侧固定在后幅上，左侧设计有挖空位置，采用奶嘴钉来进行长短的调节（图5–36）。

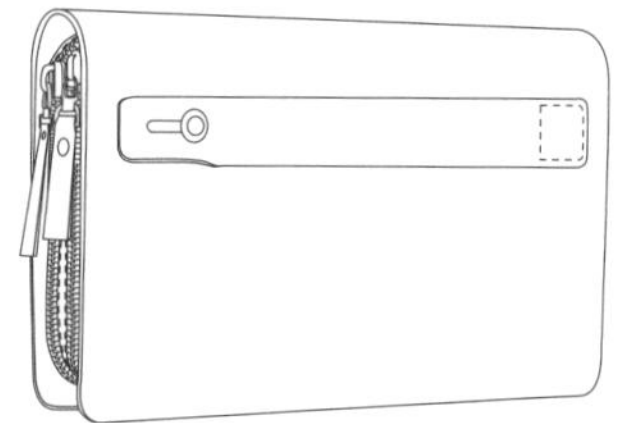

图5–36　手抓包反面

3. 插卡袋及镜窗皮的设计

此款包的插卡袋和镜窗皮设计在同一个部件上，每一个卡片袋都是按照设计好的位置进行切割，再安装上单独的里布就可以使用。此包共设计有6个卡位，卡片的放置采用直插的形式，放置好之后露出约为1cm的卡片信息，以便于识别和拿取。

镜窗皮设计在插卡袋的右侧，根据窗皮的基本尺寸在距上边和右边缘约1.3cm处进行挖空设计即可，一般镜窗皮的挖空部分都有特定的尺寸规格。

4. 活页票夹的设计

活页票夹主要是用于放置一些票据、钞票等，一般设计在拉链袋的一侧里布上，其中左侧边缘和下边缘与里布缝合，而上边缘和右边缘保持开启状态，这样方便票据等纸制品的存放和拿取。

5. 中格袋及手机袋的设计

中格袋的设计将此拉链袋分为两个独立的空间，可以最大限度地增大储存空间。一侧可以存放钞票、香烟、打火机等物品，另一侧专门用于存放手机、钥匙等小件物品。中格袋的中间隔层同时设计成一个小的拉链袋，可以存放硬币、重要票据等（图5–37）。

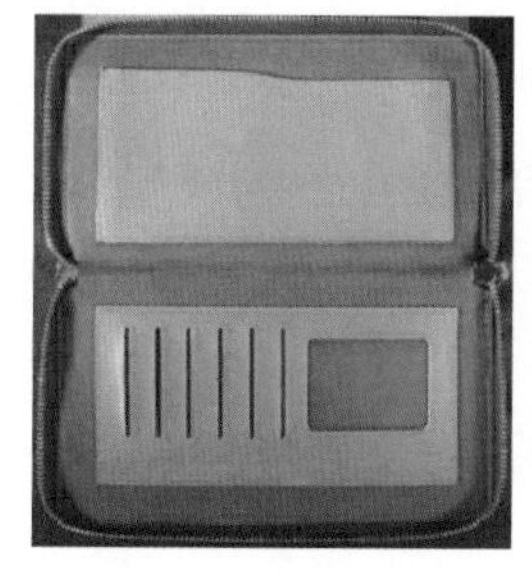
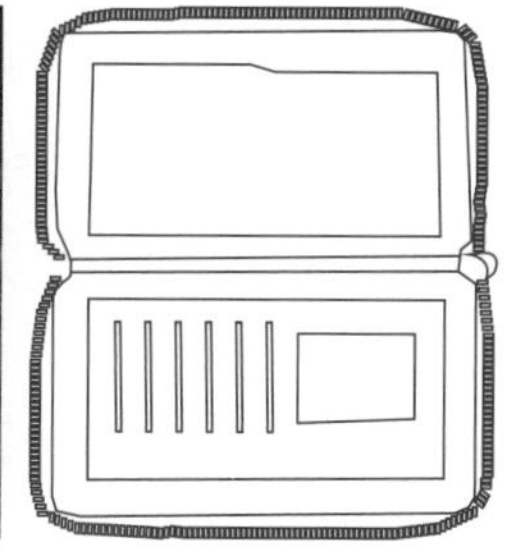

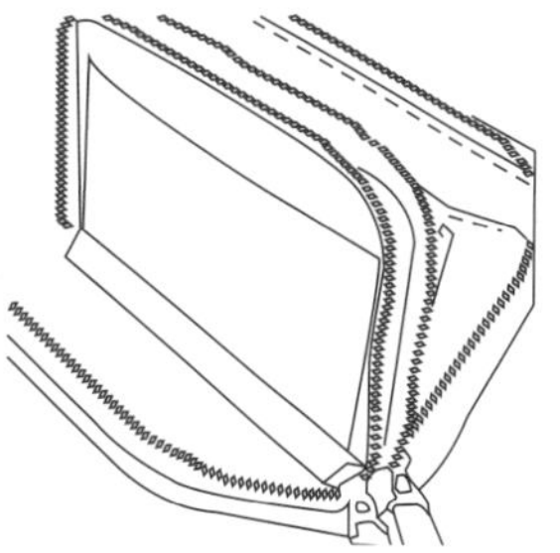

图5–37　拉链袋结构

在中格袋的另一侧设计有专门的手机袋，一般手机袋整体采用较宽的橡筋布制成，在中间部分平缝里皮来增加其硬挺度，以便于手机的放置。有的在手机袋的外侧还设计有手机卡的位置，用来存放替换的手机卡。

二、包体尺寸规格的确定

包体的基本尺寸是根据包体的主要功能和佩戴方式来确定的。其他的零部件一般有自己特定的尺寸和规格，大都做成统一的样式，在设计时只需要确定其位置即可。

1. 大面皮的尺寸确定

大面皮的尺寸直接决定着手抓包的基本尺寸。一般情况下，手抓包都设计四周略带圆角的长方形，这样符合男包柔中带刚、刚柔并济的风格特点。表面可以通过压印、镶贴商标或是激光雕刻等方式来进行装饰美化，整体简洁大方，又不失设计感。此款包采用双拉式结构，其大面皮长21cm，宽11cm，厚4cm，每一层链布宽约2cm。

2. 中格袋及风琴皮的尺寸

中格袋指的是包体内部一侧的隔层结构，中间采用双层里料形成的拉链小袋，其中拉链的两端缝合长2cm、宽1.2cm的拉链尾皮，起到平整拉链便于缝合的目的。中格袋长度略短于大面皮长19cm，深9cm。在中格袋两层里料中间托有较薄的不织布衬料，以保证中格袋的硬挺度和平整度。

风琴皮用于夹缝中格袋的两端，一般设计为上边口长于底边的扇形结构，其尺寸基本都是标准件，只需根据需要调整高度即可。此款包风琴皮上宽6cm、下宽5cm左右，高度与中格袋同样为9cm。

3. 插卡袋及活页皮的尺寸

插卡袋设计为和镜窗皮一体的结构，其中，镜窗皮和卡片袋只需在整体插卡袋皮上进行镂空即可。镜窗皮设计在右侧，距右边缘和上边缘各1cm处，距下边缘2cm处进行挖空设计，四角设计为圆角。镜窗挖空部分长7cm，宽5cm。在距离镜窗皮1cm的位置开始设计卡片袋，共设计五个卡位。卡位间距约1.3cm，距上边缘1cm，距下边缘约1.5cm，卡位长约5.5cm，开口宽约0.2cm。故而插卡袋的整体长16cm，宽8cm左右。

活页票夹一般与插卡袋尺寸一致，长16cm，宽8cm左右。左边缘和下边缘与整体里布缝合，其他部分直接活动着即可。活动的一角可以设计为其他形状，或是圆角，或者是缺口设计，以此区别于其他拐角，便于放置票据、钞票等物品。

4. 各种零部件的尺寸

手机袋一般设计为长12cm、宽8cm的长方形，同时在两侧及底部都采用橡筋布材料，这样能有一定的伸缩性，便于手机的存放。

整体里布指的是在手抓包内部缝合各种零部件的里布部件。其长度与包体长度一致，宽度约为两个包体宽度与一个拉链布厚度之和。因此整体里布长21cm，宽22cm左右，中间厚度部分两头缩进2cm左右，便于里布与拉链布的平整缝合。

手腕带主要用于手抓时手掌的穿过，所以尺寸应符合人体工程学，长度要求合适，否则要么过短时手掌不易穿过，要么过长造成包体易脱落。一般长度设计为18cm左右，左侧带有约2cm的长槽，可以通过滑动来调节长度，既方便手掌通过，又保证腕带在不使用时的平整。

三、包体各部件样板的制作

手抓包样板相对于钱包来说，部件尺寸较大一些，但样板的种类和形状相差无几。大致由整体内格、整体里布、插卡袋、票夹、中格袋、手机袋等几个样板组成。

1. 整体内格样板的制作

整体内格样板是后层拉链袋内部部件组成、位置关系的重要参照标准。如果大面皮由好几个部分组合而成的包体，在做样板时首先要出大身整体结构图，如果内部的部件由几个部分组成，也要首先出内里整体结构图。它主要用来表明各零部件之间的位置关系，再逐件制作零部件的样板。其样板的制作过程如下（图5–38）：

（1）首先，作两条相互垂直的线段作为样板的中心线，其交点为O点。

（2）在垂直方向上沿O点向上截取OO_1为内里的厚度量1cm，过O_1点作水平线的平行线。

（3）在此平行线上O_1点的左右两侧分别截取包体半侧长为10cm，定为M_1、M_2点。

（4）延长OO_1线，从O_1点向上截取O_1H为包体的宽为10cm，过H点作OO_1线的垂线，同时截取HN_1、HN_2为半侧长为10cm。

（5）连接M_1、N_1点以及M_2、N_2点，并将N_1N_2处修为小圆角，这是所形成的长方形为整体内格的基本形状。

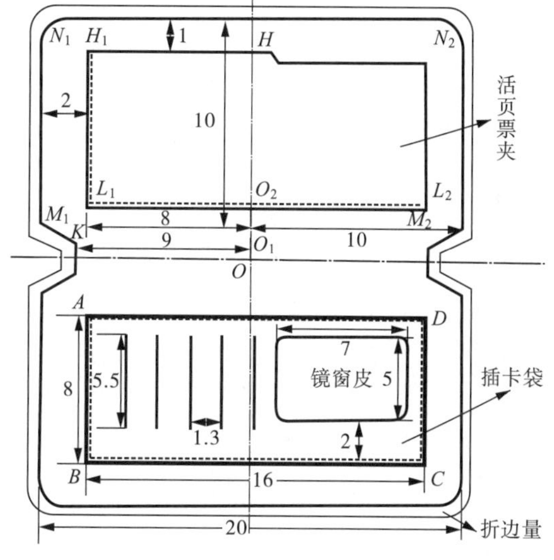

图5–38　整体内格样板

（6）在O点的水平线上截取OK的距离，比包体的半侧长少1cm，约为9cm，形成包体内里的缩进量，缩进的宽度约为1cm，斜线连接至M_1点即可。

（7）对称做出整体内里的下半部分，在距离上边缘约1cm，距离左右边缘约2cm的位置做出插卡袋的位置。

（8）同理，在内格上半部分距离上边缘约1cm，距离左右边缘约2cm的位置做出活页票夹的位置。

（9）按照设计要求和尺寸，在插卡袋的部分做出镜窗皮和卡片袋的位置。

（10）活页票夹的右上角可以设计一些小变化，如圆角、缺角或降低高度等，以示区别。

2. 整体里布样板的制作

整体里布用在拉链隔层里，作为其他部件的底层依托，其样板制作较为简单，步骤如下（图5-39）：

（1）在整体内格上将其最外边缘的部件复制下来，在其周边加放0.8cm的折边量。

（2）其中，里布的中间宽度约为1cm，在边缘做出剪口标记即可。

3. 插卡袋修正样板的制作

手抓包后内里上的插卡袋部分是由一个整体部件组成，其中包含了5个插卡位和1个镜窗皮组合而成，为了防止在制作过程中误差的累积导致尺寸发生变化，插卡袋部分必须整体制作。其主要作用是便于在制作过程中进行比对样板，使插卡袋能整体精细统一。其样板制作如下（图5-40）：

（1）插卡袋是在整体内格的基础上来制作的，将整体内格上的插卡袋按照原尺寸拷贝下来。

（2）再将镜窗皮的部分进行挖空处理，四角分别修圆角，在卡位两端点部分用1mm的冲子冲孔，作为端点标记。

（3）同时在四周分别加放0.6cm的折边量，四周边缘修30°倾角，防止四角处折边量的堆积，影响折边效果。

（4）制作窗皮透明胶的样板。在插卡袋的样板上复制出镜窗皮挖空位置的尺寸，四周加放1cm的压缝量即可。

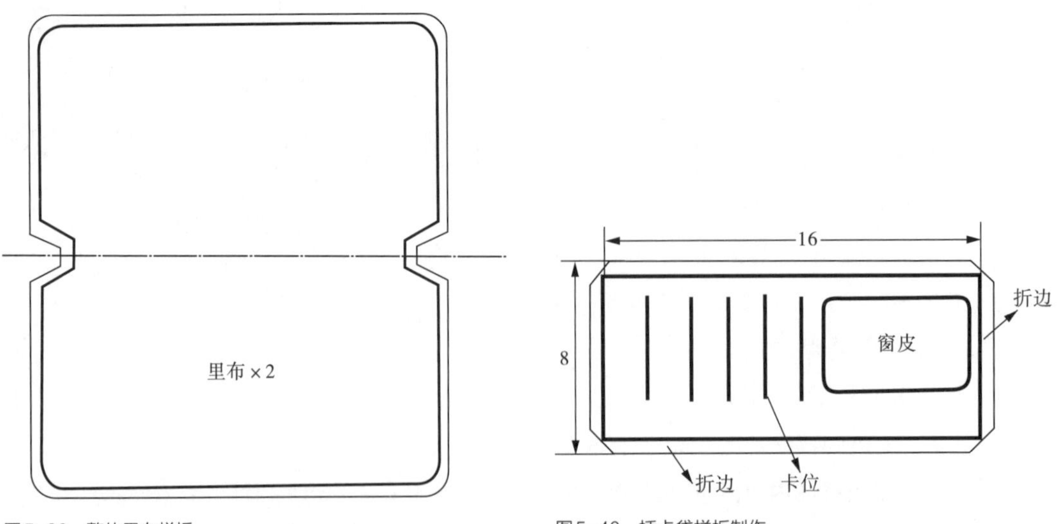

图5-39 整体里布样板

图5-40 插卡袋样板制作

4. 活页票夹样板的制作

活页票夹主要用于盛放各种票据、纸张等物品，其上部和右部都设计为开口形式，这样存取非常方便。其样板制作如下（图5-41）：

（1）首先在整体内格上将票夹部分复制下来，为长16cm、宽8cm的长方形，注意保留右上角的变化。

（2）在左侧和下部边缘加放0.6cm的折边量，其余部分做散口油边即可。

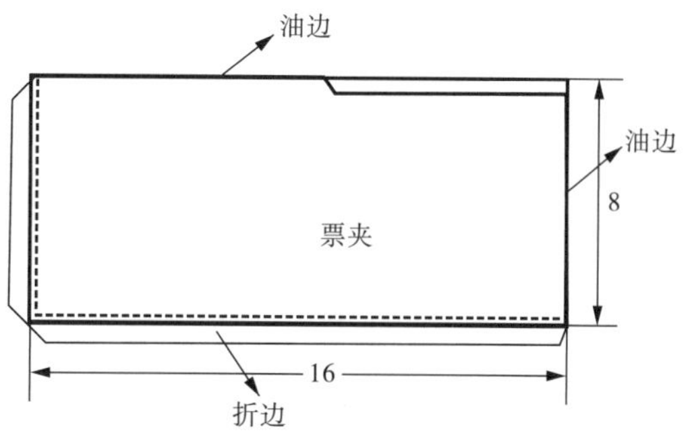

图5-41　活页票夹样板

5. **中格袋样板的制作**

中格拉链袋主要用于盛放一些硬币、U盘等小物品。其样板制作步骤如图5-42所示。

（1）首先做一个长19cm，宽9cm的长方形为中格袋的基本形。

（2）在上边缘和下边缘分别加放0.8cm的折边量（一般用里布制作，故折边量略大于面料），左右边缘各加放0.8cm的缝份。

（3）同时，在上边缘距离两端各2cm的位置做出剪口标记，即为拉链的缝合位置标记。

6. **风琴皮样板制作**

风琴皮用于中格袋侧面，防止物品从侧面漏掉。风琴皮样板制作步骤如下（图5-43）。

（1）风琴皮为中间略高一些的梯形形状，先根据其尺寸做一个上底长6cm，下底长5cm，高8.5cm的倒梯形。

（2）再沿中线将上边缘中点位置向上延伸至9cm，连接左右端点，形成长度为3cm左右的折线。

（3）在上边缘和下边缘分别加放0.6cm的折边量即可，同时将样板的中线画线向里折叠，在距左右边缘约为2cm的位置画线向外折叠，即风琴皮的对折线。

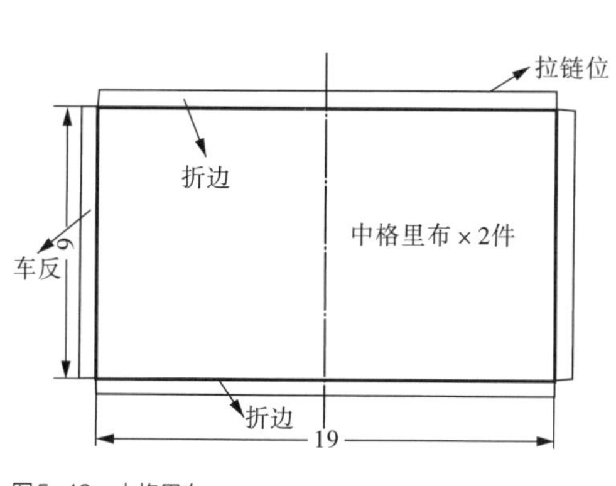

图5-42　中格里布

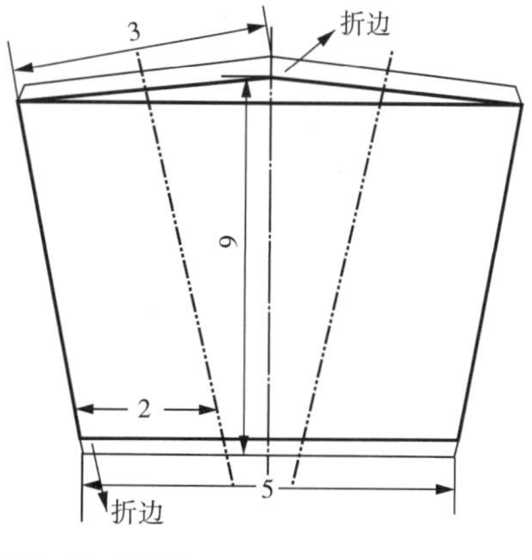

图5-43　风琴皮

7. **手机袋样板的制作**

手抓包里的手机袋大多是由橡筋布搭配面皮制作而成，可以利用橡筋的弹性来增加使用的方便性，这样不会因为过紧而拿取不方便，也不会因为过松而导致手机掉出来。手机袋的尺寸依据手机的尺寸规格而定，近几年其尺寸明显有所增大，所以一般这样的部件都有其标准板（图5-44）。

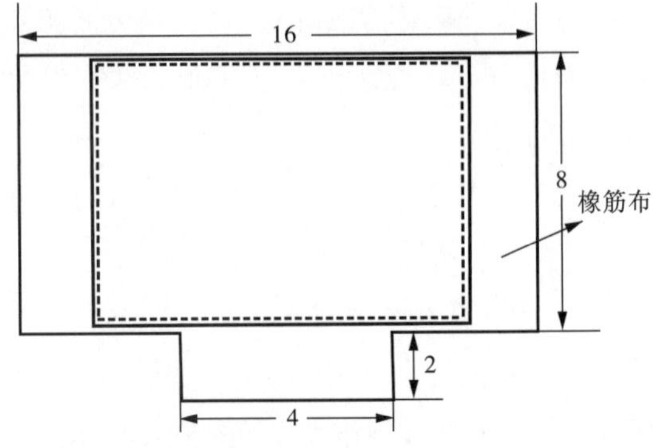

图5-44 手机袋

8. **大面皮和腕带样板的制作**

大面皮是包裹在手抓包最外一层的面料，一般由头层牛皮、超纤革、二层革以及PU革等材料制成。此款包在大面皮的反面设计有大面皮衬料，将拉链布根据标记先和大面衬料缝合，再将其与大面皮结合，可以是线缝，也可以是胶粘后统一进行油边操作。所以应先制作大面衬料的样板，其制作步骤如下（图5-45、图5-46）：

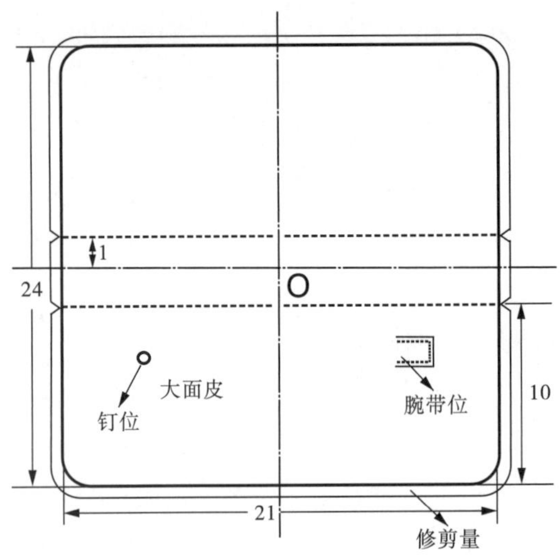

图5-45 大面皮样板

（1）根据大面皮的尺寸进行样板制作，首先，根据包体的长度和宽度，作一个长21cm，其宽度等于包体前后大面宽度和侧面厚度之和，即24cm。

（2）中间4cm的位置为包体厚度量，在边缘做出剪口标记。

（3）同时，在四周缩进1cm的位置作出拉链缝合位置标记。

（4）大面皮样板只需在大面衬料样板的基础上加放0.6cm的折边量即可。

腕带的样板制作步骤如下（图5-46）：

（1）先做一个长18cm、宽2.5cm的长方形。

（2）右侧距边0.5cm处，作出长、宽均为2cm的缝合标记。

（3）左侧宽度稍窄一点，约为2cm，可以做简单的造型变化。

（4）在距左边1.5cm处，设计长为2cm的长槽，安装奶嘴钉，用于调节腕带的长度。

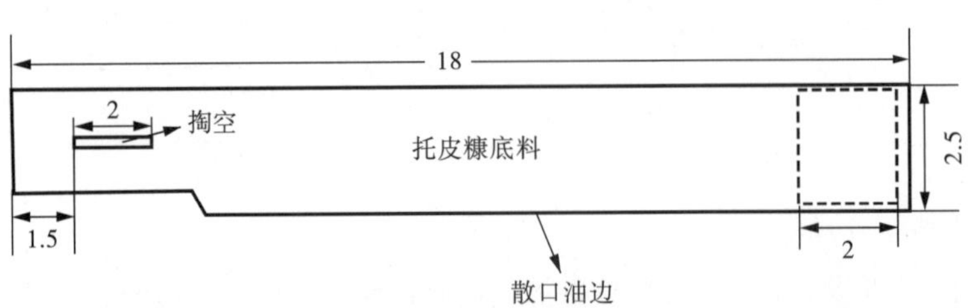

图5-46 腕带样板

第四节　男式竖版单肩包的结构设计与制板

男包最常采用的结构大致有三种：一是由前后幅、侧围和包底构成，通常前幅设计插袋，后幅设计挖袋；二是由前后幅、底围和包盖构成的包体结构，根据包盖的长短，可以分为短包盖、中包盖和长包盖三种；三是由前后幅和包底构成，适合于较大的公事包，以手提为主，同时在前后均设计插袋。无论哪种结构类型，均要求定型性好、内部功能强大以及做工精良考究等。常见的男包根据包体的尺寸规格可以分为竖版和横版两种。竖版男包以单肩背为主，包体小巧精致，多配有包盖结构，其内部部件有前插袋、内手机袋、内挖袋以及各种常用的钱包位、钥匙位等。而横版的男包则主要用于商务、外出等活动，手提或肩背均可，包体较大，款式简洁大方，设计有包盖部件。根据其适用场合功能设计更为全面，常见的部件有前插袋、后挖袋、中格袋、手机袋以及笔记本专用袋等。

本节以竖版的单肩包为例，重点介绍这一类包体的结构和部件设计以及样板制作的基本方法和步骤。

一、包体结构及部件设计

1. 部件结构分析及名称

此款包是由前后幅、包底和侧围构成的包体结构，符合单肩包的特点，小巧精致、挺括有型。由于前后幅的尺寸直接决定了整个包体的尺寸规格，故而前后幅为此包体的基础部件。其组成部件有前后幅、前插袋、包盖、包底、侧围、拉链布及各种里布（图5–47）。同时在侧围上分割出拉链围，在其缝合处设计有耳仔，直接与长肩带配合使用。

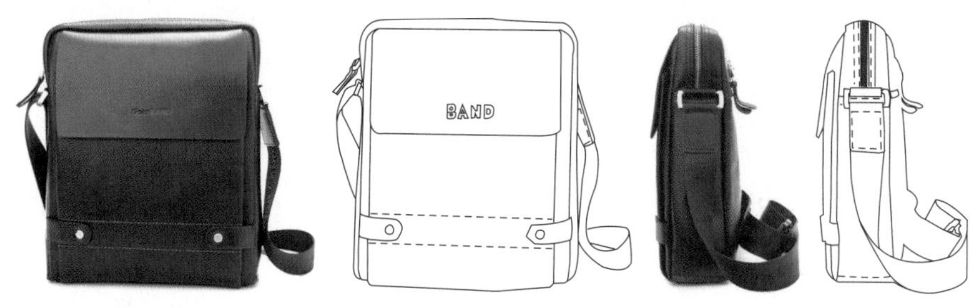

图5–47　单肩包结构

2. 前后幅的设计

后幅在尺寸规格上与前幅一致，不同的是为了节约材料将整体后幅分割为后幅上片、后幅左片和右片三部分。在上片设计有后挖袋，拉链处属于包拉链结构，挖孔时只留出拉链牙的宽度，同时在两端留有拉链头的位置，其缝线距边口约0.4cm，这样整体显得干净利落、高端大气。另外，后幅的左右两片在中缝处采用合缝的工艺处理，显得平整规范（图5–48）。

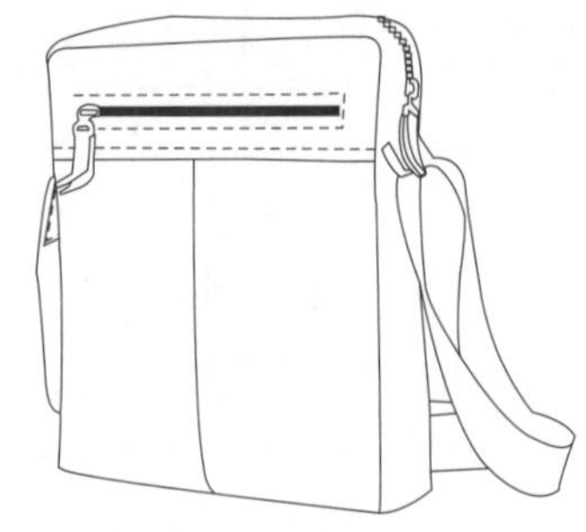

图5-48　后幅设计

3. 侧围及包底的设计

此款包的底围被分割为拉链围和侧围两部分，其尺寸与前后幅的左右及上部三周长度一致。其中侧围设计为下宽上窄的梯形结构，下底宽度与包底宽度一致；上底较窄与拉链围组合后的宽度一致。在侧围和拉链围的缝合处夹缝耳仔，用于长肩带的佩戴。

包底则设计为长方形，长度与前后幅的下边缘宽度一致，宽度设定为8~9cm。同时包底要求托较厚的底料，便于包体的成型。

4. 前插袋及包盖的设计

前插袋是这一类包体必不可少的部件之一，主要用于存放票据、书本、钥匙等物品，它设计在前幅的外侧，拿取十分方便。常见的前插袋以拉链、磁扣为主要开关方式，既保证了使用的方便性，同时又能保证物品的安全性。

包盖一般与前插袋搭配设计，其功能主要有以下两个方面：一是保证前插袋的隐蔽性和安全性；二是增加前幅的装饰性，提高包体的审美性。包盖设计可以是单独部件，其盖底直接与后幅缝合连接，也可以夹缝在拉链围与前幅之间。包盖由盖面皮、盖底皮以及托料组成。从后幅延伸至前幅的包盖，要有弯位设计，在盖面和盖底之间设计磁扣的位置，要求与前插袋的磁扣位置完全吻合。

5. 内拉链袋及手机袋的设计

前内里上设计前内插袋，距拉链位置向下8cm左右，通常采用边口贴皮条工艺，做成手机袋和证件袋一体的结构（图5-49）。后挖袋一般设计在后内里上，其位置根据包体的大小尺寸来定，此款包的后内挖袋距上口边缘7cm左右。

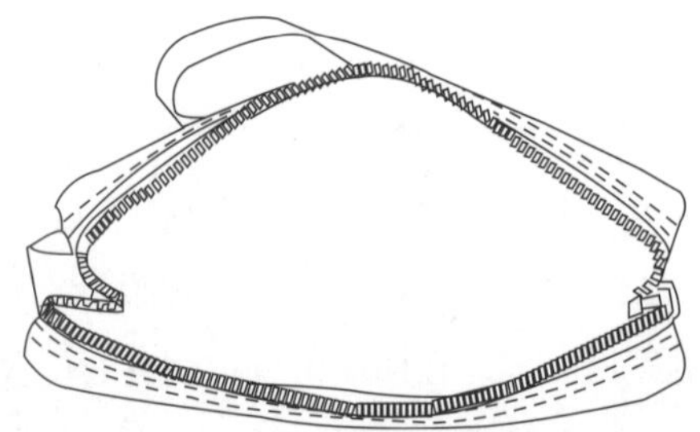

图5-49　里部件设计

二、包体尺寸规格的确定

1. 包体基础尺寸

此款包为男式单肩包，主要用于一些日常生活、上班、外出等较为正式的场合。故而包体造型简洁大方，成品包呈长方体，上口设计为弧形，下部为长方形。该款尺寸见表5-1。

表5-1　男式竖版单肩包设计尺寸表　　单位：cm

长	高	侧面上宽	侧面下宽	包盖长/宽	包带长/宽
23	30	6.5	9	21/12.5	120/4

2. 各部件尺寸的确定

前插袋作为前幅上主要部件，其尺寸安排主要考虑整体比例协调以及插袋的实用功能。其高约24.5cm，长约20cm，在两侧分别设计宽为2cm的折叠厚度，便于前插袋的开启。同时在距前插袋下边缘5cm的位置设计宽为3cm的假线装饰，两侧设计宽2.5cm、长6.5cm的装饰条带，条带前端为半圆形，使整个包体显得方中带圆，刚柔并济。

包体内部部件的尺寸主要取决于其特定的用途，一般手机袋宽9cm，高12cm，证件袋宽度和高度均为12cm左右。后内幅上的挖袋设计在距上口约8cm的位置，宽1.3cm，长14cm。

三、包体各部件样板的制作

此款男包结构较为简单，属于由前后幅和侧围构成的包体结构，因此前后幅属于包体的基础部件，因此要先制作前后幅的样板，侧围以及拉链围则是根据前后幅的周边长度来确定其长度。同时，在前幅上设计有前插袋，故而应先作出前幅整体样板，这样在制取前幅上其他部件时，其位置关系、尺寸规格都有较直观的依据。

1. 前幅整体样板的制作

前幅整体样板上直接显示出前幅上所有的部件的相互关系及尺寸。在制作时，应注意其比例及各部件间的位置关系。其制作步骤如下（图5-50）：

（1）首先，作两条相互垂直的线段作为样板的中心线，其交点为O点。

（2）根据包体的基础尺寸，以O点为底边中点，作一个长24cm、高30cm的长方形，同时将上部的拐角修成半径为1.5cm的圆弧，即为前幅的基础尺寸。

（3）在底边上从O点向左右各截取10cm作为前插袋的长度，同时作出前插袋的高度为24.5cm，其中长方形$M_1M_2N_1N_2$为前插袋的位置。

（4）在前插袋上，从O点沿中线向上OH_1为5cm，再向上截取H_1H_2为3cm做出前插袋两条平行装饰线的位置。

（5）同时在装饰线的两端作出长为6.5cm、宽为3cm的侧边装饰条，其中前端位置设计为

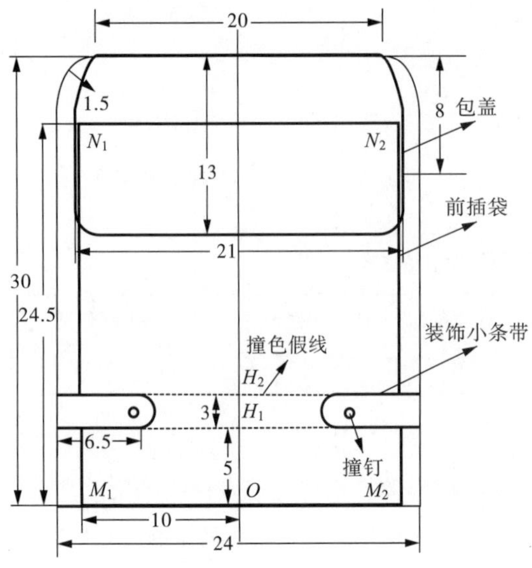

图5-50 前幅整体样板

半径1.5cm的半圆形即可。

（6）此款包的包盖夹缝在前幅与拉链围之间起装饰的作用，以上边线的中点为中心，设计长为21cm，高为13cm，两角修圆角，上边缘略短一些为20cm。

（7）下底边加放0.8cm的压茬量，其他周边加放0.6cm的缝份，在两侧边缘距上边约8cm的位置标记侧围与拉链围的分割位置，同时作出上下边的中点标记。

2. **前后幅样板的制作**

前幅样板是在前幅整体样板的基础上制作，后幅分割为后幅上片、左片和右片，共三个部件，其样板制作如下（图5-51~图5-53）：

（1）在前幅整体样板上按照最外面轮廓复制下来即为前幅样板。

（2）以前幅样板为基础，在距离上边缘8.5cm处，做出后幅上片的分割线，同时在距离分割线向上2.5cm处设计长为15cm、宽为1.5cm的拉链袋。

（3）在分割线处加放0.6cm的折边量，并在距边0.4cm处画出缝并线位置，即为后幅上片的样板。

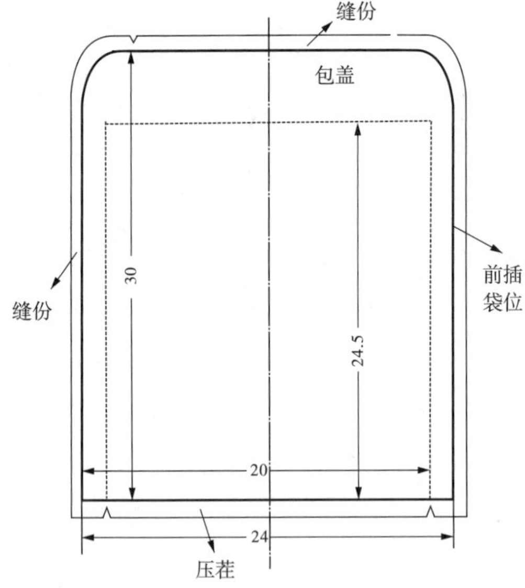

图5-51 前幅样板

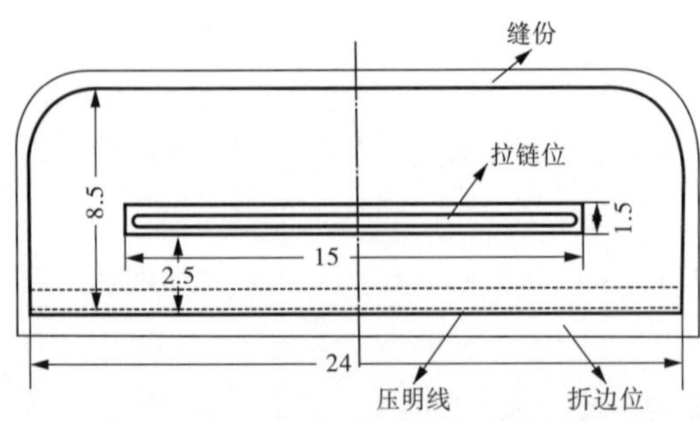

图5-52 后幅上片样板

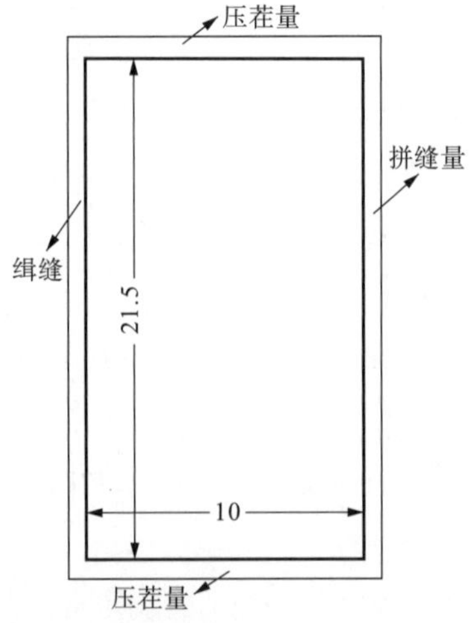

图5-53 后幅左右片

（4）同时将除去后幅上片剩余的部分沿中线进行分割，在分割线处加放0.4cm的缝份，即为后幅左右片的样板。

3. 前插袋及侧贴条样板的制作

前插袋的样板也是在前幅整体样板的基础上进行制作的，其具体过程如下（图5-54、图5-55）：

（1）直接在前幅整体样板上将前插袋的轮廓复制下来，得到一个长20cm、高24.5cm的长方形。

（2）同时，在距下底边5cm处，将装饰线和装饰条的铆钉位复制下来。

（3）下底边的压茬量已经存在，只需在两侧加放0.6cm的反缝量，它要与侧面的贴条一起组成前插袋的厚度部分。

（4）同时在上边缘加放1.5cm的折边量，沿线进行铲坑（片凹槽），直接牢固粘贴，边口不再缝线即可。

（5）侧贴条的高度与前插袋一致，宽度设计为1.5cm，一边与前插袋侧边翻缝，另一边贴缝在前插袋的下边前幅上，贴缝线距前插袋边缘约1.5cm。

（6）侧贴条为高24.5cm、宽1.5cm的长条形，两边加放0.6cm的缝合量即可。

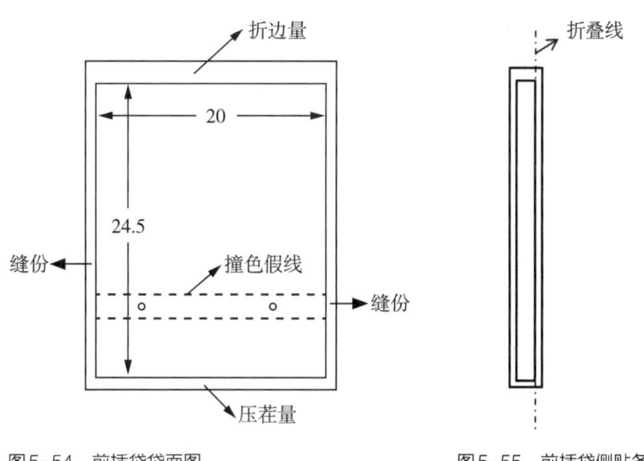

图5-54 前插袋袋面图　　图5-55 前插袋侧贴条

4. 包底样板的制作

包底的长度与前后幅长度一致，呈长方形，其样板制作过程如下（图5-56）：

（1）首先，作两条相互垂直的线段作为样板的中心线，其交点为O点。

（2）在O点的左右各截取12cm为包底的长度，同时在垂直线上向上截取8cm为包底的宽度，得到一个长为24cm、宽为8cm的长方形。

（3）在长度方向上两边各加0.6cm的折边量，在包底的两端加放0.8cm的压茬量即可。

（4）同时做出中点标记及缝合标记即可。

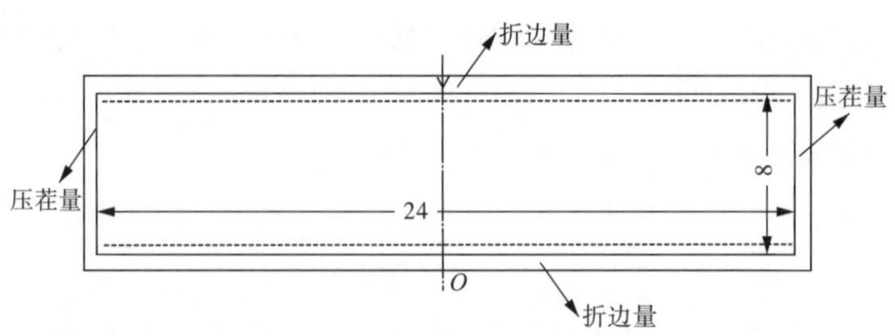

图5-56 包底样板

5. 侧围和拉链围样板的制作

侧围和拉链围的整体长度应与前后幅除底边之外三周的长度一致，故而侧围和拉链围的长度可以直接在前幅整体样板上进行量取。其中侧围为下宽上窄的梯形结构，而拉链围则为一长方形结构。其样板制作步骤如下（图5-57）：

（1）在前幅整体样板上量取从底边到侧围与拉链围的分割位置的距离，作为侧围的高度值，经测量约为21cm。

（2）侧围的下底宽度与包底宽度一致为8cm，上底宽度与拉链围的宽度一致设计为6cm。此时得到一个下底长8cm、上底长6cm、高为21cm的梯形。

（3）在两侧边加放0.6cm的缝份，上下两边加放0.6cm的折边量，做出中点以及缝合标记。

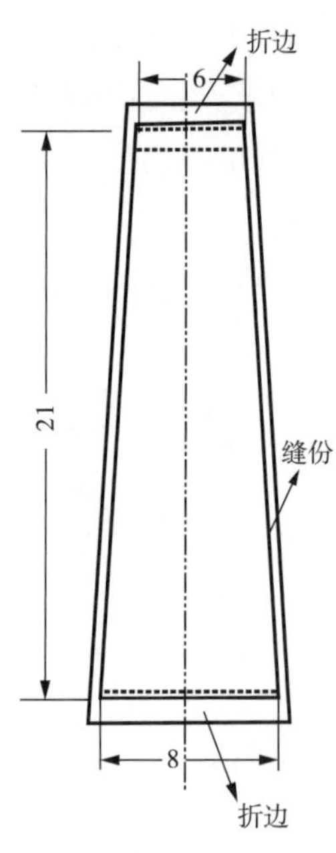

图5-57 侧围样板

拉链围样板制作步骤如下（图5-58）：

（1）从前幅样板上量取拉链位的长度为40cm。

（2）拉链围宽度为6cm，做一个长40cm、宽6cm的长方形，在中间部分作出宽度1.5cm的拉链位置，两侧加放0.8cm的压茬量，上口加放0.6cm的折边量，下口加放0.6cm的缝份即可。

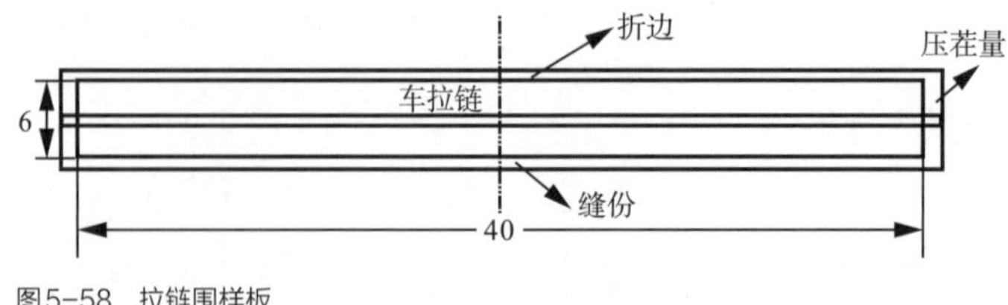

图5-58 拉链围样板

6. 包盖样板的制作

此包盖属于装饰性包盖，几乎为平面状不存在很大的弯位，所以在制作时只需盖面和盖底两部分，其样板应完全一致，只是不同的材质而已。包盖样板的制作步骤如下（图5-59）：

（1）在前幅整体样板上将包盖的形状复制下来。

（2）包盖两角修成半径为3cm的圆弧，其中上边缘长17cm，下边缘长21cm，高13cm。在三周边加放0.3cm的修正量，等与托料和盖底结合好之后一起进行修剪即可。

（3）在与拉链围缝合的位置加放0.8cm的拼接量，作中点标记。

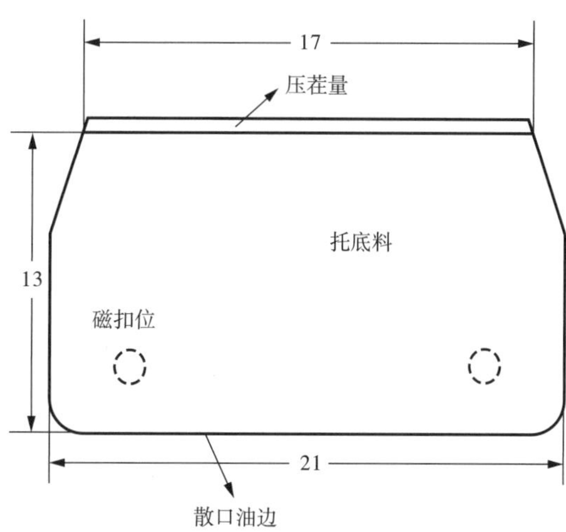

图5-59　包盖样板

7. **前后内里样板的制作**

此类型包体的内里样板与面样板一致，制作时将面里一起反缝后，在边缘处进行包边处理即可。其制作过程如下（图5-60）：

（1）按照前幅样板的轮廓复制下来，在周边加放0.3cm的里布修剪量。

（2）在距离上边缘8cm的位置设计后内挖袋，其中宽为1.3cm、长为14cm。

（3）同理在后内里同样的位置设计前内里的手机袋和证件袋，其中手机袋宽9cm，高12cm左右，证件袋宽度和高度均为12cm左右。

8. **其他零部件样板的制作**

零部件还有前幅装饰条、耳仔和拉牌等，其样板制作过程如下（图5-61、图5-62）：

（1）根据装饰条的尺寸，先做一个长6.5cm，宽2.6cm的长条，前端设计半径1.5cm的半圆形，后端加放0.8cm的压茬量。

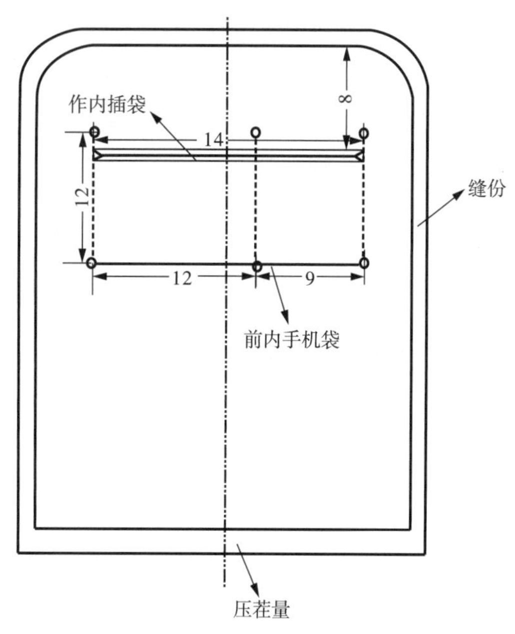

图5-60　前后内里样

（2）耳仔和拉牌一般都有特定的样板，无须再额外制作。

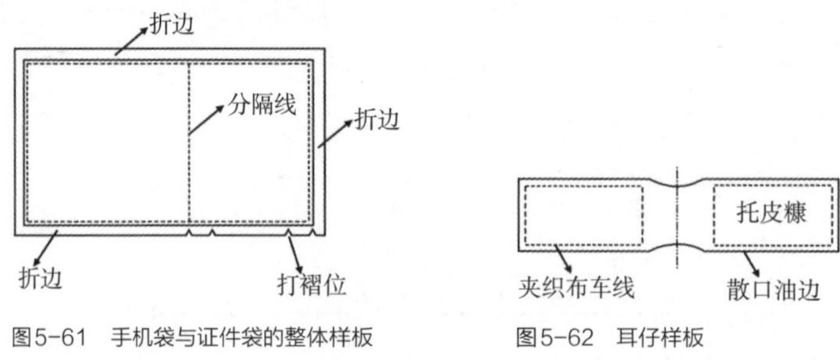

图5-61 手机袋与证件袋的整体样板　　图5-62 耳仔样板

第五节 男式横版公文包的结构设计与制板

男式公文包主要用于通勤、商务洽谈以及出差等活动，所以以实用而强大的内部功能为主要设计点。同时其外部部件设计要体现简洁大气、精良考究的特点。这一类包通常结构都较为简单，没有过多的装饰，但对于材质和工艺的要求十分苛刻。其面料通常采用头层牛皮、进口二层皮或是品质优良的超纤革。结构多是由前后幅、底围或前后幅和侧围、包底组成，大多数设计有包盖结构，这样既可以作为装饰，又能很好地保证包体安全性。

这一类男包的部件设计以内部部件设计为主，在前后幅上设计插袋，这样便于物品分类放置。内部部件则由中格袋、手机袋、证件袋、钱包位以及内置电脑包组成。其功能可谓无所不容，再加上各种定型衬料，所以其样板数量都较多，少则二三十个，多则几十个甚至上百个样板。

本节以一款较为简单的男式横版公文包为例，讲解此类包常用的结构设计特点以及常见部件的样板制作要点。

一、包体结构及部件设计

此款包是由前后幅和底围构成的包体结构，部件设计简单大方，无过多装饰。由于前后幅尺寸直接决定了整个包体的尺寸规格，因此前后幅为基础部件。其组成部件由前后幅、前插袋、包底围及各种内部部件组成。在包体的前幅设计前插袋，后幅设计后挖袋，同时在前后幅上设计耳仔，直接与手提带配合使用，在拉链的两端设计环扣，方便长肩带的拆卸和佩戴（图5-63）。

1. 前后幅的设计

此款包的后幅设计较为简单，在距上边口约9cm的位置设计拉链窗，其长30cm，宽1.5cm

左右（图5-64）。包体顶端的拉链围与前后幅为一体的结构，故前后幅的实际高度应比包体放置时的高度略高出1~2cm。

图5-63　公文包结构图

图5-64　后幅设计

2. **前插袋设计**

前插袋距包体上边口约12cm，距下边口以及两侧的距离约3cm，可以依据前幅的具体尺寸来确定前插袋的尺寸。前插袋为长约32cm、宽15cm的长方形结构，在下底的两角做深度约1.5cm的切口，并略修圆角，以此来保证前插袋的容量以及便于工艺缝合操作。

有的前插袋内专门设计有插卡位，便于卡片的放置和拿取（图5-65）。

3. **手机袋、证件袋以及笔插的设计**

前内里距上口8cm左右的位置设计有拉链袋，长22cm，方便放置一些卡片、票据等物品。而手机袋和证件袋则做成一体的结构，其位置比拉链袋靠下2cm即可。通常采用橡筋布贴缝皮料做成，其下端用皮料直接贴缝在里布上即可。在手机袋的右侧设计有两个笔插位，方便存放笔等用品（图5-66）。

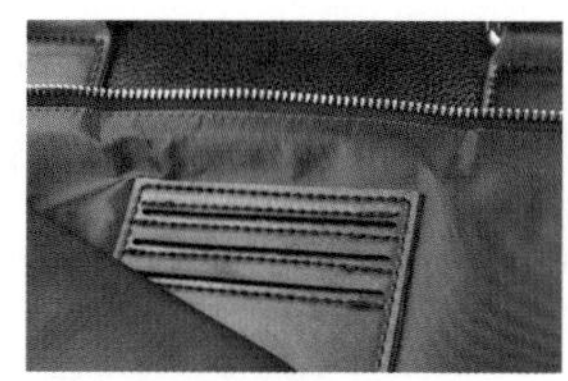
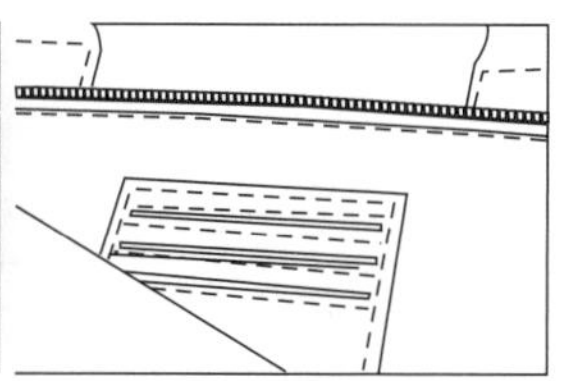

图5-65　前插袋设计

图5-66　内部结构设计

4. **电脑包的设计**

电脑包通常设计在后内里上，尺寸大小一般根据包体的长度来确定，通常做成与包体的长度一致的双层里料，中间托有泡棉材料，以此减少对电脑的碰撞和挤压。此款包的电脑包设计在距上口边12cm的位置，同时设计有电脑包粘扣，防止滑出。

二、包体尺寸规格的确定

1. **包体基础尺寸**

此款包为男式手提、肩背两用包，主要用于一些商务活动、上班、外出等较为正式的场合。

包体造型简洁大方，成品包呈长方体，前幅有插袋设计。该款包尺寸见表5–2。

表5–2 男式横版公文包的结构设计尺寸表 单位：cm

长	高	侧面上宽	侧面下宽	前插袋长/宽	手提带长/宽
38	30	6	8	12.5/21	120/4

2. **各部件尺寸的确定**

前插袋作为前幅上主要部件，其尺寸安排主要考虑整体比例以及实用功能。其高15cm，长32cm。同时为了节约材料成本，前幅在中线处断开。

包体内部部件的尺寸设计主要取决于其特定的用途，在前内里上设计有手机袋、证件袋、拉链袋和笔插，一般手机袋的宽9cm，高12cm左右；证件袋宽度和高度均为12cm左右，笔插宽度和高度均约2cm；拉链袋设计在距上口约8cm的位置，比手机袋高出2cm的高度，其宽1.3cm，长14cm。同时在后内里上设计有内置电脑包，宽度与后幅里布一致，高18cm。

三、包体各部件样板的制作

此款男包结构较为简单，应先制作前后幅的样板，侧围以及拉链围则是根据前后幅的周边长度来确定其长度。同时，在前幅上设计前插袋，因此应先做出前幅整体样板，这样在制作前幅上其他部件样板时，其位置关系、尺寸规格都较直观。

1. **前幅整体样板的制作**

其制作步骤如下（图5–67）：

（1）按照包体的基础尺寸，先做一个长38cm，高30cm的长方形，下端两角处修成半径为3cm的圆弧。

（2）由于包体拉链向外延伸7cm，因此在前后幅的上端两角，在距边缘2cm处开始向外延伸，端点宽度为1cm左右。

（3）同时，将前幅在中缝处进行分割，在距上边约12cm处设计有前插袋，其长32cm，高15cm，前插袋距离左右侧缝以及下底边缘各3cm。

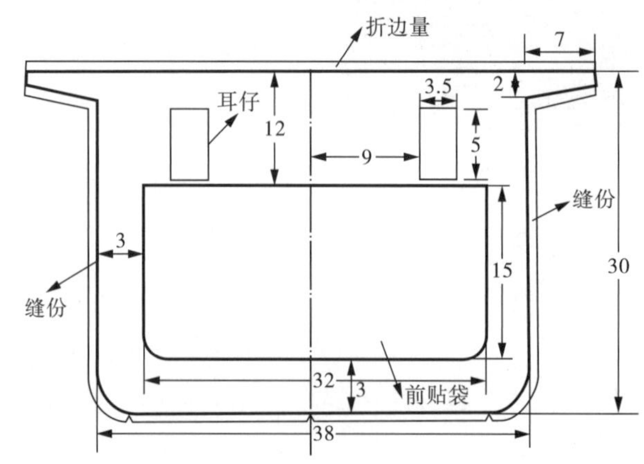

图5–67 前幅整体样板

（4）在距中线两侧约9cm的位置设计耳仔位，耳仔的高约5cm，宽约3.5cm。

（5）最后在上边缘加放0.6cm的折边量，其余的三边加放0.6cm的缝份即为前幅整体样板。

2. 前后幅样板的制作

前后幅的样板在前幅整体样板的基础上制作，其中后幅设计出拉链袋的位置。其样板的制作步骤如下（图5-68、图5-69）：

（1）在前幅整体样板上按照最外面的轮廓线将前幅样板复制下来，沿着中线进行分割，并在分割线上加放0.4cm的缝份。

（2）后幅样板同样沿最外面的轮廓线复制下来，在距上边缘约8cm的位置设计后链窗，长为32cm，宽为1.5cm。

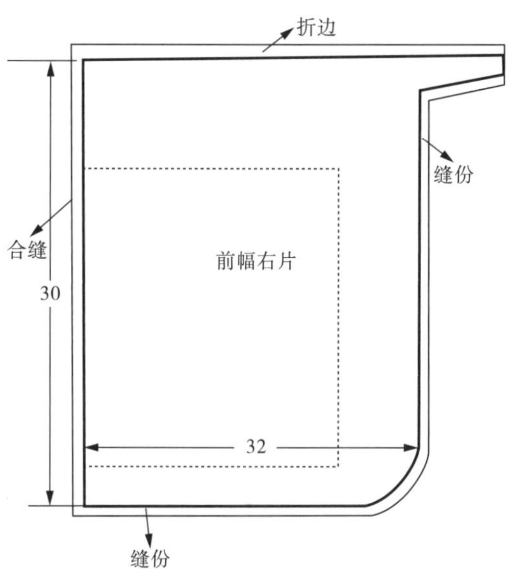

图5-68　前幅样板

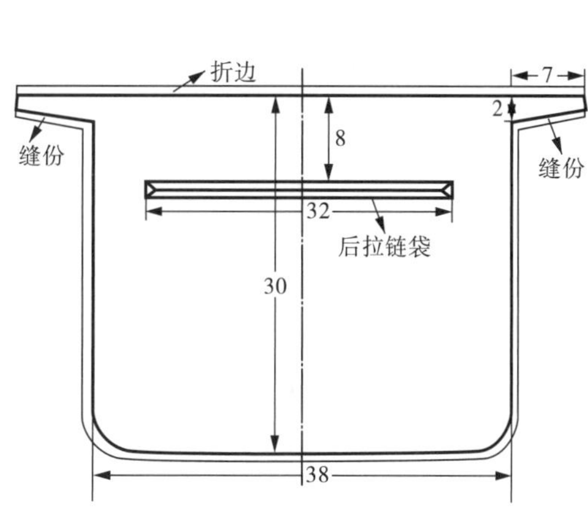

图5-69　后幅样板

3. 前插袋及其里布样板的制作

此款包的前插袋属于半立体的形式，通过切角的形式来增加厚度，使其成为立体袋。其样板的制作过程如下（图5-70）：

（1）在前幅整体样板的基础上将前插袋的轮廓复制下来，在下端两角设计深度和宽度为1.5cm的切角。

（2）同时在上边缘距离两端约1cm的位置做出拉链位的剪口标记，在距离上边缘5cm的位置设计唛位。

（3）最后在四周加放0.6cm的折边量，即为前插袋的样板。

（4）前插袋的里布样板与面样板一致，在四周加放0.3cm的里布修剪量即可。

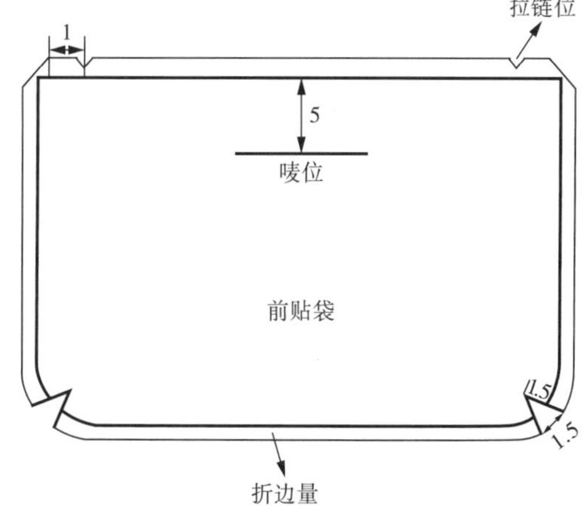

图5-70　前贴袋样板

4. 底围样板的制作

底围的总长度来自前幅净样板左右以及下边缘的长度之和。在具体制作过程中将底围分割为包底和侧围两个部分。其样板的制作步骤如下（图5-71、图5-72）：

（1）首先量取前幅整体样板上包底分割线处的长度作为包底的长度，包底的宽度设计为8cm，故得到一个长36cm，宽8cm的长方形。

（2）在包底的长度向加放0.6cm的缝份，在两端边缘加放0.6cm的折边量，即为包底样板。

（3）通常情况下包底要托衬料，其衬料样板在包底样板的基础上去掉所有的加工量即可。

（4）侧围样板为一梯形，其中下底宽8cm，上底宽6cm，高度则直接量取前幅整体样板上从包底分割处到顶端的距离，约32cm。

（5）侧围向上延伸7cm，顶端宽3.5cm，连接梯形的左右两边即为侧围向上延伸的部分，其正好与前后幅拉链延伸部分进行翻缝。

（6）在侧围的左右两边加放0.6cm的缝份，下边缘加放0.8cm的压茬量即可。

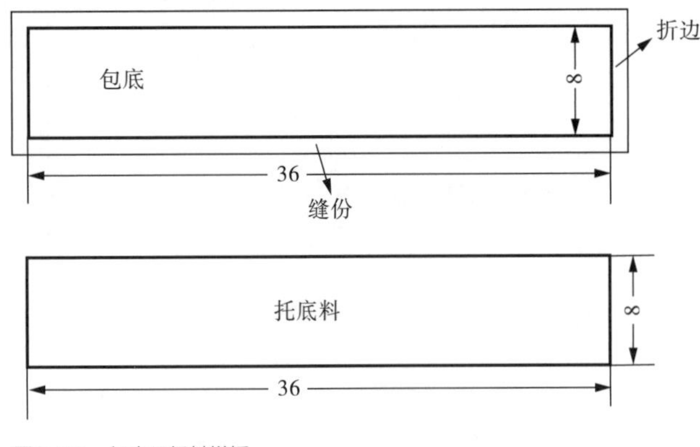

图5-71 包底及托料样板

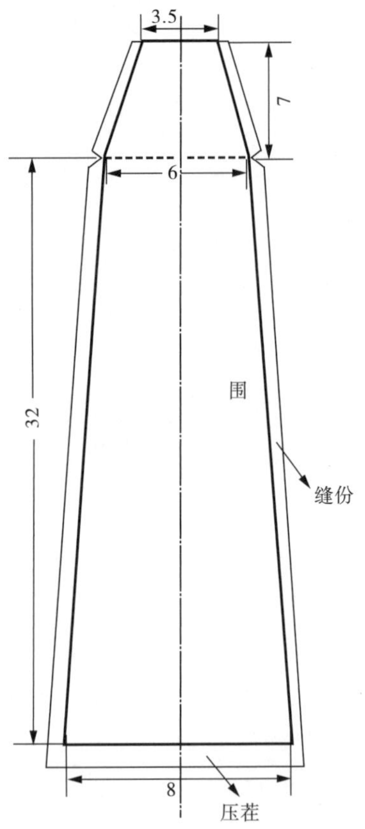

图5-72 侧围样板

5. 前后幅里布样板的制作

本款包的里部件是由前后幅里布和底围里布共同构成的，其中前后幅里布样板是在前幅整体样板的基础上设计出拉链袋、手机袋、证件袋以及笔插即可。其样板的制作过程如下（图5-73）：

（1）在前幅整体样板上将最外面的轮廓复制下来，在距上边缘8cm位置处设计长32cm，宽1.5cm的链窗位。

（2）在距链窗位向下2cm处设计手机袋和证件袋，一般手机袋宽9cm，高12cm左右，证件袋宽度和高度均为12cm左右，笔插宽度和高度均约2cm。

（3）里布样板在面样板的基础之上，周边加放0.3cm的里布修剪量。

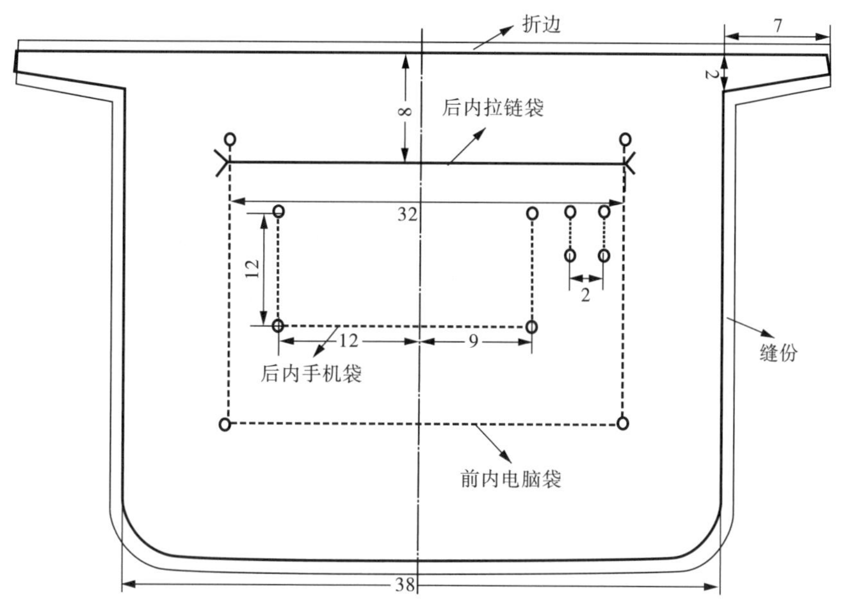

图5-73　里布样板

6. 底围里布样板的制作

底围里布样板在底围样板的基础上制作完成，制作步骤如下（图5-74）：

（1）先根据包底的尺寸确定底围里布的底部部分，在此基础上量取侧围的高度。

（2）根据侧围上部的宽度和高度确定底围里布的尺寸，宽6cm。

（3）四周加放里布缝份1cm即可。

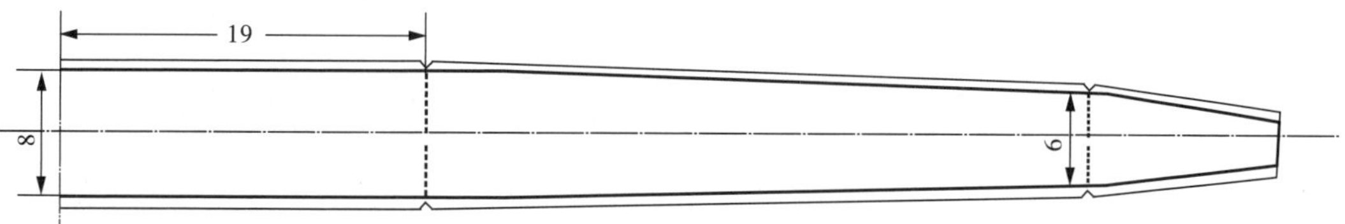

图5-74　底围里布样板

7. 内置电脑袋样板的制作

电脑袋一般采用双层里料，中间托有较厚的泡棉。其样板的制作步骤如下（图5-75）：

（1）先确定内插袋的尺寸，长36cm，高15cm左右。

（2）由于上边口为对折线，总高30cm。

（3）四周加放折边量1cm，折回里层的部分不用加放量，但边口处做出30°的倾角。

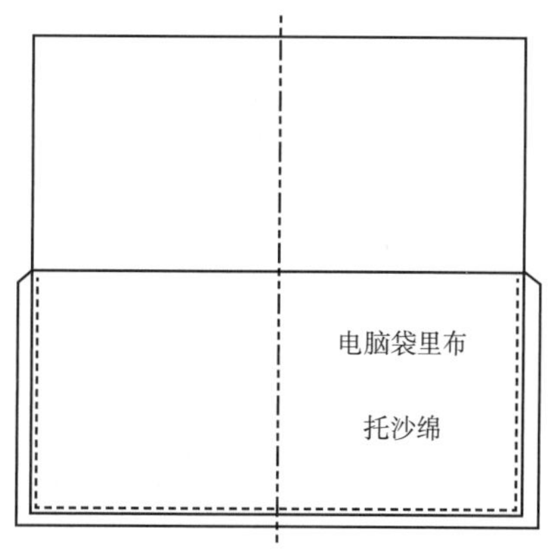

5-75　电脑袋样板

8. 其他零部件样板的制作

除上述部件之外，此款包还有手机袋、证件袋、电脑袋、耳仔皮、拉链尾皮等零部件。其样板制作步骤如下（图5-76、图5-77）：

（1）证件袋和手机袋一般做成连体结构，长21cm，高12cm。

（2）耳仔通常设计为高5cm，宽3.5cm的长方形，其中间部分两边缩进0.5cm，便于环扣的连接。

（3）笔插宽度和高度均约2cm左右，其中间部分宽度向里各收约0.5cm即可。

（4）拉链尾皮的尺寸根据拉链边缘的宽度而定，一般都有标准样板，只需直接套用即可（图5-78）。

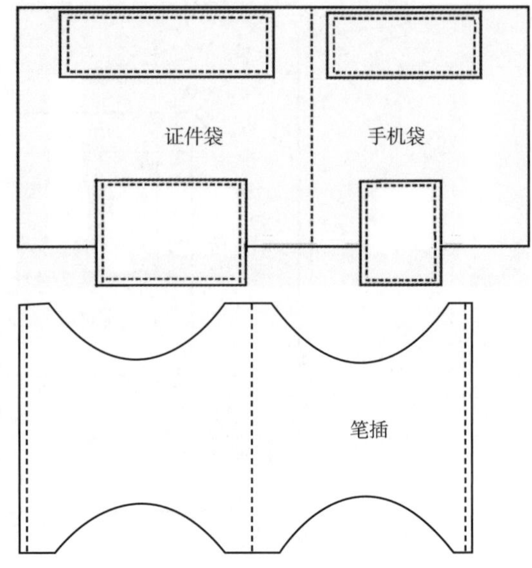

图5-76 手机袋、笔插样板

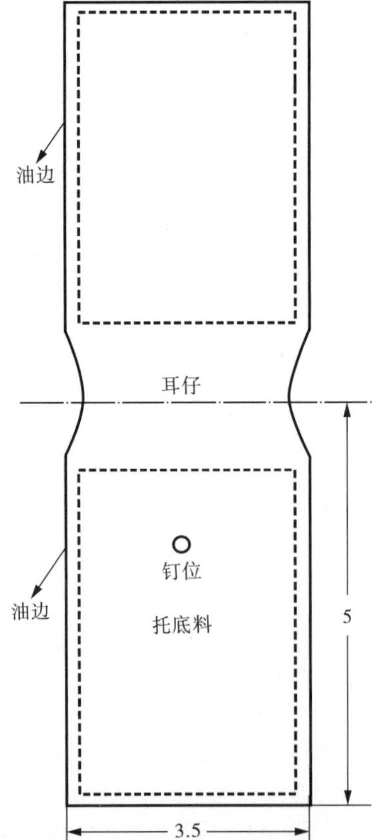

图5-77 耳仔样板

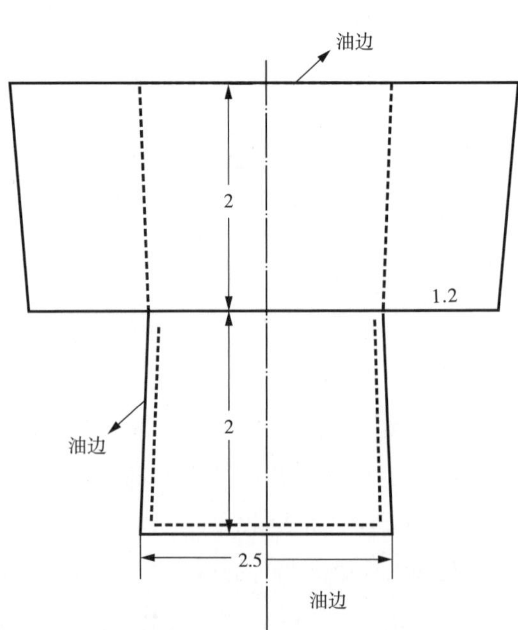

图5-78 包拉链皮样板

本章小结

- 零钱包的内部结构与其内部功能密不可分，常见零钱包设计有钥匙包、隔层袋、插卡袋及后挖袋等。
- 根据零钱包的佩戴方式，可分为提带式、手抓式、腕带式和夹子扣式等。
- 钱包的分类方式有很多种，从钱包的规格及结构可分为短款式、长款式、两折式及多折式钱包等；从使用性别来分类有女士钱包和男士钱包；从开关方式又可分为折叠式、拉链式、五金铰式以及带盖式等。
- 钱包的面部通常由大面皮、中格皮、顶贴皮、中贴皮、贴口皮、插卡皮、镜窗皮等部件组成，有的还有盖面皮、盖底皮、内盖面皮、拉链袋面皮等部件。
- 钱包的里布部件依据面部件和内部功能来决定，通常有大面整体里布、中格里、插卡整里、插袋里、吊里等。
- 双拉式手抓包主要由相互独立的两个拉链隔层组成。拉链袋1主要由手机袋、活页夹组成，而拉链袋2则由插卡袋、中格袋、风琴皮组成。
- 男包最常采用的结构大致有三种：由前后幅、侧围和包底构成，一般在前幅设计有插袋，后幅有挖袋设计；由前后幅、底围和包盖构成的包体结构，根据包盖的长短，可以分为短包盖、中包盖和长包盖三种；由前后幅和包底构成，适合于较大的公事包，以手提为主，同时在前后均设计有插袋。
- 根据包体的尺寸规格，常见的男包可以分为竖版和横版两种。竖版男包以单肩背为主，包体小巧精致，多配有包盖结构，其常用的内部部件有前插袋、内部手机袋、内挖袋以及各种常用的钱包位、钥匙位等。而横版的男包则主要用于商务、外出等场合，手提和肩背均可，包体较大，款式简洁大方，常设计有包盖部件。

思考与练习

1. 根据零钱包外部组成部件的不同，包体大致可以分为哪几种类型？
2. 常见钱包的内部部件有哪些？分别用来盛放哪些物品？
3. 结合钱包的市场调查，分析钱包插卡位有哪几种常见的形式？其大致尺寸是多少？
4. 根据钱包款式图，进行其结构设计，完成各部件样板的制作及样品的试制。
5. 结合男包的市场调查，分析男包常用的外部部件有哪些？并分析其功能性。
6. 结合市场上常见的男包款式，阐述其包体结构有哪些？选其中你最喜欢的一款进行结构设计和样板制作。

第六章

旅行箱包的结构设计与制板

课题内容：腰包、旅行包、背包及拉杆箱的内外结构，各部件样板的制作。

课题时间：16课时

教学目的：培养学生腰包、背包、旅行包及拉杆箱的结构设计与制板的能力。

教学方式：以常见腰包、背包、旅行包及拉杆箱设计为载体讲解结构设计与样板制作方法，训练学生的产品开放技能；采用边讲边练，讲练结合的教学方式。

教学要求：1. 熟悉常见腰包、背包、旅行包及拉杆箱的基本结构、部件组成以及尺寸规格。

2. 掌握腰包、背包、旅行包及拉杆箱的结构设计方法和样板制作步骤。

3. 掌握箱体的基本结构和样板制作方法。

课前准备：垫板、刻刀、钢尺、卷尺、锥子、剪刀等制板工具

第一节　常见腰包的结构设计与制板

腰包通常指固定在腰间的一种包，一般体积较小，主要用于外出游玩、上街购物等场合，腰包以方便实用、携带便捷等特点深受消费者的青睐（图6–1）。在材料上常选用皮革、合成纤维、印花牛仔等面料制作而成。腰包的佩戴方式主要是斜挎腰间，也可以斜挎于胸前，此类也可称作胸包（图6–2）。

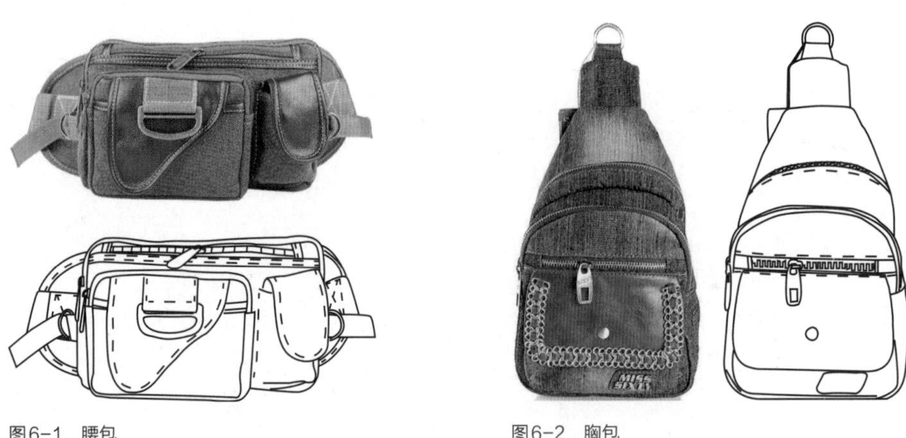

图6–1　腰包

图6–2　胸包

腰包的结构设计以多层次、多分割为主要特点，这样便于物品分类放置（图6–3）。腰包通常采用拉链开关方式，其多个隔层也以拉链袋的形式独立存在。常见的腰包主要由前后幅、大身围、前插袋、袋底围、后挖袋等部件组成，如果采用带盖式前插袋，就要设计袋盖面、盖底、磁扣或襻带等部件。

腰包的造型多以长方形、椭圆形、水饺形为主，一般选择可调节的长腰带，腰包与包体连接处通常采用较宽的长方形或圆弧形过渡连接，使包体与包带过渡自然、浑然一体。胸包则多佩戴于胸前，这样既方便实用又能很好地保证其安全性，胸包的廓型多为竖条形、竖椭圆形，这样比较符合人体工程学原理，使包体更加紧密贴合人体（图6–4）。

本节以牛皮腰包为例，讲解腰包类包体的基本结构、部件组成，重点讲解此类包的结构设计特点及方法、样板制作的技术要点和步骤。

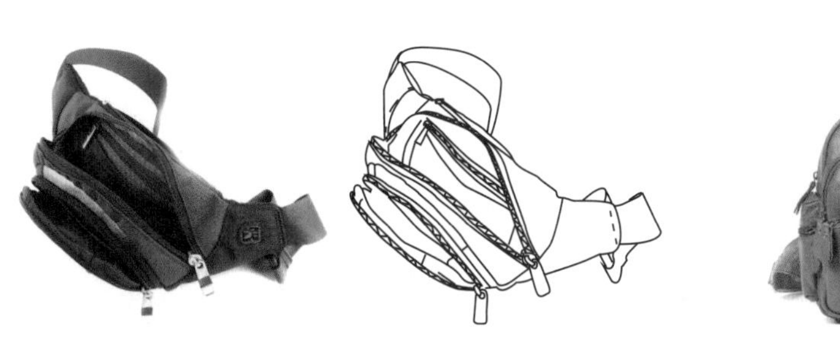

图6-3　多层腰包

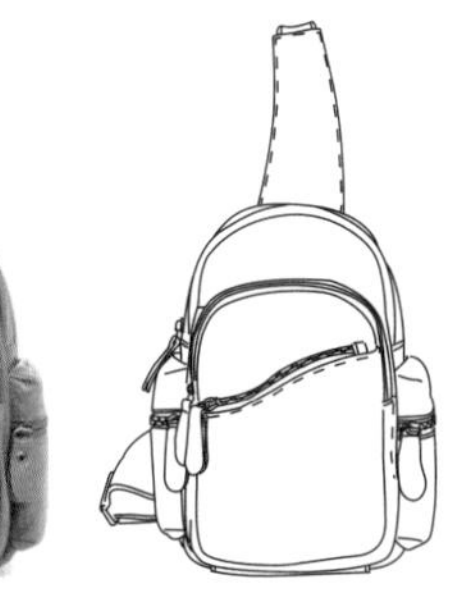

图6-4　椭圆形胸包

一、包体结构及部件设计

此款腰包主要用于外出、日常生活等场合，其佩戴方式以胸前斜挎为主。其部件包括前后幅、前幅拉链袋、前插袋、大身围以及后挖袋等（图6–5）。

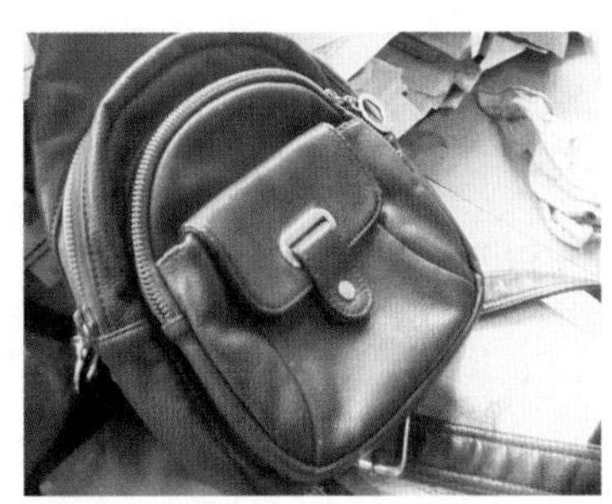

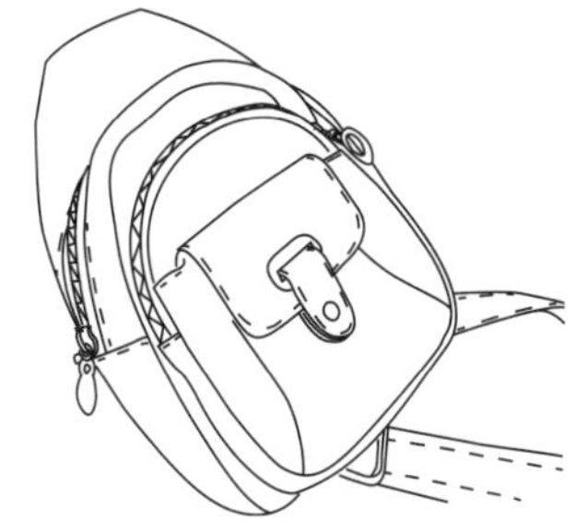

图6-5　腰包实物图

1. 前后幅的设计

此类包体大多由前后幅和大身围组成，同时大身围又被分割为底围和拉链围两部分，上部由拉链围和拉链布共同组成，其宽度与下部的底围宽度一致，三者共同组成包体的大身围。前幅上设计有拉链贴袋，而拉链贴袋上又设计前插袋。前插袋上口宽比拉链袋略宽一些，从而形成了前插袋的立体形态，既方便盛物又美观大方。

此款包是由前后幅和大身围构成的包体结构，前后幅作为包体的基础部件，其围度尺寸直接决定了大身围的长度，而前拉链袋、前插袋等部件的尺寸则根据包体的设计关系和分割比例来共同确定。

根据包体的整体造型以及设计风格，前幅设计为椭圆形，后幅则设计为与包体上贴片造型一致的类三角形。

2. 前拉链袋的设计

此款包的拉链袋设计在前幅上，比前幅略小一圈，属于立体袋的形式。其厚度由袋底围和拉链围构成。由于拉链袋上设计有前插袋，所以拉链袋的前袋面的上半部分采用面料，而下半部分因被遮挡而采用里布制作。

3. 前插袋设计

前插袋设计为带盖式外袋，前袋面两条对称的弧线将其分割为前插袋中片、左片和右片三个部分。其中前袋面的长度比拉链袋略大，使前插袋显得立体自然。同时袋盖部分的长度略小于前袋面，属于短盖设计。

4. 包底围的设计

包底围指包体大身围的下半部分，与包体主拉链相连接。其连接处一般设计在包体大身围1/2处。一般设计为宽度一致的长条形。

5. 包体上贴片的设计

上贴片是连接前后幅的重要部件，上贴片的里边缘连接拉链布，外边缘连接包体后幅，两端与拉链布、拉链围一起与包体底围相连接。在与拉链布连接增加包体厚度的同时，实现高低不同的前后幅之间的连接，使包体形成长条形的立体形态。

6. 内里布的设计

此款包体的内里设计同其他由前后幅和大身围构成的包体一样，里布同面部件的形状一致，只是在面样板基础上周边加放1cm里布修剪量。内里布大致分为前后幅内里、底围内里、拉链围里布、前拉链袋下半部分里布、前插袋里布以及后挖袋里布等部件。

7. 包带上贴片及下贴片的设计

包带上贴片是包体上部分与包带连接的过渡部件，上贴片一般呈长条形，此款包的包带上贴片上端呈大圆弧形与包带直接连接（图6-6）。下贴片是包带与包体右侧的连接部件（图6-7），呈弯弧形，缝合时其中弯度较大者在上部，弯度较小者在下部，这样符合包体的佩戴形式，使包体与佩戴者紧密贴合。

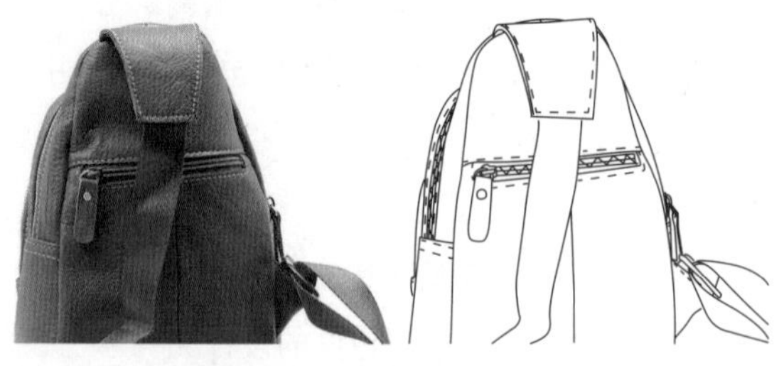

图6-6　包带上贴片

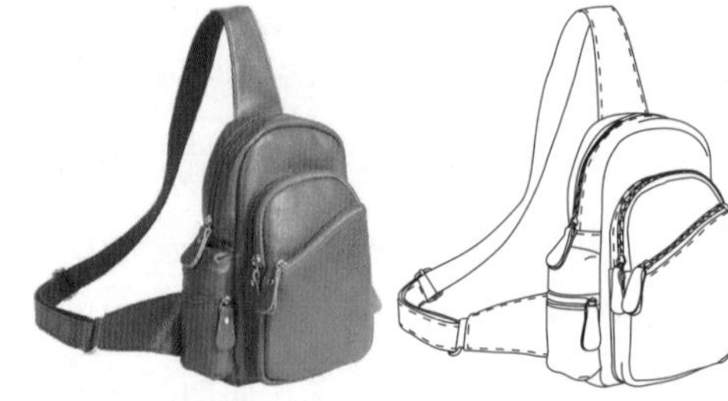

图6-7　包带下贴片

8. 各种挖袋及手机袋的设计

包体后挖袋设计在后幅上，呈竖直状。内里挖袋和手机袋、证件袋等部件都设计在后内里上，挖袋比手机袋略高2cm左右，其尺寸规格与其他小型包体一致。

二、包体尺寸规格的确定

包体尺寸规格确定要考虑包体的佩戴方式、风格特征及使用特点等因素。本款包斜挎于胸前其尺寸不宜过大，基本形状为长椭圆形。再根据其设计意图、使用功能、比例关系确定其他零部件的尺寸规格。

1. 包体基础尺寸的确定

包体整体形状类似于长椭圆形，其中后幅呈类三角形。包体底部长度约为20cm，前幅呈饱满的椭圆形，长约20cm，高23.5cm。后幅略高于前幅，约为28.5cm，上部宽度约为8cm。包体底部两端呈弧形，宽度约为7cm，前拉链袋厚度为2cm左右。包体上部宽度根据上贴片的弧度决定，一般能自然地过渡至后幅即可。

2. 各种零部件尺寸确定

前拉链袋长18cm，高19.5cm，其下部为带圆角方形，上部呈饱满的圆形。拉链袋厚度为2cm左右，侧围由袋底围和拉链布、拉链围组成，其断开位置在两侧边缘距离中线顶端9cm。

前插袋长度与前拉链袋底部长度一致，即18cm，高13cm，袋面分为左、中、右三片，中片上边缘长10cm，左右两片长4cm左右。包盖长12cm，高6.5cm，两端为半径2cm的圆弧。其中袋盖设计2cm的弯位（向下弯折的厚度量）。

后挖袋设计在后幅右侧，呈竖直方向，高为14cm，宽为1.3cm。后内里挖袋长为10cm，宽为1.3cm。一般手机袋宽为9cm，高12cm左右。

三、包体各部件样板的制作

此款包的主要部件有前幅、后幅、底围、主拉链围、上贴片、拉链袋袋面、拉链围、袋底围、前插袋袋面、袋盖、包带上贴、包带下贴以及包带等部件。前后幅为此包的基础部件，也称为主格，应先根据包体尺寸进行前后幅样板的制作。

1. 前幅整体样板的制作

其制作步骤如下（图6–8）：

（1）首先，作两条相互垂直的线段作为样板的中心线，其交点为O。

（2）根据包体的基础尺寸，以O点为底边中点，做一个长为20cm，高为23.5cm的椭圆形，其上部为半径10cm左右的半圆形，下部两侧拐角为半径4cm的圆弧。

（3）在前幅的基础上，上端向下缩2.5cm，两侧向里缩进1cm，下端向上缩进1.5cm，按照前幅的大致形状设计前拉链袋的位置，拉链袋形状较前幅更加饱满、圆润。

（4）从拉链袋顶端沿中线向下6.5cm做垂线，此线为前插袋位置线，其与中线的交点定为O_1点。

（5）从前插袋位置线向下1cm作一条平行线，即为拉链袋袋面分割线，其上半部分用面料制作，下半部分因被前插袋遮盖而采用里料制作，这样可以节约材料成本。

（6）沿前插袋位置线中心点 O_1 向两侧各截取6cm为袋盖宽度位置，袋盖高度取6.5cm，下端两角修成半径为2cm的圆弧。

（7）在中心线距下端约为2cm的位置设计宽为4cm的扣襻，其扣襻条长度约为5.5cm，下端为圆弧形，在圆弧的中心位置设计按扣。

（8）同时从 O_1 点向两侧各截取5cm，定前插袋分割线，向下向外弯曲到前插袋底弧圆角处。

（9）在前幅两侧一半高度位置做出拉链位剪口标记，在前拉链袋两侧低于前幅剪口1cm位置做出拉链位剪口标记，在中线上做中点剪口标记。

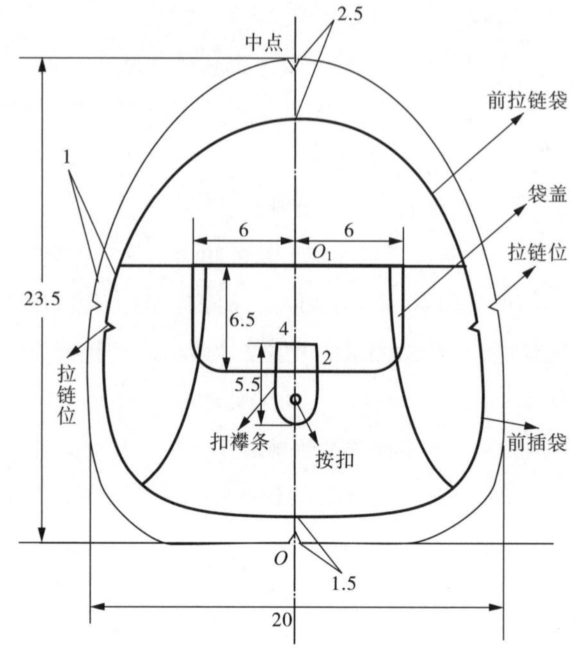

图6-8　前幅整体样板

2. 前幅样板的制作

前幅样板应在前幅整体样板的基础上进行制作完成，其制作步骤如下（图6-9）：

在前幅整体样板上将最外面轮廓和前拉链袋的位置复制下来即为前幅样板。在周边加放0.6cm的缝份，同时作出拉链位、中点等剪口标记。

3. 后幅样板的制作

后幅下半部分形状与前幅下端比较类似，只是比前幅高一些，顶部略窄一些，宽约为8cm。其样板制作过程如下（图6-10）：

（1）首先，作两条相互垂直的线段作为样板的中心线，其交点为 O 点。

（2）根据后幅尺寸规格，以 O 点为底边中心，取下底边长20cm，高28.5cm，上底边长为8cm。

（3）再将下底两角修成半径4cm的圆弧，上底两角修成半径为2cm的圆弧，将两侧斜边修成较为饱满的弧线，即为后幅的基础样板。

（4）在周边加放0.6cm的缝份，同时在距底边向上4cm的位置边缘作出包带下贴片的下端位置标记，下贴片宽为7cm，在第一个剪口标记向上7cm作出上端位置标记。

（5）同理，在后幅顶端从中点向两端各截取3.5cm标记出包带上贴片位置标记，并将前幅整体样板上拉链位标记复制到后幅的相应位置。

（6）距顶端4cm后幅中心线3cm的位置斜向下设计拉链挖袋，挖袋长14cm，宽1.3cm。

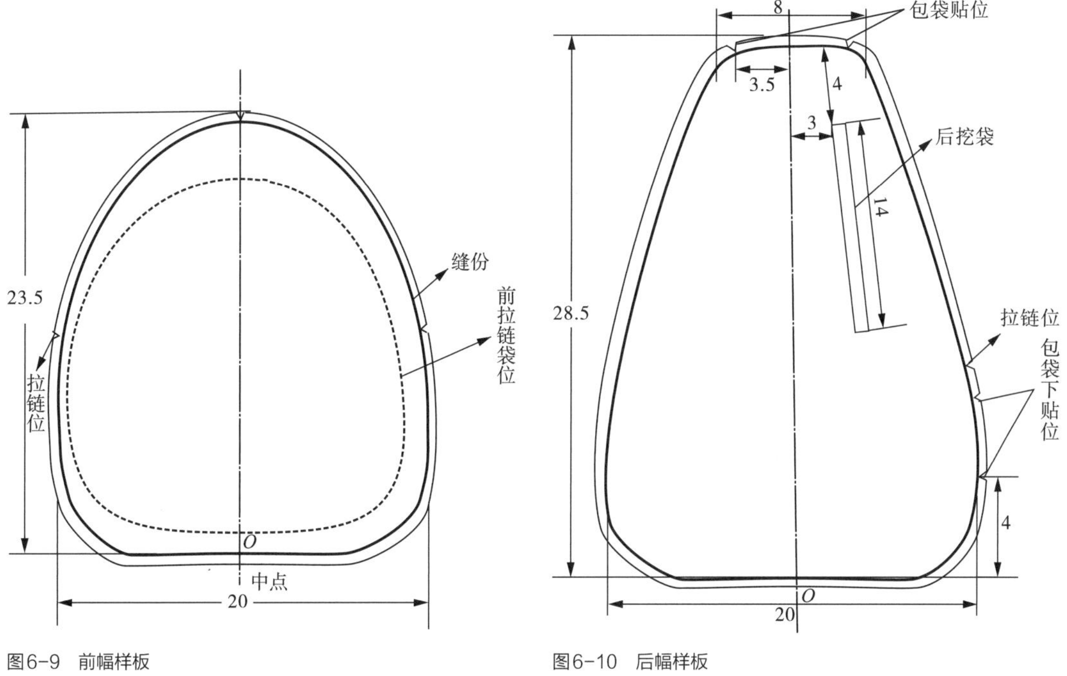

图6-9　前幅样板　　　　图6-10　后幅样板

4.包底围及主拉链围样板的制作

包体的大身围由包底围和拉链布、拉链围构成，其长度之和与前幅周长相等，其分割线在拉链位置处。

（1）包底围样板的制作步骤如下（图6-11）：

①作两条相互垂直的线段作为中心线，其交点定为O点。

②以O点底边中心点截取计算包底围长度，与前幅整体样板上外轮廓拉链位的下边缘长度一致，约为22cm。

③包底围的宽度约为7cm，做一个长为22cm，宽为7cm的长方形，即为包底围的样板形状。

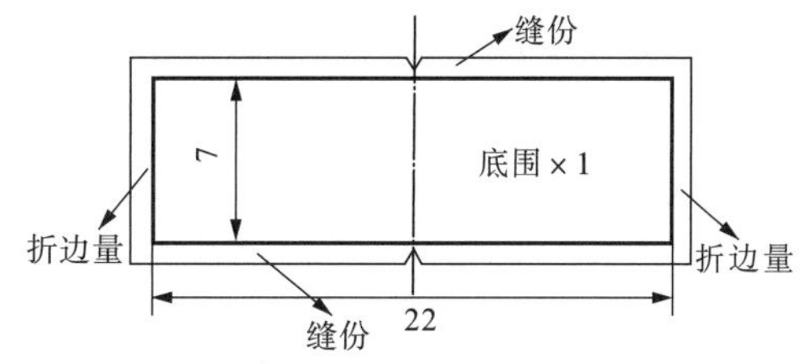

图6-11　包底围样板

④在长度向两边加放0.8cm的缝份，在两端处加放0.6cm的折边量，同时做出中点剪口标记即可。

（2）主拉链围样板的制作。主拉链围指的是与包体大身拉链直接缝合的贴片，而非拉链袋上的拉链贴片，其样板制作过程如下（图6-12）：

①在前幅整体样板上量取拉链位上边缘的长度，约为32cm，即为拉链围的长度。

②拉链围的宽度为2.5cm左右，绘制一个长为32cm，宽为2.5cm的长方形。

③在长度向一侧边缘加放0.8cm的缝份，另一侧边缘加放0.6cm的折边量，两端加放0.8cm的压茬量，同时做出中点标记即可。

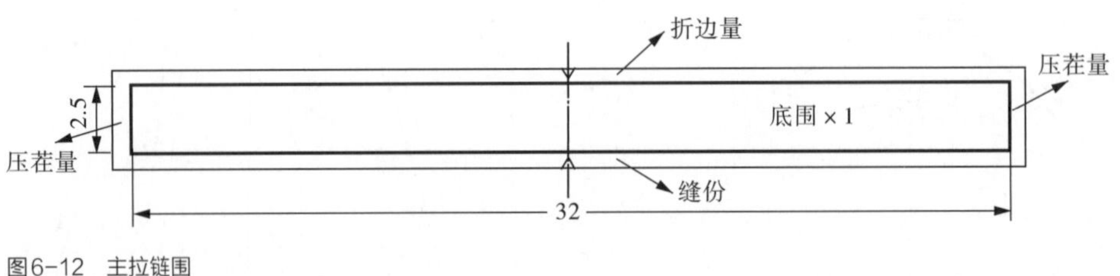

图6-12　主拉链围

5.包体上贴片样板的制作

包体上贴片是连接前后幅的部件，其上边缘与后幅缝合，而下边缘则与包体大身的拉链贴缝。此部件处于前后幅过渡斜面上，部件张开角度越大，这个面的斜度就会越大。建议初学者结合立体几何的知识用无纺布不断试制，确定合适的弧度和高度尺寸。其样板制作的过程如下（图6–13）：

（1）首先，作一条竖直的线段作为上贴片的中心线，其下边任意位置交O点。

（2）从O点向上7cm处作为上贴片的高度，定为H点，过H点作中心线的垂线。

（3）在垂线两端各4cm处定M、N点，这与后幅的上边缘结构一致。

（4）以H点为中心将后幅上边缘向外旋转，旋转的角度大小决定了上贴片的斜度，可以通过试制选择合适的旋转角度，在这里选择旋转30°。同时将后幅的外边缘描画至拉链位置，即为上贴片的外边缘。

（5）其下边缘只需根据主拉链围的长度和上贴片的下端宽度设计，量取主拉链围的长度为32cm，下端宽度即包体底围的宽度减去拉链围和拉链布的宽度即可，通过计算得出约为3cm。

（6）将下边缘修成饱满的弧线，将其两端修正为与外边缘线和下边缘线保持垂直的线段即可。

（7）上边缘周边加放0.8cm的缝份，下边缘加放0.6cm的折边量，其两端加放0.8cm的压茬量即可，做出中点剪口标记。

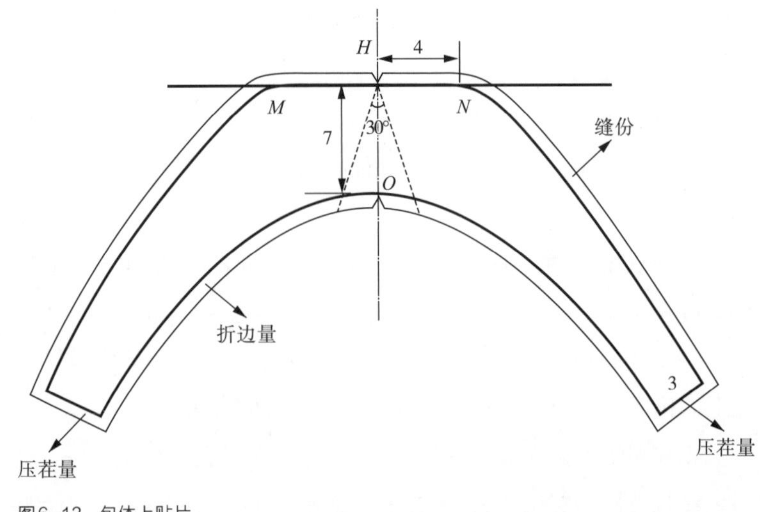

图6–13　包体上贴片

6.拉链袋上片及下片样板的制作

拉链袋是由上片、下片、底围及拉链围构成。

（1）拉链袋上片样板的制作过程如下（图6–14）：

①在前幅整体样板上将拉链袋上片复制下来，得到一个类似于半圆的图形。

②在上边缘加放0.8cm缝份，在下边缘加放0.8cm的压茬量，做出中点剪口标记即可。

（2）拉链袋下片样板的制作步骤如下（图6–15）：

①在前幅整体样板上将拉链袋下片直接复制下来，得到一个下端为大圆角的拉链袋。

②上边缘加放0.6cm的折边量，其余三边加放0.8cm的缝份，同时做出中点剪口标记。

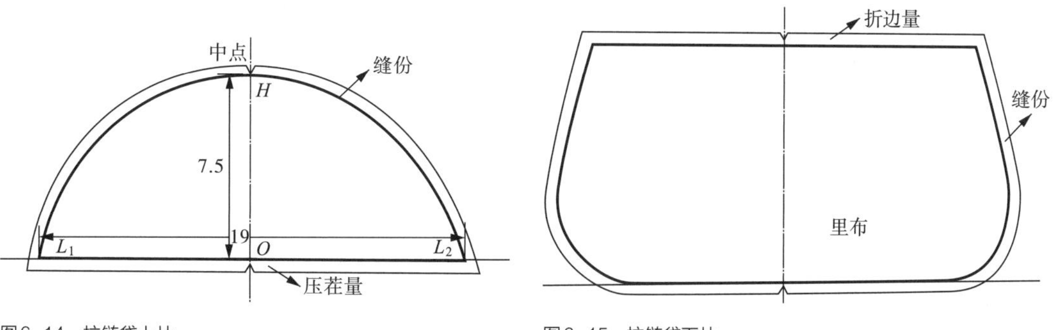

图6–14　拉链袋上片

图6–15　拉链袋下片

7.拉链袋底围和拉链围样板的制作

（1）拉链袋底围样板的制作过程如下（图6–16）：

①底围的长度通过量取前幅拉链袋的拉链位下边获得，约为35cm，其宽度为拉链袋厚度，约为2.5cm。通过作图，画一个长35cm，宽2.5cm的长方形。

②上边缘及两端加放0.6cm的折边量，下边缘加放0.8cm的缝份，同时做中点剪口标记。

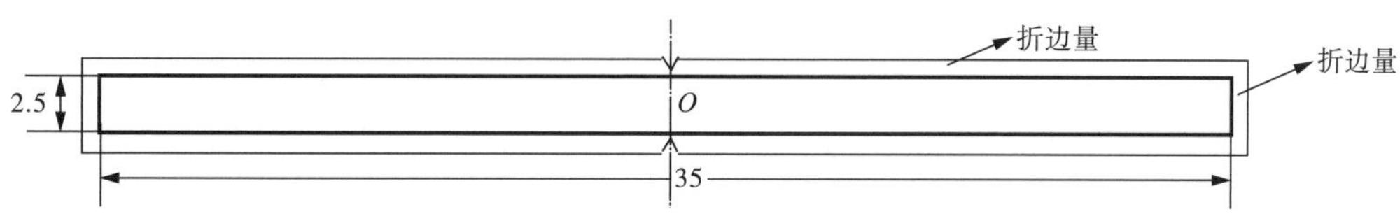

图6–16　拉链袋底围

（2）拉链围样板的制作过程如下（图6–17）：

①拉链围的长度可以通过量取前幅拉链袋上的拉链位上边缘的距离来获得，约为28cm。其宽度为拉链袋厚度减去拉链布宽度，约为1.2cm。通过作图画一个长为28cm，宽为1.2cm的长方形。

②长度向上边缘及下边缘加放0.6cm折边量，两端加放0.8cm压茬量，同时做出中点剪口标记。

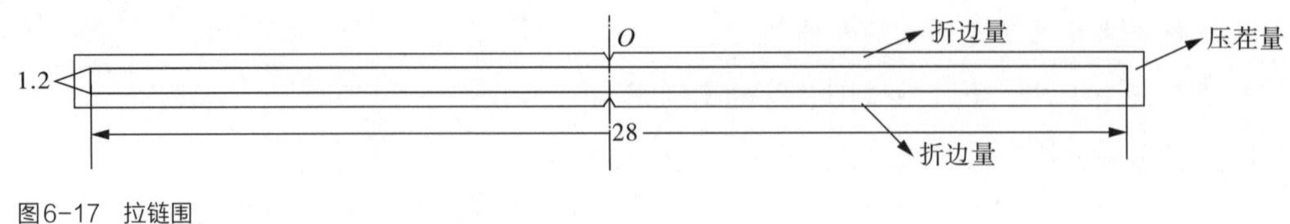

图6-17 拉链围

8. 前插袋各样板的制作

前插袋属于带盖式立体袋，它主要由袋面和袋盖两大部分组成。其中袋面又由前插袋中片、左片、右片以及扣襻带组成，这几个部件的样板制作步骤如下：

（1）前插袋中片样板的制作（图6-18）。在前幅整体样板上将前插袋中片结构线复制下来，在两侧边缘加放0.3cm合缝量，在上边缘加放0.6cm折边量，在下边缘加放0.8cm缝份，同时做出中点剪口标记。

（2）前插袋左右片样板的制作（图6-19）。将其从前幅整体样板上复制下来，为了增加前插袋立体感，可在左右片的外边缘向外加放0.5cm的抛位。

在与中片相接的边缘加放0.3cm合缝量，上边缘加放0.6cm折边量，下边缘加放0.8cm缝份，同时做出中点剪口标记。

（3）扣襻带的样板的制作（图6-20）。扣襻带从袋盖中间穿过而形成双层结构，以扣襻带的上边缘为对称线做成一个整体即可。在前幅整体样板上复制出扣襻带的基本形状，再加放0.5cm厚度量，以厚度中心位置将其对称，周边加放0.6cm的折边量。

（4）前插袋袋盖样板的制作（图6-21）。在前幅整体样板上将前插袋袋盖结构线复制下来，得到一个长为12cm，高为6.5cm，上端呈圆弧的长方形。在上边缘加放0.8cm压茬量，在周边加放0.6cm折边量，做出中点剪口标记。

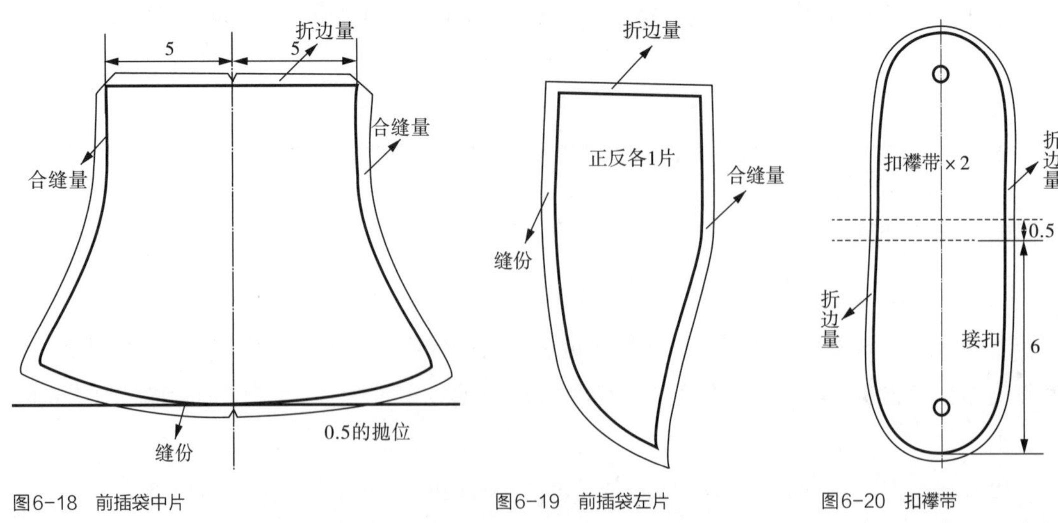

图6-18 前插袋中片

图6-19 前插袋左片

图6-20 扣襻带

9. **包带上贴片和下贴片样板的制作**

包带上、下贴片连接在包袋两端与包体直接缝合，这样既可以使包带连接更加牢固，又能起到拉伸包体高度的作用。其形状多为长方形、梯形或椭圆形。本实例包带贴片为上端呈圆弧的长方形，其样板制作步骤如下：

（1）包带上贴片样板的制作（图6–22）。包带贴片为正反双层面料，宽7cm，高13cm，顶端为大圆弧形，下边缘（与包体相连接处）加放1.2cm压茬量，其他边缘加放0.6cm折边量。

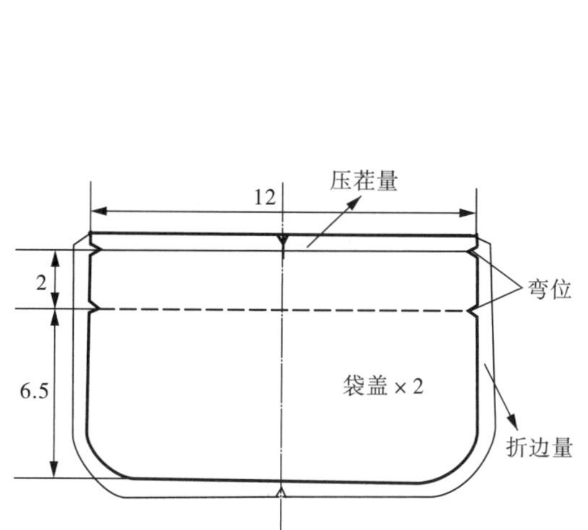

图6–21　前插袋袋盖

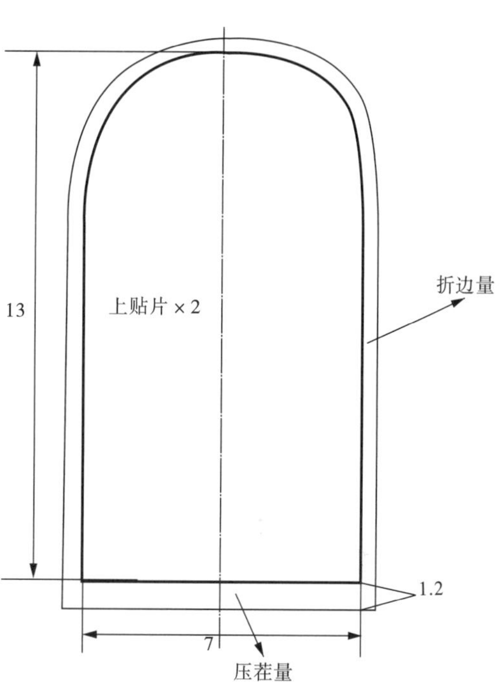

图6–22　包带上贴片

（2）包带下贴片样板的制作（图6–23）。下贴片也为正反双层面料，其形态略向上弯翘，与包体连接处呈竖直状，宽度约为7cm，侧边缘与竖直边呈30°夹角向上翘起部分长度约12cm，顶端修成大圆弧，两侧边缘修成流畅的弧线即可。下边缘（与包体相连接处）加放1.2cm压茬量，其他边缘加放0.6cm折边量。

10. **内里样板的制作**

本实例内里布有前拉链袋里布、前插袋里布、包底围里布以及拉链围里布，这些都与面样板形状一致，只是在周边加放0.3cm的修剪量，避免因里布脱边而导致缝合不严密。

后幅里布上设计有内拉链袋以及手机袋，里布样板制作过程如下（图6–24）：

（1）直接复制后幅面样板作为里布的基础形状，在周边加放0.3cm修剪量，中线向下7cm位置设计内拉链袋，长为12cm，宽为1.5cm。

（2）内拉链袋向下3cm处定手机袋位置，以中线作参照，设计宽9cm，高12cm的手机袋。

（3）拉链袋及手机袋里布样板可以根据包体尺寸使用通用型部件。

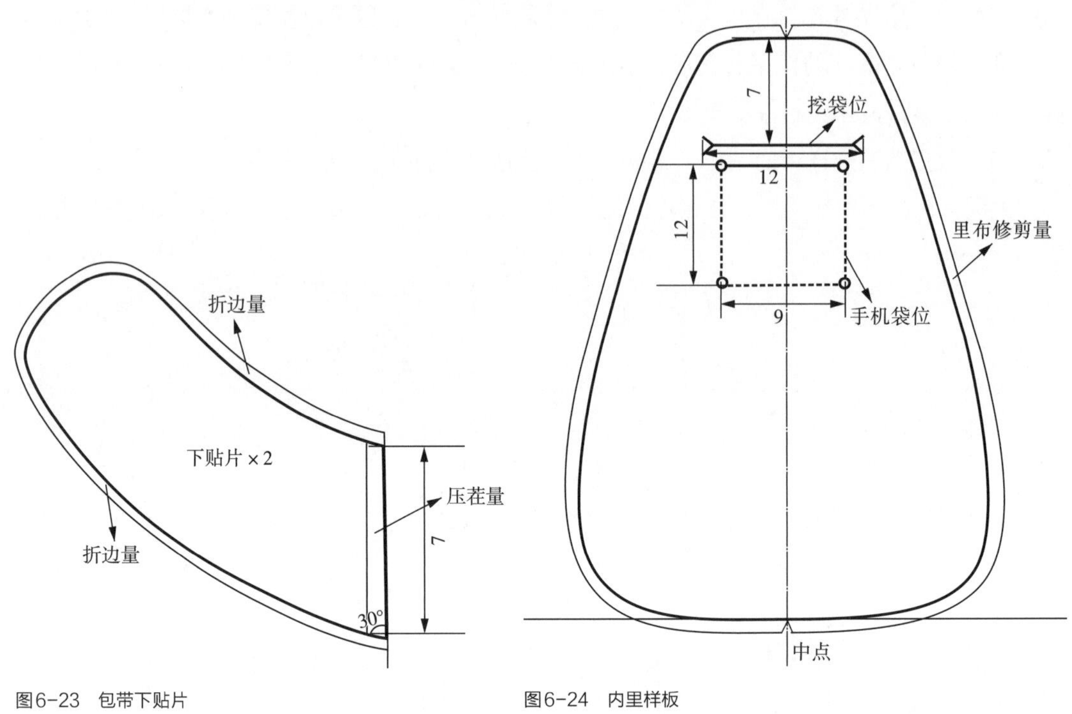

图6-23　包带下贴片

图6-24　内里样板

第二节　手提式旅行包的结构设计与制板

旅行包主要用于短途旅行、郊游以及健身等场合，一般体积比普通包体大一些，有较多的外袋和内部隔层。其结构由前后幅与大身围或侧围构成，在设计细节上多采用前插袋、各种贴袋、拉链袋、网布袋等来增加包体的容积，便于物品的分类放置。本节以一款由前后幅和侧围构成的包体为例，来讲解这类包的结构设计方法以及样板制作的技术要点。

一、包体结构及部件设计

此款包主要由前后幅，侧围、拉链围、前贴袋以及侧贴袋等部件构成，前后幅的尺寸规格直接决定了包体的基本尺寸为基础部件。此款包的包底部分由前后幅延伸至底部，只需在底部贴胶板衬料即可。

1. **前后幅的设计**

此款包由前后幅和侧围构成，前后幅为包体基础部件，四周除底边外的三边长度之和关联着侧围和拉链围长度，前幅上设计有贴袋，其尺寸根据包体设计关系和分割比例确定（图6–25、图6–26）。

图6–25　包体正视图

图6–26　包体侧视图

根据包体整体造型以及设计风格，前幅设计成上端带圆角的梯形，并设计立体拉链袋。后幅与前幅形状一致为一整体部件，在上面也可以设计后拉链袋等附属部件。

2. **包体侧围的设计**

包体侧围是指除包底外构成包体厚度的其他部分，根据拉链所在位置可以将其分割为包体侧片、拉链围两个部分，其中，包体侧片呈梯形，而拉链围为长方形，侧片的上部宽度等于两条拉链围和拉链布的组合宽度。

3. **侧贴袋的设计**

侧贴袋是指包体侧片上的两个拉链袋，其主要由袋面皮、袋底围以及拉链围组成（图6–27）。

4. **前贴袋的设计**

前贴袋指的是包体前幅上的拉链袋，由袋面皮、袋底围以及拉链围组成（图6–28），袋面皮上设计有横向拉链袋，被分割为袋面上片和下片两个部件。

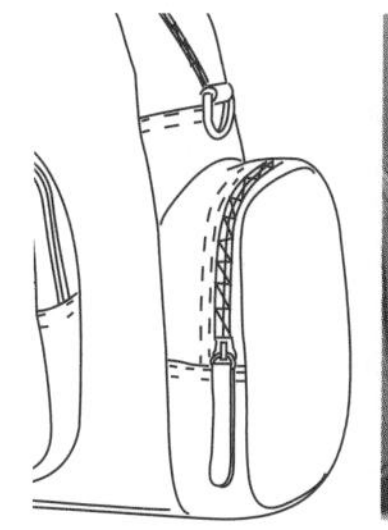

图6–27　侧贴袋设计

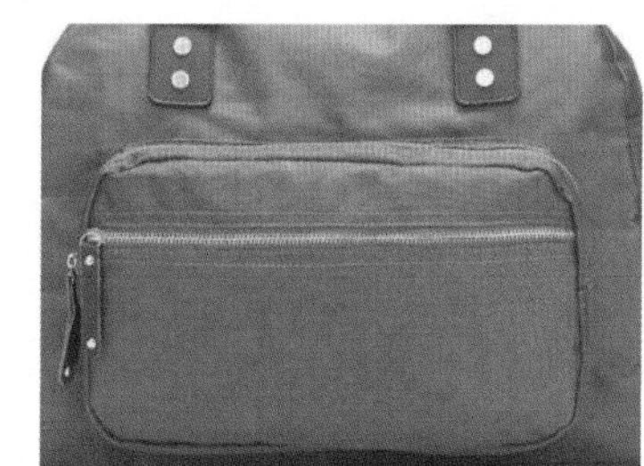

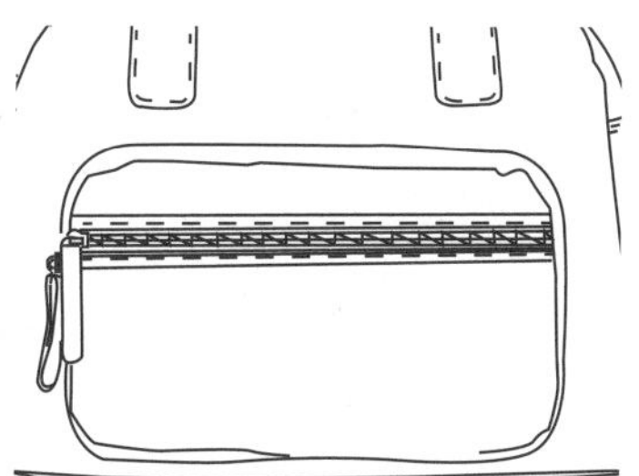

图6–28　前贴袋设计

5. 内里挖袋及手机袋的设计

包体的内里样板基本与面样板一致，在前内里上设计有手机袋和证件袋，后内里上设计有挖袋（图6-29），一般长为30cm，宽1.5cm左右。通常手机袋和证件袋做成一体，其高度与后内挖袋一致。

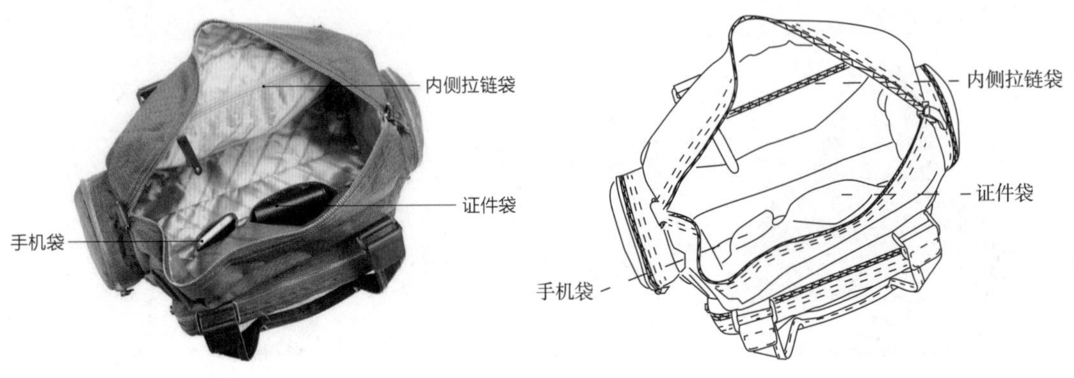

图6-29 内里设计

6. 耳仔及手提带的设计

耳仔是用来连接包体与手提带的部件，宽约3.5cm，单侧高为7cm。一般双面折回缝合在包体前后幅上用来固定五金扣。手提带宽度与耳仔一致，长度约38cm。一般在其中间设计长12cm的皮质包裹条，以增加手提带的手感，延长使用寿命。

二、包体尺寸规格的确定

旅行包的尺寸规格应依据包体的使用场合、适用人群以及佩戴方式来确定。通常同一款包可以分为大、中、小三个号，消费者可以根据不同的使用需求来进行选购。

1. 包体基础尺寸的确定

此款包属于中号旅行包，前幅面整体呈梯形，大体尺寸如图6-30所示：包体总长度约为52cm，除去两侧贴袋的厚度，其前下端长度约为44cm，而上端长度略小一些，约42cm。包体高32cm，侧面下端宽18cm，上端拉链处宽16cm。

2. 零部件尺寸的确定

此款旅行包主要由前后幅、侧围、前贴袋、侧贴袋及手提带组成。其号型不同尺寸也有区别，本节以中号为例，各零部件

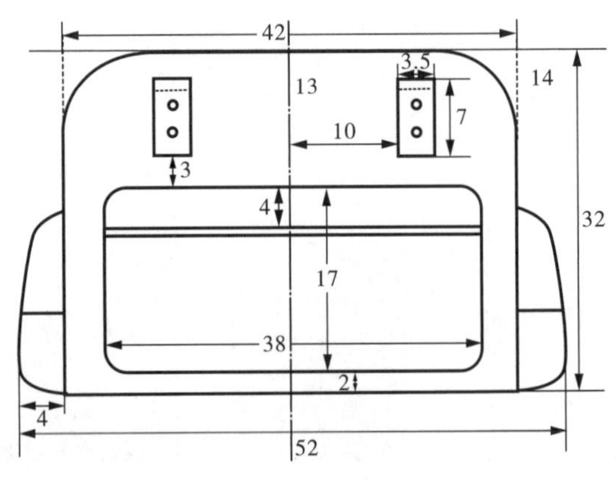

图6-30 包体正视图

的尺寸大体如图6-30、图6-31所示：前贴袋以中心线作对称设计，其中下边缘距包体底部约2cm，前贴袋高17cm，长38cm，四角做圆弧处理。侧贴袋则缝合在侧围上，宽度与侧围一致，高16cm，底部两角弧度与侧围一致，上端两角修成圆弧。上端两角及上边缘直接贴缝在侧围上其他部位与侧围一起绱线，故在两角圆弧处做切口标记。

耳仔距离前贴袋约3cm，距离前幅中心线约10cm，高7cm，宽3.5cm，上端边缘略窄一些，便于连接五金扣。手提带长38cm，宽3.5cm，中间包裹12cm长的托垫。

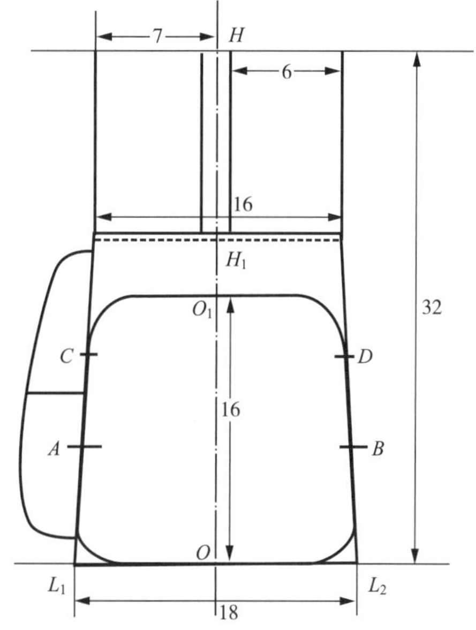

图6-31 包体侧视图

三、包体各部件样板的制作

此款旅行包的部件组成较为简单，要制作的样板主要有前后幅、侧围、拉链围、前贴袋以及侧贴袋各个部件。

1.前幅整体样板的制作

前幅上设计有前贴袋、耳仔等部件，为了更好地表明位置和比例关系，应先制作前幅整体样板，其步骤如下（图6-32）：

（1）首先，做一条相互垂直的线段作为样板的中心线，其交点为O点。

（2）根据包体的基础尺寸，以O点为底边中点向两侧截取$OL_1=OL_2=22$cm，即为包体前幅下底长度，同时向上截取$OH=32$cm为前幅的高度。再以H点为中心，做OH线的垂线并向两侧截取$K_1H=HK_2=21$cm为前幅的上底长度，将上端的拐角修成半径为2cm的圆弧，得到一个上端为圆角梯形。

（3）将OH线延长至O_1点，$OO_1=9$cm为前幅延伸至包底的部分，并将梯形两边延长得到的新的梯形即为前幅的基本型。

（4）距O点向上约2cm处设计前贴袋，高17cm，长38cm，四角做圆弧处理。在侧边高度中点的位置设计前贴袋的拉链位，并做出剪口标记。在前贴袋上边缘沿中线向下4cm处定袋面拉链袋位置，拉链布宽为1.5cm。

（5）在距离前贴袋约3cm，距离前幅中心线约10cm处设计耳仔，其高为7cm，宽为3.5cm，上端边缘略窄一些，便于连接五金扣。

（6）在前幅的两侧边缘距顶线12cm处确定侧围的拉链位置，即侧围分割线的位置，并做出剪口标记。

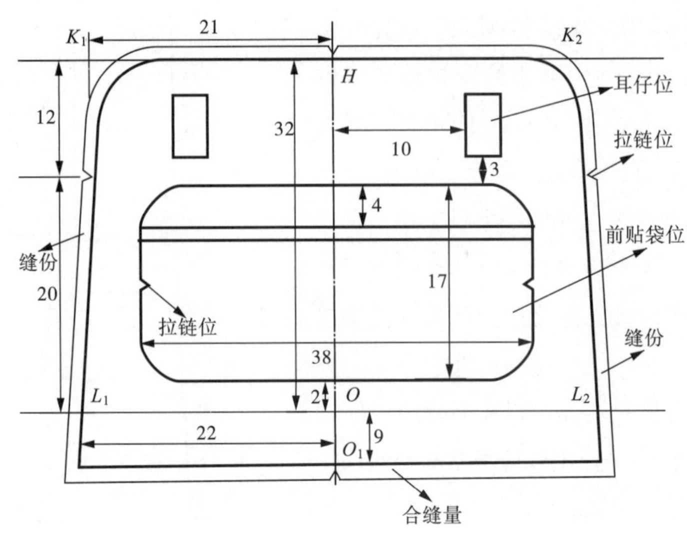

图6-32 前幅整体样板

2.前后幅样板的制作

前后幅样板是在前幅整体样板的基础上，加放出加工余量以及各零部件的位置标记的样板。

（1）前幅样板的制作。在前幅整体样板上将其外轮廓复制下来，下边缘加放0.3cm的合缝量，其他边缘加放0.8cm的缝份。再将前贴袋及耳仔的位置标记出来，做出中点及前幅拉链围的剪口标记。

（2）后幅样板的制作。同理将后幅外轮廓复制下来，下边缘加放0.3cm的合缝量，其他边缘加放0.8cm的缝份。在距离后幅中线向下10cm的位置设计后幅挖袋，其长度约为30cm，宽度为1.5cm。再做出中点及前幅拉链围的剪口标记。

3.前贴袋各部件样板的制作

前贴袋由袋面上片、下片、袋底围、拉链前围和拉链后围等部件组成，其中袋底围的长度为拉链位沿下边缘的周长，宽度设计4cm。拉链前围和后围宽度一致，约1.3cm，长度为拉链位沿上边缘的周长。

（1）前贴袋袋面上片及下片样板的制作过程如下（图6-33、图6-34）：

①在前幅整体样板上将袋上片复制下来，与拉链缝合的下边缘加放0.6cm折边量，其他边缘加放0.8cm的缝份。

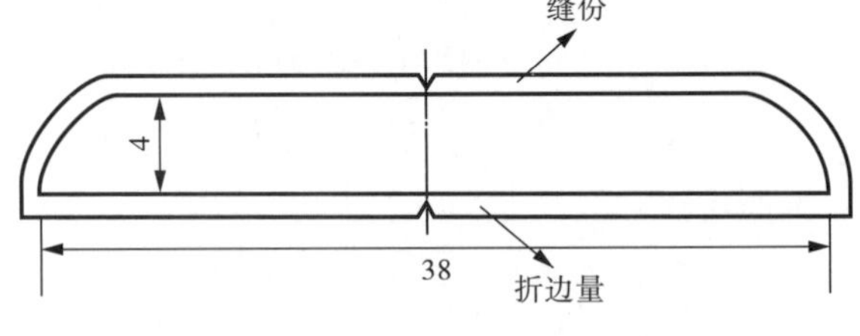

图6-33 袋面上片

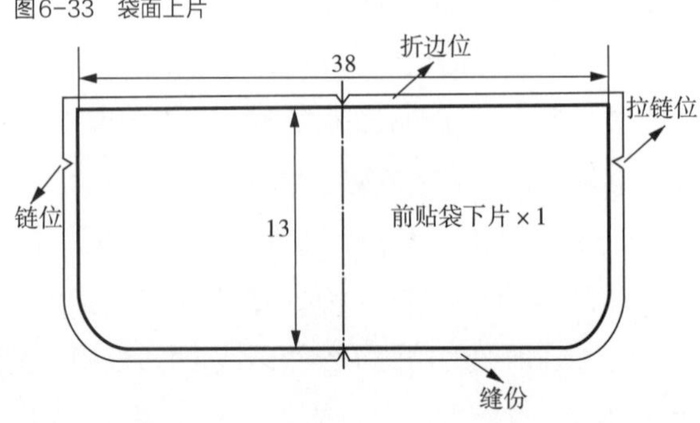

图6-34 袋面下片

②将袋下片也复制下来，与拉链缝合的下边缘加放0.6cm折边量，其他边缘加放0.8cm的缝份，并做出拉链位的剪口标记。

（2）袋底围样板的制作如下（图6-35）：

①首先量取前幅整体样板上前贴袋拉链位沿下边缘的周长，即为袋底围的长度，其宽度为4cm。

②在长度方向上一边加放0.6cm折边量，用于与包身贴缝；另一边加放0.8cm的缝份，两端加放0.6cm折边量，并做出中点剪口标记。

（3）拉链前围和后围样板的制作如下（图6-36）：拉链前、后围的尺寸完全一致，其长度为前贴袋拉链位沿上边缘的周长，宽为1.3cm。前围长边一侧加放0.6cm的折边量，另一侧加放0.8cm的缝份，后围长边两侧都加放0.6cm的折边量。前后围的两端均加放0.8cm的压茬量。

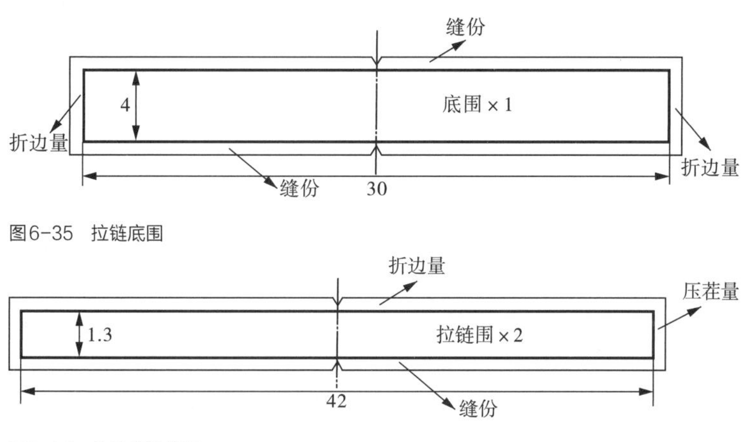

图6-35　拉链底围

图6-36　前贴袋拉链围

4.侧围整体样板的制作

侧围被分割为侧围下片、拉链前围及拉链后围三个部分。在做侧围各部件样板之前应先做出侧围整体样板，以明确各部位位置关系和比例。

侧围整体样板制作步骤如下（图6-37）：

（1）首先，作两条相互垂直的线段作为样板的中心线，其交点为O点。

（2）依据包体的基础尺寸，以O点为底边中点向两侧截取$OL_1=OL_2=9$cm，为包体侧围下底长度，由于包体侧围的总长度等于前幅两侧和上边缘的长度之和，侧围整体样板高度为总长度的一半，经测量约为72cm。

（3）侧围分割线位于高20cm处，分割线的宽为16cm。拉链围宽度也为16cm。侧围下片底端沿中线向上量取16cm定侧贴袋高，把四个角修成半径2cm的圆弧，在上端两角与侧围左右边缘相交处做出切口标记。

（4）在侧贴袋两侧边缘距底部7cm处做出拉链位的剪口标记。

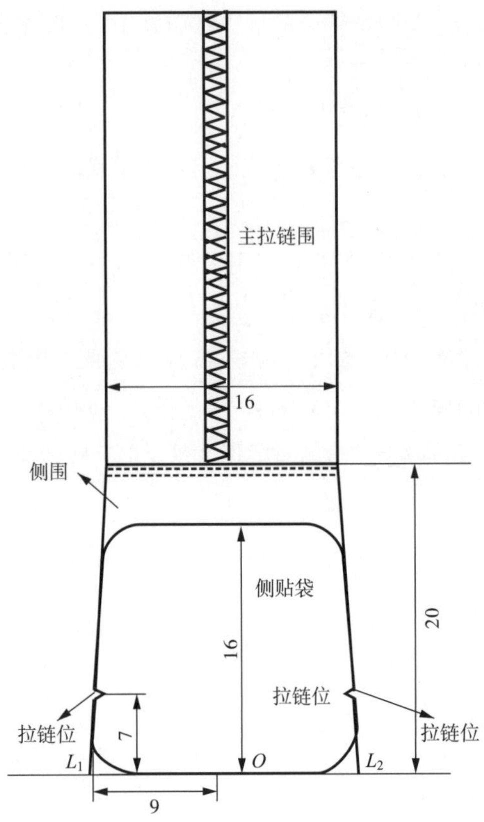

图6-37　侧围整体样板

5.侧围及拉链围样板的制作

侧围和拉链围的样板是在侧围整体样板的基础上制作完成的，其具体过程如下（图6-38、图6-39）：

（1）侧围样板可在侧围整体样板上复制下来，其下端两角为圆弧形，上边缘加放0.6cm折边量，其他边加放0.8cm缝份。

（2）以前幅整体样板的拉链位以上部位长度为依据确定拉链围长，经测量拉链长度为64cm，画一个长约64cm，宽7.2cm的长方形。在长度边一侧加放0.6cm的折边量，另一侧加放0.8cm缝份，两端均加放0.8cm压茬量，并做出中点剪口标记。

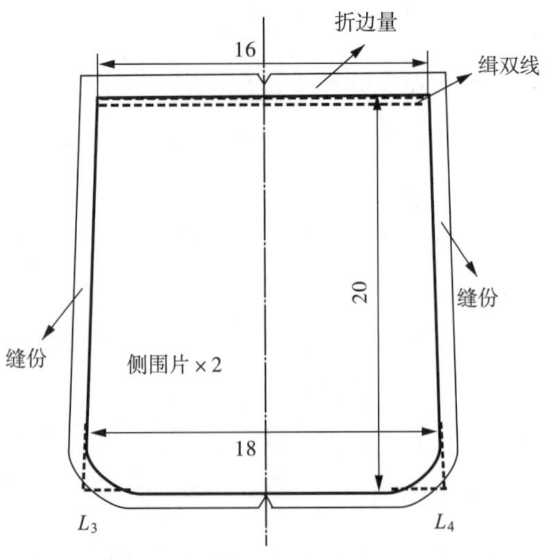

图6-38　侧围样板

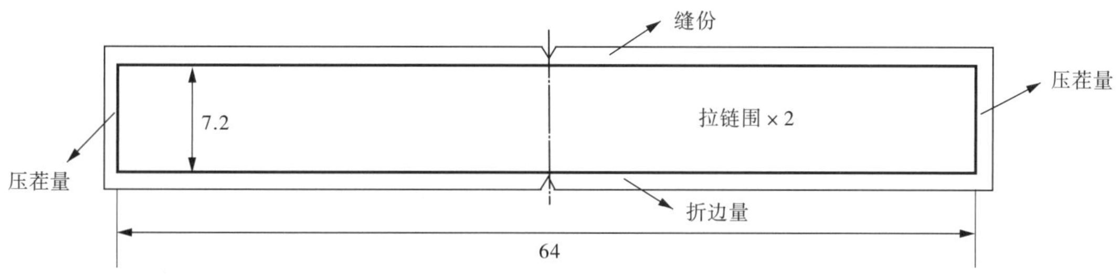

图6-39　侧贴袋拉链围

6. 侧贴袋各部件样板的制作

侧贴袋由袋面、袋底围和拉链围等部件组成。其中袋底围长度取拉链位沿下边缘测量的围长；拉链围的宽度约为2.5cm，长度取拉链位沿上边缘测量的围长。

（1）侧贴袋袋面样板的制作过程如下（图6-40）：在侧围整体样板上将袋面复制下来，周边加放0.8cm的缝份，并做出拉链位的剪口标记。

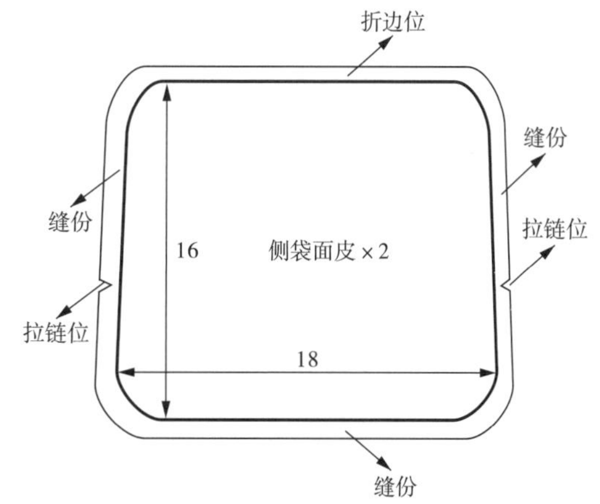

图6-40　侧贴袋袋面

（2）袋底围的样板的制作过程如下（图6-41）：首先量取侧围整体样板上侧贴袋拉链位下边缘的围长，即为底围的长度，其宽度设计为4cm，长度边缘加放0.8cm缝份，两端加放0.8cm压茬量，做出中点剪口标记即可。

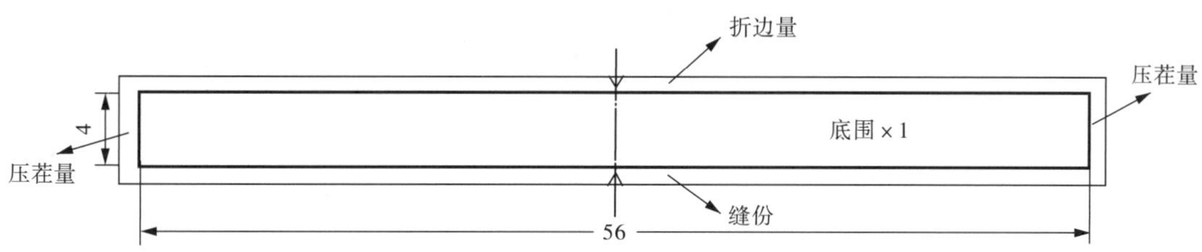

图6-41　侧贴袋底围

（3）拉链围样板的制作过程如下（图6-42）：侧贴袋缝合时上角及上边缘与包体侧围采用的贴缝方式，故拉链围的长度为侧贴袋上拉链位上边缘的周长，约为32cm，宽度为2.5cm。拉链围的长度方向上下边缘圆角对位标记中间部分加放0.6cm 的折边量，其他部分均与前幅拼缝，故圆角对位标记两端部分加放0.8cm的缝份。拉链围的两端加放0.8cm的压茬量。

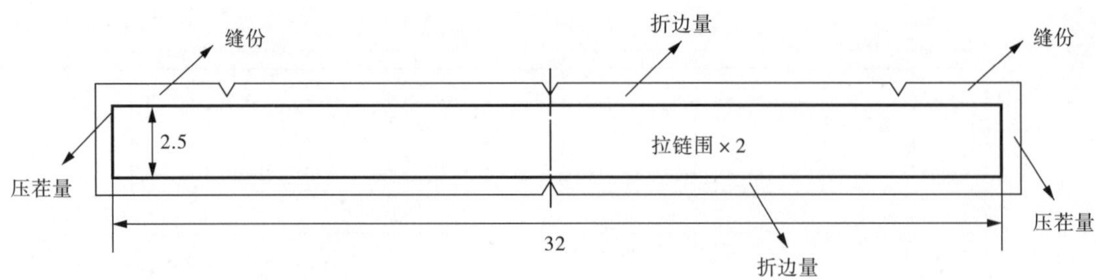

图6-42　侧贴袋拉链围

7. 内里布及手机袋样板的制作

包体的里布由前后幅内里、侧围内里、拉链围内里、前贴袋里布以及侧贴袋的里布等部件组成，大部分里布都与其对应的面样板一致，只需在周边加放0.3cm修剪量。由于在前后幅内里上设计后内拉链袋和前内手机袋需要做挖孔标记，并独立制作手机袋和挖袋的里布。前后幅内里样板的制作过程如下（图6-43）：

（1）在前后幅样板的基础上，周边加放0.3cm修剪量，在距离上边缘12cm的位置处设计后内拉链袋，其长30cm，宽1.5cm。

（2）在与后挖袋相同的位置设计前内手机袋，做成手机袋与证件袋一体的形式，手机袋宽9cm，证件袋宽12cm，高12cm，在相应位置做出孔眼标记。

（3）手机袋和后挖袋的里布使用类似包体的通用部件即可。

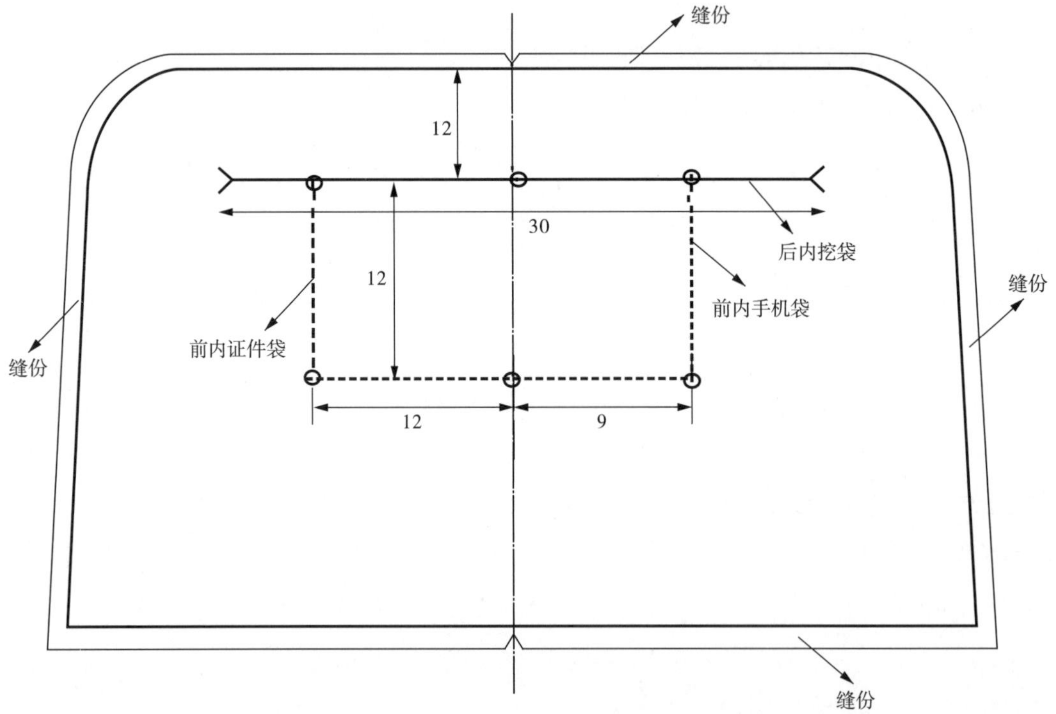

图6-43　内里样板

8. 耳仔及手提带样板的制作

耳仔和手提带样板也属于通用型部件，其中耳仔长约14cm，宽3.5cm，中间部分略窄一些。而手提带长度净尺寸为38cm，再加上向上折回部分，其长共42cm，宽3.5cm，长度边两侧加放0.6cm折边量或者直接下裁7cm对齐折回。

第三节　运动型背包的结构设计与制板

随着人们户外休闲运动的增加，背包成为必不可少的生活用品。背包根据使用场合分为学生包、运动包和旅行背包三大类，其使用场合不同其功能和部件设计也略有不同。学生包指书包类的背包（图6-44），相对体积较小，形态较为方正一些，以盛放书本、文具、水杯等物品为主，其隔层较多，可以将书本、作业本、文具分开放置。运动包指用于运动健身、外出游玩所使用的背包，被分为专业运动包和日常运动包两大类，专业运动包指从事专业运动用包（图6-45），如网球包、橄榄球包、棒球包等。而日常运动包则主要用于日常户外运动、外出游玩等场合（图6-46），以方便快捷、实用为主要特点。旅行背包指从事短途旅行、外出办公等场合的包体，其体积较大，隔层、隔袋较多，便于旅途中各类物品的放置，比较专业，如登山包等（图6-47）。

图6-44　学生书包

图6-45　专业网球包

图6-46　运动背包

图6-47　登山包

本节以常见的日常运动背包为例，深入浅出地介绍这一类包体的结构设计、部件组成以及样板制作方法和步骤。

一、包体结构及部件设计

此款背包结构较为简单，由前后幅、前幅斜插袋、侧围、网袋以及内里的电脑夹层袋、手机袋构成。前幅作为包体最主要、最明显的部件，其结构设计、部件分割显得尤为重要。

1．前幅的设计

前幅为包体中相对面积较大的部件，其部件分割、装饰设计体现包体主要风格特征。本款包前幅两侧斜插袋的设计，底部多层次分割，动感十足的面料图案将包体的运动气息体现得淋漓尽致。前幅部件由前幅中贴、侧贴、下贴片和底片等5个部件组成（图6–48）。

图6–48　前幅设计

2．前幅斜插袋的设计

斜插袋在前幅上片的基础上，大致从上片高度的1/3处斜向分割，其底部占长度的1/3左右。两条分割线将前幅上片划分为三个部分，在分割线处设计拉链，形成具有实用功能的斜插袋。

3．前幅下贴片的设计

前幅下端被横向分割为两层，采用包边形式拼缝，外观不露线迹。同时上层的部件又被分为三个小部件，中间部件上贴缝有挂钩带，便于挂置水壶、工具等小物件（对照前幅设计图）。

4．后幅及后幅托料的设计

后幅设计相对简单，后幅为平面部件，有三块单独的海绵托料，以此来提高舒适度（图6–49）。托料表层采用网布材质，不仅柔软舒适，而且透气性得到提高。

图6–49　后幅设计

5．侧围的设计

包体侧围由侧围下片、拉链前围和拉链后围三部分组成（图6–50），其中拉链位置设计为斜向，拉链前围为上部窄、下部宽的结构，而拉链后围则正好相反，成为上部宽、下部窄的形状。拉链处设计宽约2cm的拉链护片，不仅外观时尚大方，而且能很好地保护拉链。侧围由后向前斜向分割，在侧围下端设计侧网袋，网袋与侧围下片形状基本一致，尺寸略大一些，并采用松紧布收口，增大网袋内部的空间，同时提高内置物品的安全性。

图6-50　侧围设计

6. **电脑夹层袋的设计**

电脑夹层袋是这一类背包必不可少的内部部件（图6-51），通常设计在后幅内里上，距上端约18cm，宽度与后幅宽度一致，有4cm的厚度量。夹层袋往上设计用于装钱包、证件以及手机等物品的网袋，其长12cm，高8cm。

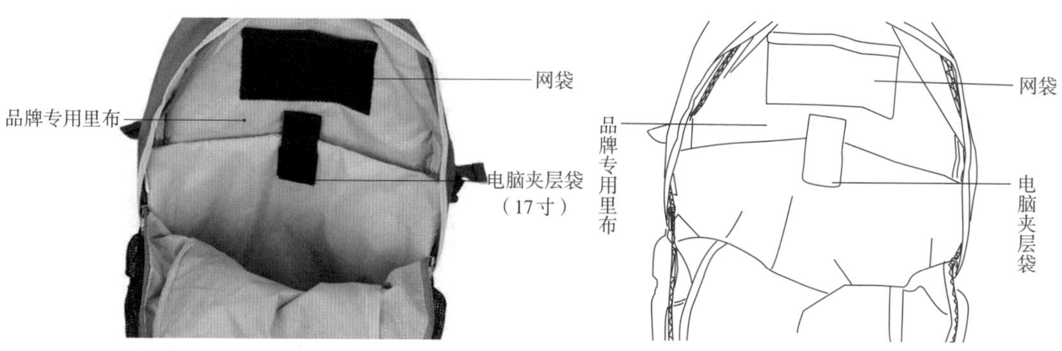

图6-51　电脑夹层袋设计

7. **背带及挂钩带的设计**

背带由中间托有海绵的双层料构成（图6-52），总长度由背带和下端的织带组成，背带长约45cm，宽8cm，下端略窄呈圆弧形。

此款包有两个挂钩带，一个在包体的顶端，另一个在前幅下贴片的中间部件上。通常采用宽2.5cm，长约14cm的织带。

图6-52　背带设计

二、包体尺寸规格的确定

包体各部件尺寸确定主要依据包体风格特征、部件比例关系以及功能设计等因素。此款包的尺寸包括基础尺寸、前幅各部件、侧围各部件以及内里零部件的尺寸规格。

1. 包体基础尺寸的确定

本款包属于体积较大的背包，尺寸如下：包体高50cm，底部长30cm，上端长24cm，宽20cm。侧围下端宽约20cm，上端宽约16cm（图6-53）。

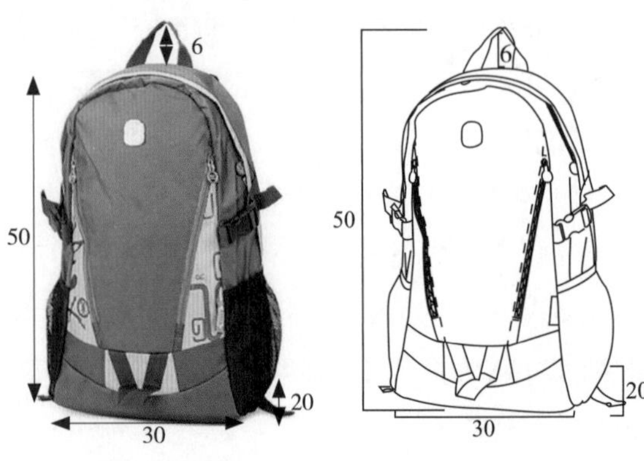

图6-53 背包基础尺寸

2. 前幅各部件尺寸的确定

包体前幅横向被分割为上贴片、中贴片和下贴片三大部分。其上贴片高度约36cm，被斜向拉链袋分割为左、中、右片三个部件，其分割线为拉链位置，拉链上端距前幅顶部约10cm，下端在中贴片上边缘的1/3处。

中贴片为一中间宽、两端窄的环形结构，其中间高8cm，两端高5cm左右。同时被竖向分割为三部分，其分割线均垂直于中贴片的上边缘，大致在长度三等份的位置。

下贴片的上边缘即中贴片的下边缘，长度为包体底部长度30cm，一部分弯曲至包体底部，故而高度约为26cm，由底部宽度20cm和下贴片高度6cm组成。

3. 侧围各部件尺寸的确定

侧围是由侧围下片、拉链前围和拉链后围三个部件组成。其中侧围下片底端为圆弧形，下端宽20cm，上端宽16cm，高度约20cm。拉链前围顶部宽4.5cm，底部宽10cm，拉链后围宽度与其正好相反。拉链围的长度为前幅拉链位沿上边缘的周长，约为72cm。侧围的下端设计有网袋，其高21cm，上下宽度一致均为20cm。

4. 其他零部件尺寸规格的确定

背带是由宽肩带和下端的织带组成，长度约43cm，宽7cm左右，其下端略窄呈圆弧形。织带选择宽为2.5cm，长度40cm，通过其可以进行背带长度的调节。

此款包的两个挂钩带采用宽2.5cm，长14cm的织带。

内里上的电脑夹层袋宽度与后幅宽度一致约26cm，高30cm，厚度约4cm。电脑袋上面的网袋为长12cm，高8cm的长方形。

三、包体各部件样板的制作

此款背包属于运动型背包，部件组成较为复杂，样板主要有前后幅、侧围、拉链前围、拉链后围、前幅斜插袋以及前幅下片等。

1. 前幅整体样板的制作

前幅从横向可以划分为上贴片、中贴片和下贴片三部分，其中上贴片是由中片及左右片组成，中贴片沿纵向平均分为三个部分，下贴片为一整体部件。其样板制作过程如下（图6–54）：

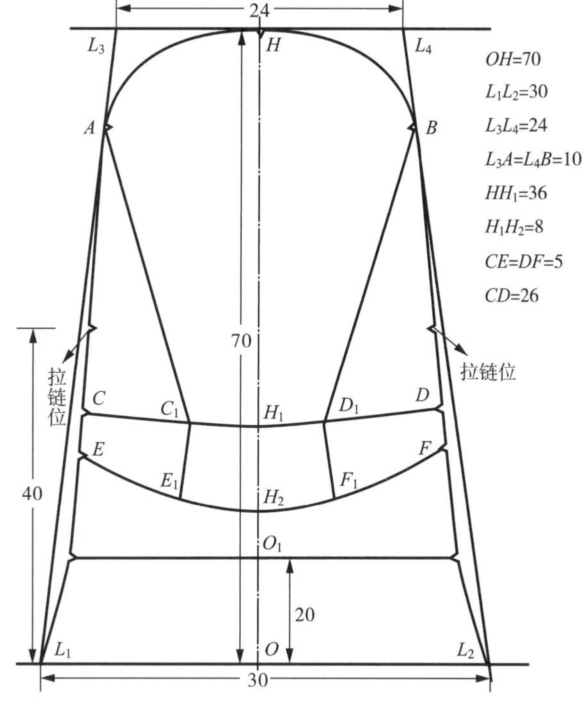

图6–54　前幅整体样板

（1）首先，作两条相互垂直的线段作为样板的中心线，交点为O点。

（2）依据包体的基础尺寸，以O点为中心向左右各截取$OL_1=OL_2=15$cm，再向上截取$OO_1=20$cm、$OH=70$cm。过H点做OH的垂线并截取$HL_3=HL_4=12$cm，连接L_1L_3、L_2L_4得到一个梯形为前幅样板基础形状。

（3）将上端修为大圆弧，同时将梯形两侧距底部约30cm处向内缩进约2cm，其余部分圆滑过渡至L_1L_2点，即可得到前幅样板外轮廓。

（4）沿中线从O点向上分别截取$OH_1=34$cm、$OH_2=26$cm，过H_1做中线的垂线交于样板侧边缘为C、D两点，C、D点分别向下5cm定为E、F两点，弧形连接E、H_2和F点。CD线即为样板的上贴片的分割线，EF线为中贴片的分割线。

（5）在样板的上端距H点往下约10cm处的侧边缘定A、B两点，同时将CD线进行三等分得到C_1、D_1两点，连接AC_1、BD_1即为斜插袋的拉链位置。

（6）同理将EF线三等分确定E_1、F_1两点，连接C_1E_1、D_1F_1前幅中贴片的分割线。L_1EFL_2所围成的图形即为前幅下贴片。

（7）在A点、B点、C点、E点、F点均做出剪口标记，同时沿两侧边缘距L_1L_2向上40cm的位置做出拉链位标记。

2.前斜插袋各部件样板的制作

斜插袋是由前幅中片及左右片构成，其样板在前幅整体样板的基础上完成。

（1）前幅中片样板的制作（图6–55）。

在前幅整体样板上将前幅中片复制下来，上边缘加0.8cm缝份，下边缘加0.8cm压茬量，两侧加0.6cm折边量，同时做出中点剪口标记。

（2）前幅左右片样板的制作（图6–56）。

将左右片复制下来，与拉链缝合的边缘加放0.6cm折边量，外侧边缘加0.8cm缝份，下边缘加0.8cm压茬量，做出拉链位剪口标记。

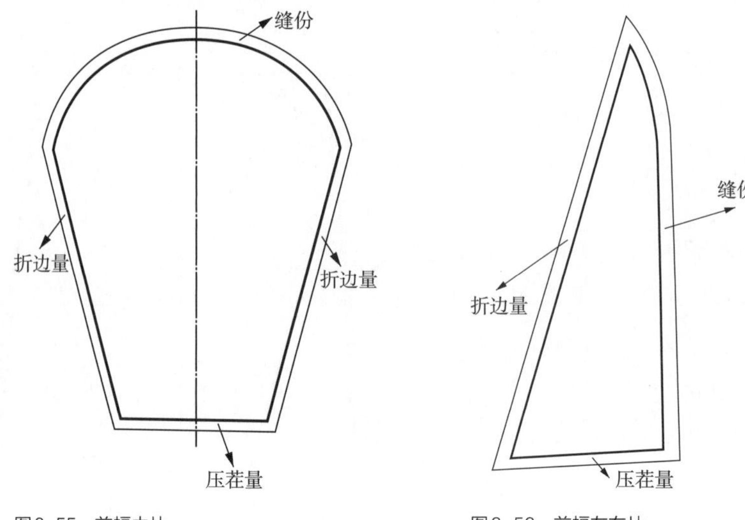

图6-55 前幅中片　　图6-56 前幅左右片

3. 前幅中贴片及下贴片各部件样板的制作

（1）前幅中贴片样板的制作（图6-57）。

前幅中贴片由三个部分组成，分别从前幅整体样板上复制下来，在部件分割线处加0.5cm合缝量，其余部分加0.8cm缝份即可。

（2）前幅下贴片样板的制作（图6-58）。

将其从前幅整体样板上复制下来，四周边缘均加0.8cm缝份，同时做出中点剪口标记。

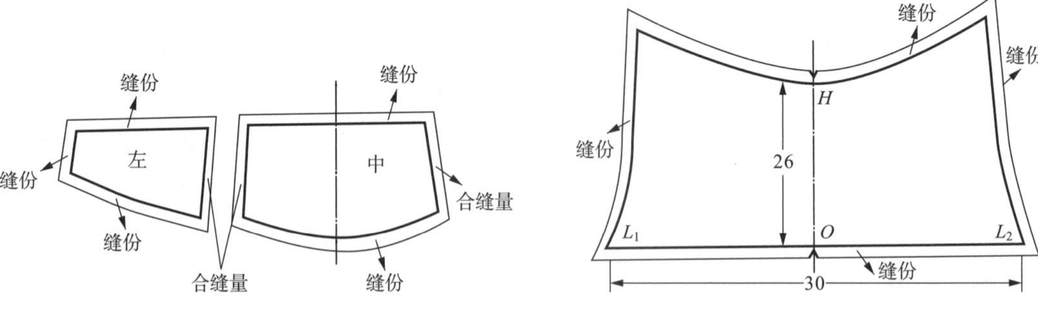

图6-57 前幅中贴片　　图6-58 前幅下贴片

4. 后幅及后幅各部件样板的制作

（1）后幅整体样板的制作（图6-59）。

依据包体的基础尺寸，作一个上底长26cm，下底长30cm，高50cm的梯形，沿中线将后幅上端向上延伸2cm至H_1点，并将两角分别修大圆弧即后幅的基本形状。

在后幅上设计出如图形状的托料，并做出背带及拉链位（底部向上20cm处）的剪口标记。

（2）后幅样板的制作（图6-60）。

将后幅形状复制下来，周围加放0.8cm的缝份，并做出背带及拉链位的剪口标记。

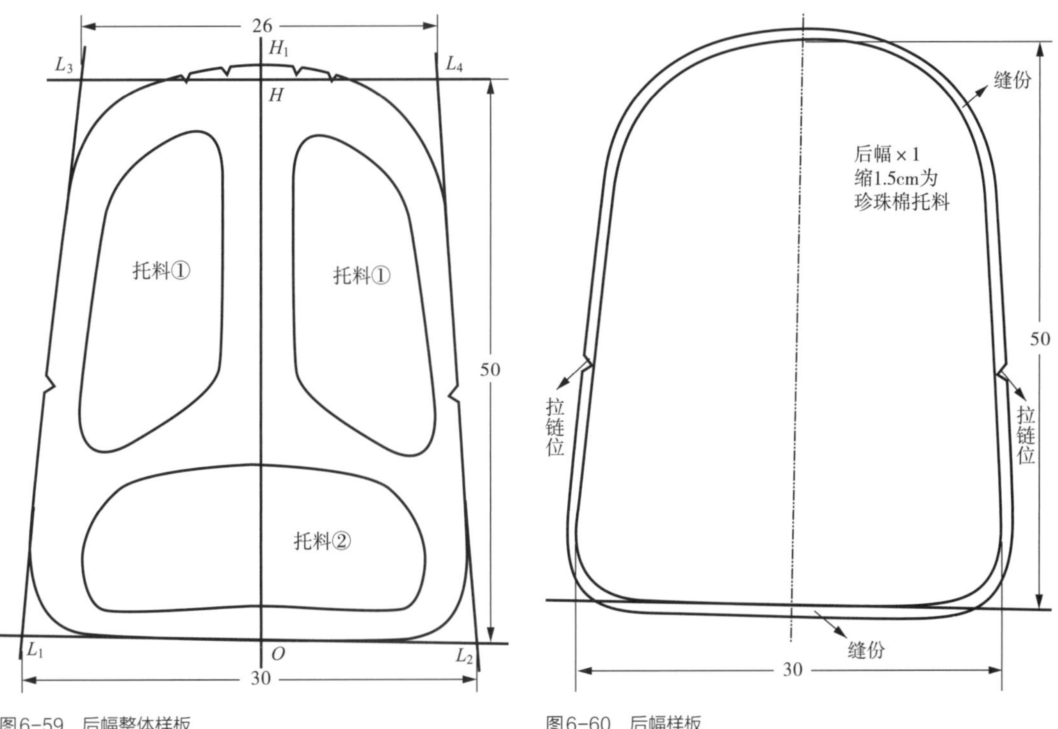

图6-59　后幅整体样板　　图6-60　后幅样板

（3）后幅托料及网布样板的制作（图6-61）。

将其逐个复制下来，周边加0.6cm折边量即为网布样板。同时在网布净样板的基础上周边缩进1.5cm即为中间珍珠绵样板。

5. 侧围整体样板的制作

侧围整体样板是在前后幅样板基础上加放弧位（弯曲程度）。首先，侧围的前边缘长度与前幅的侧边缘一致，后边缘长度与后幅的侧边缘一致。基于以上两点用布带尺不断地将前轮廓线进行弯曲试验，使其后轮廓线长度与后幅一致，这样即可确定侧围下端的弧度，进而确定侧围的基本形状（图6-62）。样板的制作步骤如下（图6-63）：

（1）在下边缘向上约20cm处设计侧围的分割线，前端与前幅样板的高度一致，后端略高于前端约1.5cm，分割线的下面即为侧围下片。

（2）同时，在上端距前边缘2cm、下端距后边缘约2cm处设计斜向的拉链位置，其中，分割线的前部分为拉链前围，后部分为拉链后围。

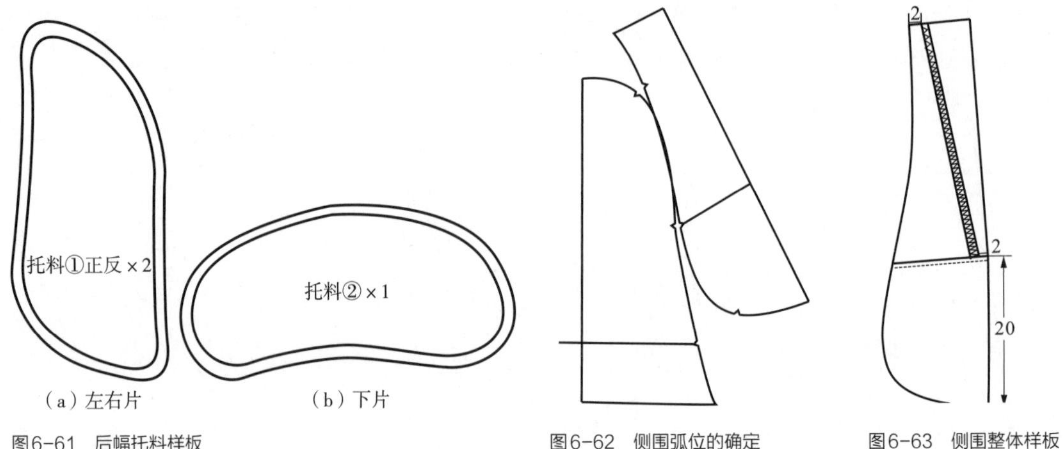

（a）左右片　（b）下片

图6-61　后幅托料样板　图6-62　侧围弧位的确定　图6-63　侧围整体样板

6.侧围下片及侧面网布袋样板的制作

（1）侧围下片样板的制作（图6-64）。

首先，从侧围整体样板上复制侧围下片，上边缘加0.6cm折边量，前后边缘加0.8cm缝份，并做出与前幅缝合的标记。

（2）侧面网布袋样板的制作。

网布袋比侧围下片高出约1cm，上端与下端宽度一致均取18cm，除上边缘外周边均加0.8cm缝份。

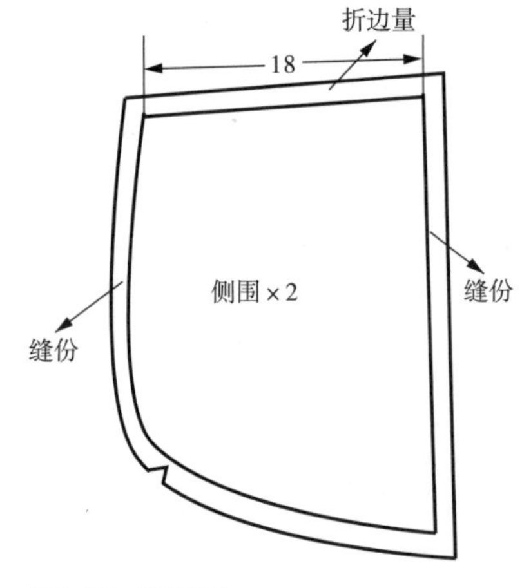

图6-64　侧围下片

7.拉链前围及后围样板的制作

在侧围整体样板上沿上边缘将拉链前围对称地复制下来，与拉链缝合的一边加0.6cm折边量，另一边加0.8cm缝份，两端加0.8cm压茬量，并做出中点剪口标记。拉链后围样板制作同前围制作方法一致（图6-65、图6-66）。

8.内里布及电脑夹层袋样板的制作

此款背包的内里部件有前插袋里布、前幅内里、后幅内里、侧围里布以及拉链围里布。其中前插袋里布与前幅上贴片一致，斜插袋没有单独的里布。其余里布与其相应的面样板基本一致，只周边加0.3cm里布修剪量。

后幅内里上设计网布袋及电脑夹层袋，其样板的制作步骤如下。

（1）网布袋样板的制作。

按照网布袋的基本尺寸，做一个长约12cm，高约8cm的长方形，同时周边加放0.8cm的包折量即可。

（2）电脑夹层袋及托料样板的制作（图6-67、图6-68）。

按照其尺寸规格，首先作一个长约34cm，高36cm的长方形，同时在其下端两角向内截取长度和高度均为4cm的直角切角，缝合后即为电脑包的厚度。

以上边缘为对称线，下裁对折的双层结构。两侧及下边缘均加0.6cm折边量，切角处加0.8cm缝份。同时在上边缘中间处设计魔术贴的位置，一般高4cm，宽2cm左右。在电脑袋样板上去掉所有的加工量即为电脑袋托料的样板。

9. 背带及海绵托料样板的制作

一般背带的长约43cm，宽约7cm，其下端略窄向外弯曲并呈圆弧形。其样板的制作步骤如下（图6-69）：

（1）按照尺寸要求，作一个长为43cm，宽为7cm的长方形*ABCD*。

（2）背带的上端为前低后高的弧线，前端低于后端约2cm。先做出背带的上端形状，并向下延伸，大约在2/3处开始向前弯曲，直至背带下端向前偏移至*E*点，*CE*的距离约6cm，将边缘轮廓线修整圆滑、流畅。

（3）同时下端略窄一些，宽度约5cm，并将其修成圆弧即可。

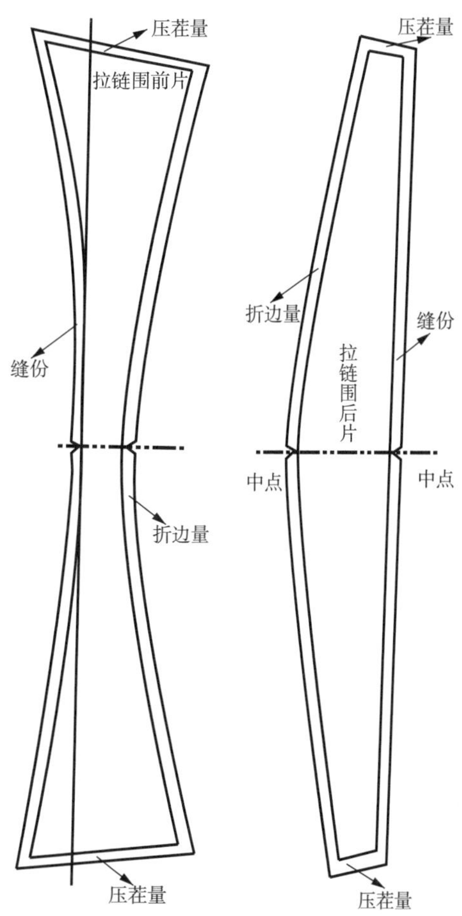

图6-65　拉链前围片　　图6-66　拉链后围片

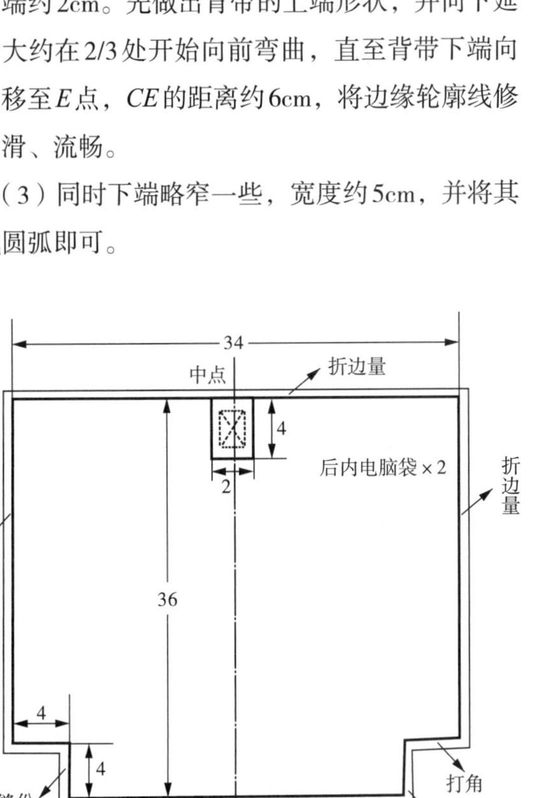

图6-67　后内电脑袋样板

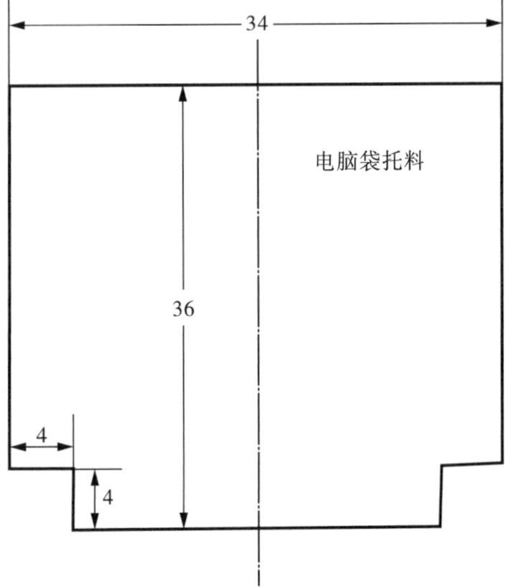

图6-68　电脑袋托料

（4）上端加放1.2cm大压茬量，并加补强带，周边加放0.8cm缝份。

（5）在背带样板的基础上上端缩进3.5cm即为背带海绵托料的样板（图6-70）。

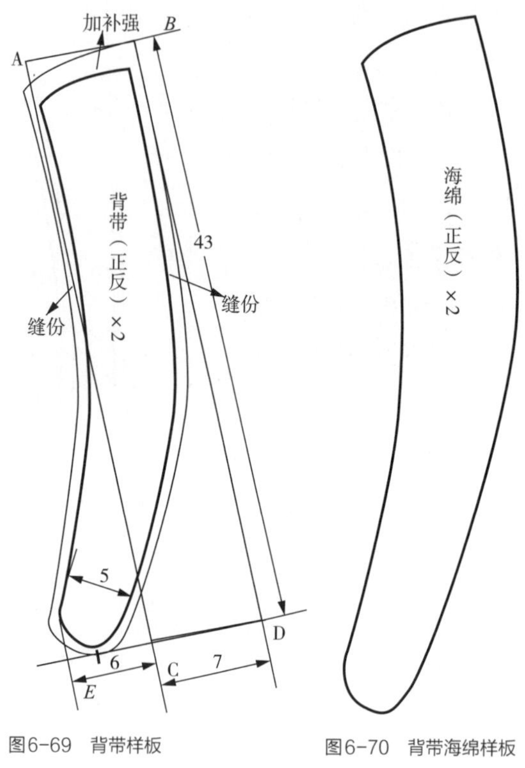

图6-69　背带样板　　图6-70　背带海绵样板

第四节　拉杆箱的结构设计与制板

拉杆箱指带有拉杆和滚轮的箱体，主要用于外出旅行、购物、办公等场合。因其携带方便、容量较大而应用广泛。拉杆箱种类繁多，通常按材质来分，可以分为软箱和硬箱两种，其中主体材料由帆布、尼龙布、皮革及人造革构成的多为软箱结构，而由ABS、PP、ABS+PC以及纯PC构成的为硬箱。按尺寸来分，可分为16寸、18寸、20寸、22寸、24寸、26寸、28寸、30寸等几种尺寸。

拉杆箱主要由拉杆组件、箱包主体以及滚轮等重要部件组成。拉杆组件则由拉杆和拉杆支架组成，不但要求其做工精良、结实耐用，同时要求质轻。箱包内部通常分为前片和后片两大部分，并用拉链进行连接。前片内部设置有各种形式的网袋、文件袋等，后片则主要用来盛放衣物、生活用品等。通常装有密码锁，起到安全防盗的作用。箱包主体的材料通常有皮革、纺织面料和塑料三大类，不同材质有各自优缺点。塑料材质常用的有PVC、ABS、PC、

ABS+PC等，目前由ABS和PC构成的合成材料，因其抗压、耐磨、色彩鲜艳以及质轻等优点备受消费者青睐。箱体滚轮有万向轮和定向轮两种。一般安装在箱包主体的底部，支撑整个箱包的重量，因此要求材料要能承受压力和耐磨，转动灵活。

以一款较为常见的PC塑料拉杆箱为例，重点讲解内部结构设计及部件组成，并介绍其内部常用部件的样板制作。

一、箱体的结构及部件设计

常用拉杆箱的外部部件由前盖、后盖、拉杆、铝框、边饰条、密码锁、后活页和立柱等部件组成（图6-71）；内部则由电脑夹层袋、隔层网袋、收纳袋、绑带以及移动衣架等部件组成，如图6-72、图6-73所示。

拉杆箱的外部部件通常采用模压形式生产制作，根据设计的款式和尺寸进行模具制作，再进行前后盖的模压成型。通常箱体生产厂家只需根据要求的尺寸规格，采购相应的拉杆、铝框、活页、立柱、密码锁具等部件，再与前后盖进行组合。其内部部件需要依据箱体外部尺寸进行设计、制板，并完成工艺制作，再与外部部件进行组合即可。

1. 前后盖设计

此款拉杆箱的前后盖采用ABS和PC材料，具有耐磨、抗压、质轻等特点，属于目前拉杆箱中较高档的材质之一。箱体前盖采用凹凸型的粗线条设计，既增加了箱体美观度和时尚感，又能起到耐磨、抗压变形和防滑作用。材质表面采用镜面设计，进一步提高其时尚感，显得简洁美观、高端大气。后盖设计有4条凹槽结构，既加强了箱体的承重能力，又与箱体前盖搭配呼应，其美观度、立体感更加突出。

2. 拉杆设计

拉杆作为此款箱体必不可少的配件之一，其作用不言而喻。本款箱体采用隐藏式拉杆，三段长度调节满足不同身高人群的需求。拉杆采用铝合金材质，三角形轻量化设计，使其更加稳固、结实，抗压性强。同时在托板上设计防夹手功能，防止在拉开或闭合时发生危险。

图6-71　拉杆箱外部部件

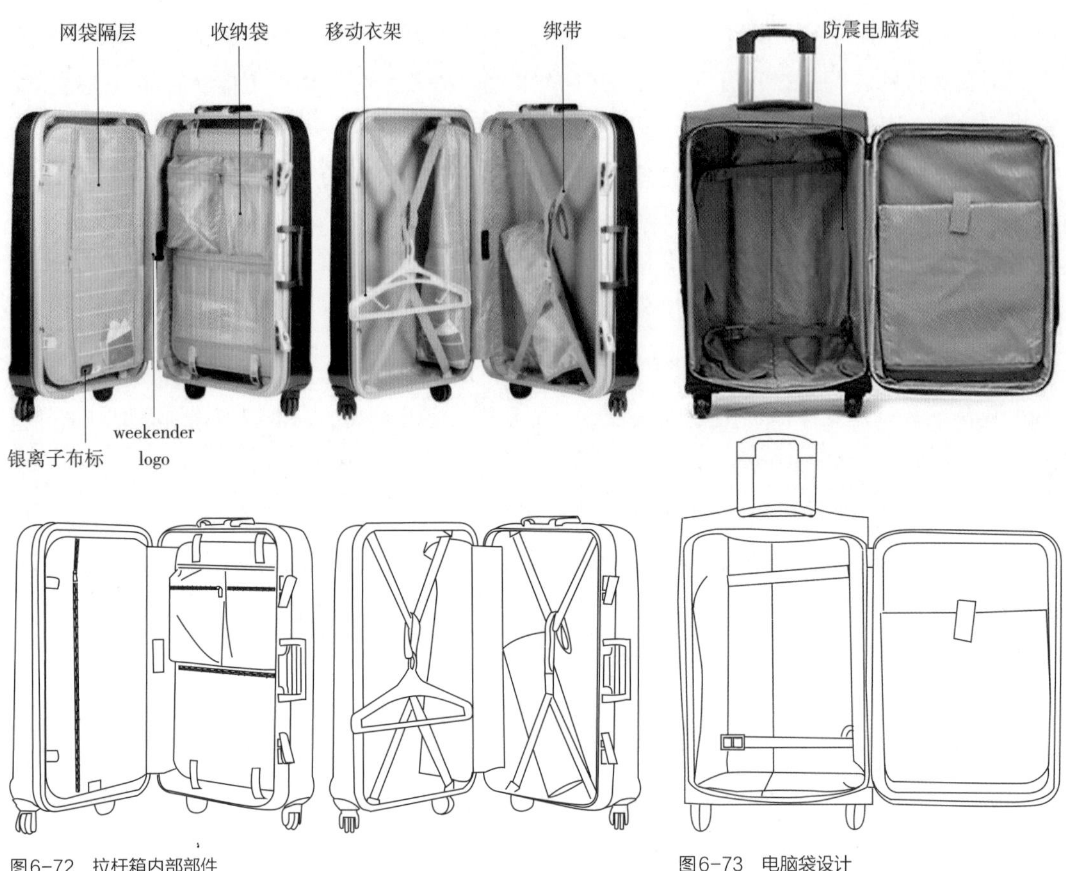

图6-72 拉杆箱内部部件

图6-73 电脑袋设计

轻量化设计是拉杆箱部件设计时应该首要考虑的问题。

3. **网袋隔层设计**

为了增加其容量，便于物品分类放置，通常在拉杆箱内部设计1~2个隔层，隔层采用网袋与箱体连接，可以灵活拆卸。这样既便于物品分类，同时又防止在使用过程中因反置或提拉不当导致物品散乱等。一般网袋直接设计在隔层上，比隔层宽度略小，高度一致。网袋主要用来放置文件、书籍、票据等纸质物品。

4. **收纳袋和文件袋设计**

在后盖的隔层上设计有两个收纳袋和一个文件袋，使用时可以用搭扣与箱体连接，不用时可以轻松取下。收纳袋采用底部打角处理，有一定的厚度，便于放置一些易碎、不抗压的物品。收纳袋均采用防水型里布，两个收纳袋可以分类放置不同物品，例如，一个用来放置相机、充电器等电子产品，另一个用来放置化妆品、洗漱用品等。

在收纳袋的下面设计有文件袋，可以放置重要的文件、票据等。

5. **整体里布设计**

箱体前后盖的底部均设计整体里布，一般中间为透气拉链，防止用品因密闭而产生异味。

里布通常由底部里布和两侧里布两个部件组成，拉链安装内里的中间位置。通常采用高档涤纶材料，既耐磨，又有一定的防水型和透气性。有的高档箱体采用银离子杀菌里布，起到杀菌消毒的作用。

6. 电脑袋设计

电脑夹层袋也是现代箱体必不可少的内部部件，其一般设计在前盖内里上，高度设计在距箱体上端约为30cm处，宽度与前盖宽度一致，同时设计有4cm的厚度量（图6-73）。

7. 绑带设计

绑带主要用来固定衣物，防止在携带过程中散乱，通常有“一”字形和“X”形两种，体积较小的箱体多采用前者，体积较大的多采用后者。较厚的箱体通常在前盖和后盖都有“X”形绑带（图6-74），这样使衣物固定得更加牢固。市面上的绑带多使用松紧带，但使用数次太多会直接影响绑带效果。本款箱体采用弹性尼龙布，可以通过搭扣调节松紧程度，方便实用。

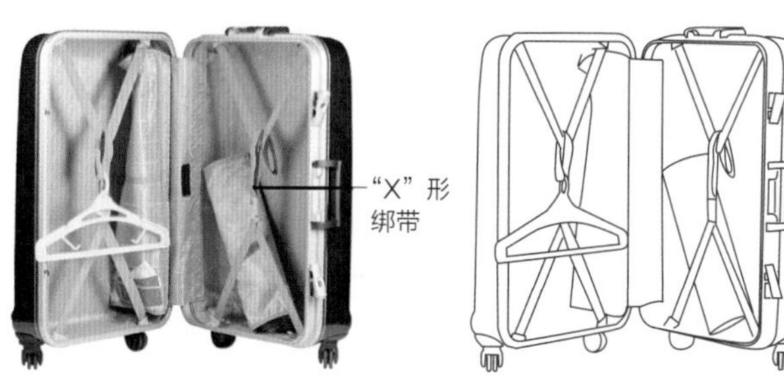

图6-74 “X”形绑带设计

二、箱体的尺寸规格确定

（一）箱体的基础尺寸

箱体通常分为大、中、小三种型号，其中16寸和18寸属于小号，20寸、22寸及24寸为中号，24寸以上属于大号。本款箱体为22寸，长34cm，宽20cm，高度约50cm。

（二）内部部件的尺寸

1. 网袋隔层尺寸

此款箱体的前后盖上均设计隔层，前盖隔层上设计有网袋。隔层长46cm，宽32cm。网袋长46cm，宽24cm，主要用于放置文件、书本等。

2. 箱体里布尺寸

此箱体的里布由两部分组成，两侧都有里布，长48cm，上宽18cm，下宽20cm，两端修大圆角。底部中间里布长82cm，宽20cm，中间有拉链布。

3. 收纳袋尺寸

后盖的隔层距上下顶端均为3cm，上端设计两个收纳袋，下端设计文件袋，其中收纳袋高20cm，宽16cm，同时做出2cm的切角。下端的文件袋高20cm，宽32cm，放置证件、票据等。

4. 电脑夹层袋的尺寸

电脑袋通常设计在前盖上，宽度与前盖内里一致约32cm，高度约30cm，其厚度一般为4cm。

三、箱体各部件样板的制作

箱体的外部部件如前后盖、拉杆、立柱、箱体铝框等均可直接按照尺寸进行采购。需要做样板的通常为里部件，其里部件由前后盖内里、隔层、网袋、收纳袋、文件袋以及电脑袋组成。

1.前后盖里布样板

前后盖里布由中间里布和两侧里布构成，首先做出两侧里布的样板，再根据其周边的长度制作中间里布的样板。

（1）两侧里布样板的制作。

由于箱体上下的厚度略有不同，一般情况下，箱体底部较厚、较宽，上部较薄，这样便于盛放物品，同时也使箱体更加显得轻盈、美观。所以其厚度不同，其两侧里布宽度也有所区别，下端宽度约20cm，上端宽18cm，宽度与箱体实际宽度相当，这样里布不会因太小而影响容积，其长度比箱体略短一些，约48cm。所以，两侧里布样板为一个直角梯形。同时将斜边两角修成半径为5cm的圆弧。同时，0.8cm缝份即可（图6–75）。

（2）中间里布样板的制作。

中间的里布由两个长方形里布与拉链布组成。只需做出半侧里布样板即可。依据箱体的尺寸，中间里布宽度为半侧箱体宽度，长度为两侧里布上边缘、下边缘及斜边的长度之和，经测量其长度约为82cm，故而得到一个长为82cm，宽为20cm的长方形。同时，在长度向一侧加放1.6cm折边量（里布遮盖住拉链布），其余三边加放0.8cm缝份即可（图6–76）。

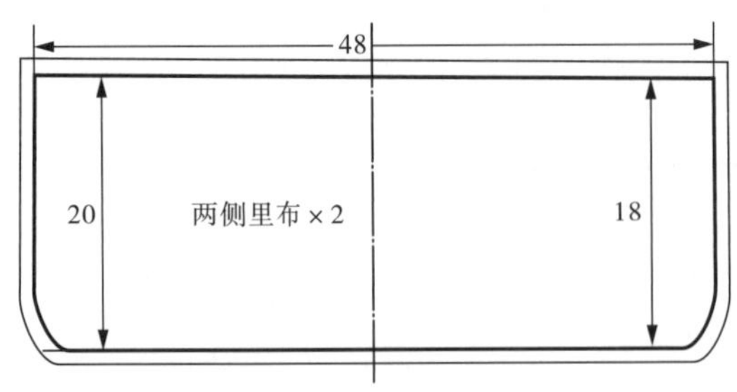

图6–75　两侧里布样板

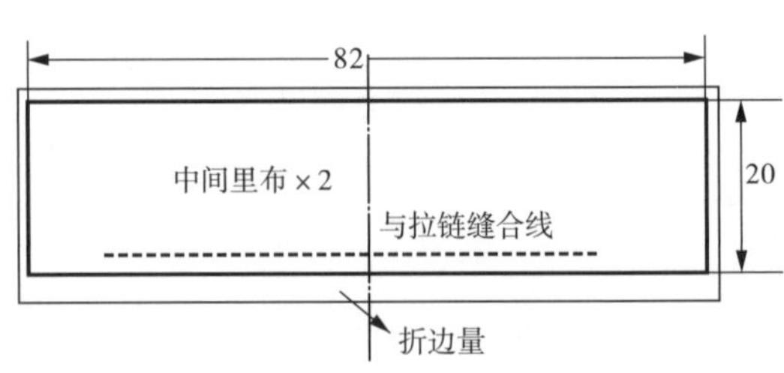

图6–76　中间里布样板

2.隔层及网袋样板的制作

依据隔层的尺寸，作出长46cm，宽32cm的长方形，同时，将四角修成圆弧即可。同理，网袋样板也依据其尺寸一个长46cm，宽24cm的长方形，其上边缘加放0.6cm折边量，其他边缘与隔层一起进行包边操作（图6–77、图6–78）。

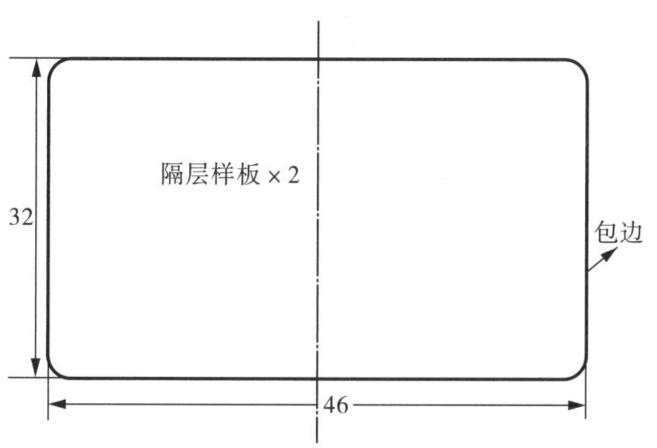

图6-77　内部隔层样板

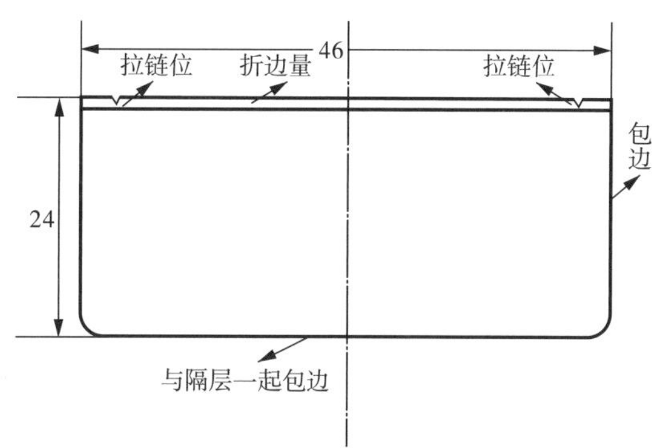

图6-78　网袋样板

3. 收纳袋样板的制作

依据收纳袋的设计尺寸，作一个高20cm，宽16cm的长方形，同时四角作2cm的切角。同时在距上边约为5cm的位置安装拉链布，被分为收纳袋上片和下片样板。最后，在周边加放0.6cm折边量，四角切角处加0.6cm缝份即可（图6-79）。

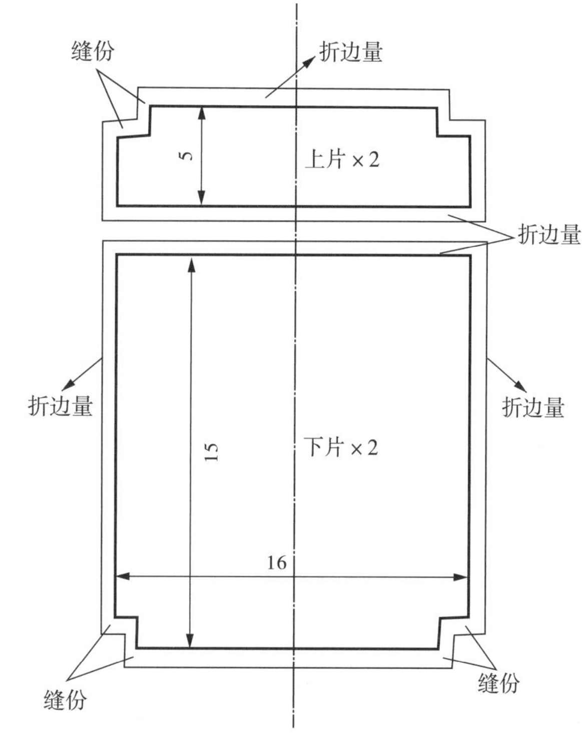

图6-79　收纳袋样板

4. 文件袋样板的制作

在收纳袋的下方设计文件袋，依据其尺寸，作一个长32cm，高20cm的长方形。其左右边缘与隔层一起进行包边制作，故而在上下边缘加放0.6cm折边量，并画上缉缝明线标记即可（图6-80）。

5. 电脑袋及托料样板的制作

电脑袋沿上边缘做成双层里料，根据其尺寸设计，得到一个长32cm，高约30cm的长方形，在其底部两角做出长4cm的直角切角，同时，在其他边缘加放0.8cm的缝份即可。托料样板在电脑袋样板的基础上去掉加工量即可（图6-81、图6-82）。

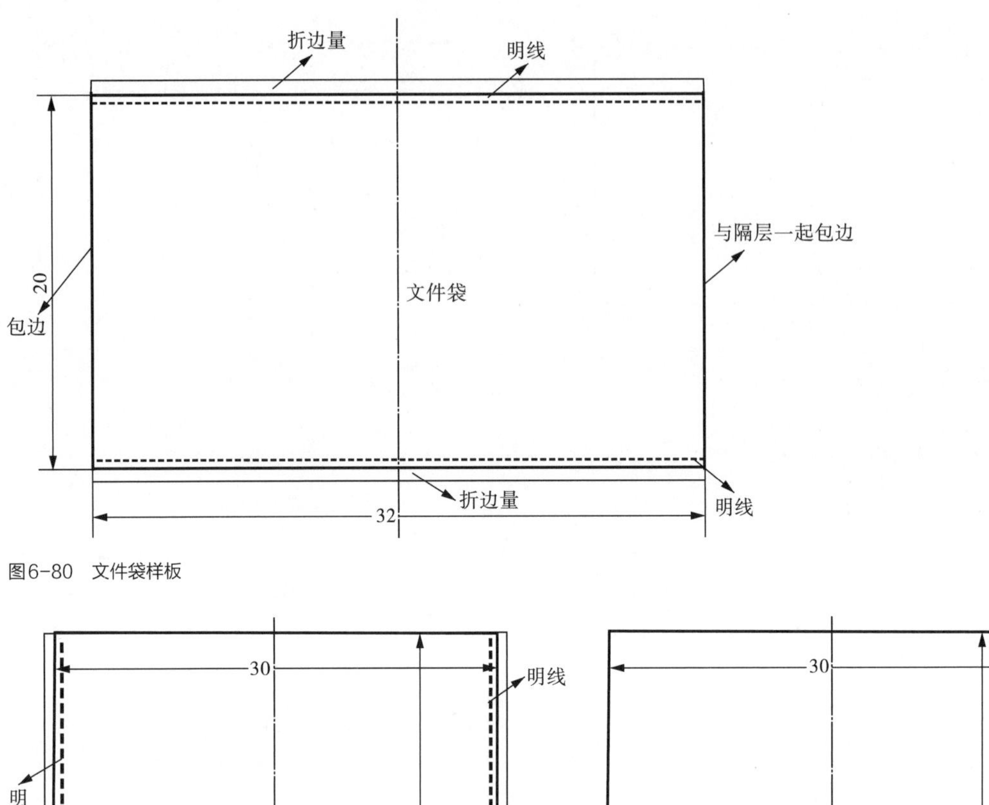

图6-80 文件袋样板

图6-81 电脑袋样板

图6-82 电脑袋托料样板

本章小结

- 常见的腰包主要由前后幅、大身围、前插袋、底围、后挖袋等部件组成，如果采用带盖式前插袋，同时还设计有袋盖面、盖底、磁扣或襻带等部件。
- 本章腰包的主要组成部件有前后幅、底围、主拉链围、上贴片、拉链袋袋面、拉链围、袋底围、前插袋袋面、袋盖、包带上贴片、包带下贴片以及包带等部件。
- 旅行包的结构设计常采用由前后幅与大身围或前后幅与侧围构成的包体结构。在部件组成上多采用前插袋、各种贴袋、拉链袋、网布袋等来增加包体的容积，便于物品的分类放置。

- 根据使用场合背包可分为学生包、运动包和旅行背包三大类，其风格不同其功能和部件设计也略有不同。
- 运动包指一些用于运动健身、外出游玩时所使用的背包，被分为专业运动包和日常运动包两大类。专业运动包多指一些从事专业运动用包，如网球包、橄榄球包、棒球包等；而日常运动包则主要用于日常户外运动、外出游玩等场合，以方便快捷、实用为主要特点。
- 本章中的背包主要由前后幅、前幅斜插袋、侧围、网袋以及内里的电脑夹层袋和手机袋构成。
- 拉杆箱主要由拉杆组件、箱包主体以及滚轮等重要部件组成。
- 常用拉杆箱的外部通常由前盖、后盖、拉杆、铝框、边饰条、密码锁以及后活页、立柱等部件组成；而内部则由电脑夹层袋、隔层网袋、收纳袋、绑带以及移动衣架等部件组成。

思考与练习

1. 根据腰包的市场调研情况，简述常见腰包的组成部件都有哪些？分别有什么作用？
2. 结合本节的腰包设计及样板制作知识，设计一款腰包，并完成其设计结构图和全套样板的制作。
3. 结合旅行包的市场调研情况，分析旅行包常见的外袋有哪几种形式？
4. 结合背包款式图，分析背包结构设计时要注意哪些细节？并分析背包的功能性。
5. 简述箱体的外部及内部分别由哪些部件组成？
6. 结合市场上常见的背包款式，阐述其包体结构，选择一款进行结构设计和样板制作。

参考文献

[1] 王立新．箱包设计与制作工艺[M]．北京：中国轻工业出版社，2006.

[2] 刘霞．皮具的设计开发及其管理[M]．北京：中国轻工业出版社，2009.

[3] 李雪梅．现代箱包设计[M]．重庆：西南师范大学出版社，2009.

[4] 姜沃飞．手袋出格师傅[M]．广州：华南理工大学出版社，2007.

[5] 姜沃飞．手袋制作工艺[M]．广州：华南理工大学出版社，2009.

[6] 曾琦．流行包袋设计基础[M]．北京：中国轻工业出版社，2011.